Schriftenreihe des Wissenschaftlichen Instituts für Kommunikationsdienste

Jörn Kruse

Lizenzierung und Wettbewerb im Mobilfunk

Springer-Verlag Berlin Heidelberg GmbH

Professor Dr. Jörn Kruse
Universität Hohenheim
Institut für Volkswirtschaftslehre 520
Schloß Hohenheim, Postfach 700562
70593 Stuttgart

ISBN 978-3-540-56591-8 ISBN 978-3-642-51482-1 (eBook)

DOI 10.1007/978-3-642-51482-1

Die Deutsche Bibliothek – CIP-Einheitsaufnahme

Kruse, Jörn: Lizenzierung und Wettbewerb im Mobilfunk / Jörn Kruse. –
Berlin; Heidelberg; New York; London; Paris; Tokyo; Hong Kong; Barcelona; Budapest: Springer, 1993
(Schriftenreihe des Wissenschaftlichen Instituts für Kommunikationsdienste; Bd. 15)

NE: Wissenschaftliches Institut für Kommunikationsdienste <Honnef>:
Schriftenreihe des Wissenschaftlichen ...

Bindearbeiten: T. Gansert GmbH, Weinheim-Sulzbach
2142-7130/543210 – Gedruckt auf säurefreiem Papier

Vorwort

Die vorliegende Studie über ökonomische Probleme des Mobilfunks ist 1991 von Karl-Heinz Neumann, dem Direktor des Wissenschaftlichen Instituts für Kommunikationsdienste, angeregt und vom WIK gefördert und inhaltlich begleitet worden. Dafür möchte ich mich an dieser Stelle ausdrücklich bedanken.

Das Interesse und der fachliche Background für das Thema Mobilfunk sind im Zusammenhang mit meiner Arbeit im Lenkungsausschuß Mobilfunk bei der D2-Lizenzierung im Jahre 1989 (sowie später in der Zentralgruppe des Bundesministeriums für Post und Telekommunikation bei der E1-Lizenzierung im Herbst 1992) entstanden. In den dortigen, intensiven Diskussionen sind viele der behandelten ordnungspolitischen Fragestellungen zu Wettbewerb, Regulierung und Lizenzierung im Mobilfunk aufgeworfen worden.

Das Manuskript wurde im Dezember 1992 abgeschlossen. Für zahlreiche, wertvolle Kommentare zu früheren Fassungen gebührt mein Dank insbesondere Karl-Heinz Neumann und Werner Neu vom WIK, sowie Björn Frank, Gudrun Götzke und Stefan Eilfeld. Für die sorgfältige Anfertigung der zahlreichen Abbildungen danke ich Michael Hörsch.

Januar 1993 Jörn Kruse

Inhaltsverzeichnis

Kapitel 1 : Einleitung 1

1.1 Problemstellung 1

1.2 Ordnungspolitische Grundlagen 3

1.2.1 Normative Basis Effizienz 3
1.2.2 Wettbewerb und Regulierung 7
1.2.3 Andere Ziele und Regulierungsargumente 11
1.2.4 Politische Liberalisierungs-Hemmnisse 14

1.3 Ordnungspolitische Problemfelder des Mobilfunks 17

Kapitel 2 : Technische und wirtschaftliche Grundlagen 23

2.1 Mobilfunk-Arten und Funktionsweisen 23

2.1.1 Mobilfunk-Arten und -Systeme 23
2.1.2 Technische Struktur von zellularen Mobilfunknetzen 33

2.2 Marktentwicklung beim zellularen Mobilfunk 37

2.2.1 Internationale Verbreitung 37
2.2.2 Perspektiven für den deutschen Mobilfunk-Markt 40

Kapitel 3 : Marktstruktur und Wettbewerb im Mobilfunk 49

3.1 Einleitung 49

3.2 Reguliertes und unreguliertes Monopol 52

3.3 Oligopole zwischen Wettbewerb und Kollusion 55

3.3.1 Kollusion als Wettbewerbsproblem in engen Märkten 55
3.3.2 Entscheidungssituation im Dyopol 58
3.3.3 Oligopolistische Interdependenz im Zeitablauf 63

3.4 Strukturfaktoren der Preiskollusion 67

3.4.1 Elastizität der Marktnachfrage 68
3.4.2 Produkthomogenität, Transparenz und Marktreaktionen 70
3.4.3 Markteintrittsbarrieren 76
3.4.4 Irrelevanz von Verdrängungsstrategien 78

3.5 Kapazität, Frequenzen und Kollusion 81

3.5.1 Kapazitätskollusion 81
3.5.2 Kapazitätskollusion mit Frequenzrestriktionen 85
3.5.3 Probleme der festen Frequenzverteilung 85

Kapitel 4 : Lizenzierung und Ordnungspolitik 89

4.1 Lizenzierung als Instrument der Regulierung 89

4.2 Natürliches Monopol und Lizenzierung 92

4.2.1 Natürliches Monopol, Subadditivität und Effizienz 92
4.2.2 Potentielle Konkurrenz, Bestreitbarkeit und Substitutions-Konkurrenz 95
4.2.3 Markteintrittsbarrieren, Irreversibilität und Monopolresistenz 98
4.2.4 Regulierungsbedarf im Monopol 104
4.2.5 Politökonomische Probleme einer Markteintritts-Liberalisierung 106

4.3 Skaleneffekte im Mobilfunk 110

4.3.1 Skaleneffekte als Lizenzierungsargument 111
4.3.2 Empirische Probleme 114
4.3.3 Infrastruktur-Investitionen 116
4.3.4 Betriebs- und Gesamtkosten 122
4.3.5 Frequenzeffizienz 124

4.4 Wieviele Lizenzen? 130

4.4.1 Problem 130
4.4.2 Volkswirtschaftliche Fehlerrisiken 134
4.4.3 Politische Entscheidungstendenzen 138
4.4.4 Lizenzierung bei intermodalem Wettbewerb 139

4.5 Bestimmung der Lizenznehmer 141

4.5.1 Pretiales Verfahren: Lizenzauktion 141
4.5.2 Praktische Probleme von Lizenzauktionen 144
4.5.3 Wertendes Auswahlverfahren, Prädesignierung und Lotterie 149

4.6 Lizenzierung und freier Markteintritt 153

4.6.1 Warum überhaupt Lizenzierung? 153
4.6.2 Kompensatorische Regulierung im Liberalisierungsprozeß 156
4.6.3 Schrittweise Lizenzierung 157

Kapitel 5 : Frequenzen 159

5.1 Ökonomische Merkmale von Frequenzen 159

5.1.1 Frequenzen 159
5.1.2 Ordnungstheoretische Charakteristika der Frequenz-Nutzung 161
5.1.3 Reaktionen auf Frequenz-Knappheit 167

5.2 Intramodale Frequenzallokation 169

5.2.1 Nachfrage nach Frequenzen 169
5.2.2 Variable Frequenzeffizienz. Halbratencode und Zellteilung 174

5.3 Intermodale Frequenzallokation 178

5.3.1 Intermodale Konkurrenz um Frequenzen 178
5.3.2 Frequenzspezifische Investitionen 182
5.3.3 Kompensation bestehender Rechte 185

5.4 Institutionelle Gestaltung der Frequenzauktionen 185

5.4.1 Einleitung 185
5.4.2 Allgemeine Auktionsformen und Probleme 188
5.4.3 Dauer der Frequenzrechte 195
5.4.4 Frequenzen, Pakete und Auktionen mit multiplen Geboten 203

Kapitel 6 : Regulierung durch Lizenzierung 209

6.1 Einleitung 209

6.2 Flächendeckung und regionale Tarifeinheit 210

6.2.1 Die Ziele Flächendeckung und Versorgungsgrad 210
6.2.2 Regionale Struktur, Dichtevorteile und Regulierung 213
6.2.3 Regionale Kostenstrukturen beim Mobilfunk. Zellgrößen und Dichtevorteile 217
6.2.4 Regionale Nachfrage- und Erlös-Effekte 223
6.2.5 Regulierungsinstrumente zur Erhöhung der Flächendeckung 225
6.2.6 Flächendeckung, Tarifeinheit und institutionelle Markteintrittsbarrieren 231

6.3 Qualität als Lizenzierungskriterium 233

6.3.1 Qualitätsparameter als Lizenzbedingung 233
6.3.2 Qualitätsparameter im Ausschreibungsgebot 237

6.4 Standardisierung, Innovation und Lizenzlaufzeit 239

6.4.1 Standardisierung und Wettbewerb 239
6.4.2 Innovation 246
6.4.3 Laufzeit der Lizenz 249

6.5 Lizenzrestriktionen gegenüber einzelnen Unternehmen 250

6.5.1 Horizontale Wettbewerbsprobleme 251
6.5.2 Systemhersteller 252
6.5.3 Diensteanbieter 257
6.5.4 Das besondere Telekom-Problem 260

Schluß 263

Literatur 267

Kapitel 1

Einleitung

1.1 Problemstellung

Der Mobilfunk stellt gegenwärtig ein ökonomisch besonders interessantes Untersuchungsfeld dar, und zwar erstens wegen seiner hohen Wachstumsraten und Marktdynamik in zahlreichen Ländern und zweitens aus mikroökonomischem und ordnungspolitischem Blickwinkel.

Der internationale Vergleich zeigt, daß der Mobilfunk in der Bundesrepublik bisher in einer Weise unterentwickelt ist, die in bemerkenswertem Kontrast zu ihrem generellen technischen und ökonomischen Niveau steht. Es gehört keine Prophetie dazu, für die nächsten Jahre eine stark zunehmende Verbreitung vorauszusagen, wobei der Mobilfunk sich vom Prestigeprodukt und Inputfaktor für mobilitätsabhängige Branchen zum Massenprodukt entwickeln wird. Dies bringt kräftig wachsende Märkte nicht nur für den Dienst selbst, sondern auch für die einschlägigen Endgeräte- und Telekommunikations-Ausrüstungsindustrien und verschiedene Handels- und Dienstleistungs-Unternehmen mit sich.

Interessant ist er zweitens und vor allem in ordnungspolitischer Perspektive. Der Mobilfunk ist das Paradepferd der deutschen Telekommunikations-Liberalisierung und der Postreform insgesamt. Die Telekommunikationsordnung hat offiziell einen Paradigmenwechsel von institutionell geschützten Monopolen als Regel zu Wettbewerb mit begründungspflichtigen Ausnahmemonopolen gebracht.

Der Mobilfunk befindet sich gegenwärtig in der Bundesrepublik und zahlreichen anderen Ländern im Übergang von monopolistischen zu wettbewerblichen Marktstrukturen und von hoheitlich-bürokratischen Lenkungsstrukturen zu unternehmerischen Verhaltensweisen. Bei derartigen Liberalisierungsschritten sind die einzelnen Länder unterschiedlich weit fortgeschritten. Die Bundesrepublik gehörte in der Vergangenheit im internationalen Vergleich nicht zu den Vorreitern bei der Einführung marktwirtschaftlicher Strukturen, aber immerhin zu den Ländern, die bei dem ersten europaweit standardisierten, digitalen, zellularen Mobilfunksystem GSM (D-Netze) Wettbewerb zwischen zwei Netzen eingerichtet haben.

Bei den analogen Vorgängersystemen, die in der Regel international nicht kompatibel sind, herrscht in der Bundesrepublik mit dem C-Netz wie in vielen anderen Ländern (z.B. NMT-450 und NMT-900 in Skandinavien) noch ein staatliches Monopol, während z.B. in Großbritannien und den Vereinigten Staaten schon auf dieser Technologiestufe marktinterne Konkurrenz besteht. Gegenwärtig werden in verschiedenen Ländern zusätzliche Systeme (PCN, Personal Communication Networks) geplant oder bereits installiert. Für die Bundesrepublik ist zunächst ein E1-Netz geplant, dem später gegebenenfalls weitere folgen können.

Dabei ist zu berücksichtigen, daß die Mobilfunknetze der verschiedenen Systeme in intermodaler Konkurrenz zueinander stehen. Der Mobilfunk wird also in einigen Ländern (und in den gleichen Ländern mit verschiedenen Systemen) einmal monopolistisch und das andere Mal wettbewerblich organisiert.

Für die Bundesrepublik könnte man einerseits fragen, warum gerade beim Mobilfunk zuerst der Wettbewerb eingeführt wird. Àndererseits stellt sich natürlich die Frage, warum der Staat überhaupt ein Lizenzerfordernis dekretiert, anstatt den Markteintritt frei zu lassen, wie das auf fast allen anderen Märkten der Volkswirtschaft selbstverständlich der Fall ist. Dafür werden im wesentlichen drei ökonomische Gründe genannt, die später noch ausführlicher erörtert werden, nämlich (1) die Frequenzallokation, (2) die vermuteten Skaleneffekte und (3) bestimmte andere wirtschaftspolitische Ziele. Hinzu kommen Partialinteressen einzelner Beteiligter, soziale oder ökonomische Besitzstände oder politische Interessen.

Wenn man, aus welchen Gründen auch immer, quantitativ limitierte Lizenzen vergibt, d.h. den Markteintritt an den Erwerb einer Lizenz knüpft, dann stellt sich die Frage, wieviele Lizenzen vergeben werden sollen. Im Mobilfunk sind es in den verschiedenen Ländern bisher in der Regel zwei gewesen. Warum nur zwei und nicht mehr Lizenzen? Gibt es ökonomische Gründe, die gerade für einen Dyopolmarkt sprechen? Die sich daran anschließende Frage lautet: Wie sollte der Staat die Lizenznehmer auswählen?

Dies ist in den einzelnen Ländern auf unterschiedliche Weise gehandhabt worden. Sehr häufig ist allerdings eine von zwei Lizenzen von vorn herein für das etablierte, meist staatliche, Telekommunikations-Unternehmen reserviert worden. Es drängt sich dabei die Frage auf, warum das so ist und welche Effekte es für den Markt hat.

Ein weiterer Problemkreis bezieht sich darauf, ob und in welcher Weise eventuell bestimmte Regulierungs- bzw. Lizenzvorschriften gemacht werden sollten. Der Mobilfunk gehört weiterhin zu den hochregulierten Sektoren. Es stellt sich die Frage, ob derartige Regulierungvorschriften ökonomisch zweckmäßig sind oder durch welche alternativen Regelungen sie gegebenenfalls ersetzt werden können.

1.2 Ordnungspolitische Grundlagen

Die normative Basis ordnungspolitischer Erörterungen läßt sich in Effizienz- und Nicht-Effizienz-Ziele gliedern. Die ökonomische (d.h. gesamtwirtschaftliche) Effizienz ist für das Folgende der primäre Maßstab. Die anderen Ziele (Verteilungs-, regionalpolitische Ziele etc.) werden im Einzelfall zusätzlich berücksichtigt, soweit dies jeweils für die einschlägige Diskussion relevant ist.

1.2.1 Normative Basis Effizienz

Das Streben nach Effizienz ist das Grundprinzip jeden Wirtschaftens. Allgemein bedeutet Effizienz das bestmögliche Verhältnis von Output zu Input. Die wertmäßige Höhe eines bestimmten Output wird in gesamtwirtschaftlicher Betrachtung durch die Nutzeneinschätzung der Produkte von seiten der Konsumenten oder der Unternehmer für deren Einsatz als Inputfaktoren auf nachfolgenden Produktionsstufen determiniert. Dies wird in mikroökonomischen Analysen durch die betreffenden Nachfrage-Funktionen repräsentiert, die das Vorhandensein von Kaufkraft implizieren. Entsprechend wird die relevante Inputgröße durch den Verzehr an Ressourcen bestimmt, der anhand der Opportunitätskosten bewertet wird. Opportunitätskosten reflektieren den Nutzenentgang bei Verzicht auf alternative Verwendungen eines Gutes bzw. einer Ressource. Analytisch wird dies durch die jeweiligen Kostenfunktionen erfaßt.

Der Begriff der ökonomischen Effizienz bedarf für konkrete Argumentationen noch einiger Qualifizierungen. Es wird im folgenden inhaltlich grundsätzlich von dynamischen wirtschaftlichen Prozessen ausgegangen, was gerade im Telekommunikations-Sektor geboten ist. Aus Gründen der Klarheit und Verständlichkeit empfiehlt es sich jedoch, die grundlegenden Definitionen der Effizienzarten zunächst in dem einfacheren statischen Kontext vorzunehmen. Das Beurteilungskriterium "ökonomische Effizienz" wird präziser, transparenter und anschaulicher, wenn es in die drei Subkriterien allokative Effizienz, technische Effizienz und qualitative Effizienz unterteilt wird. Vgl. Abb. 1.1. Ökonomische Effizienz im theoretisch-idealen Sinne wäre dann gegeben, wenn alle drei Subkriterien vollständig erfüllt sind.

Das Subkriterium der allokativen Effizienz ist dann erfüllt, wenn bei gegebenen Kostenfunktionen, Produkten und Präferenzen die optimalen Mengen produziert und die "richtigen" Preise gesetzt werden. Der Ausgangspunkt der inhaltlichen Bestimmung der Optimalität von Preisen und Mengen ist die übliche partial- und marginalanalytische Betrachtung der Maximierung eines Wohlfahrtsmaßes, das meist als Summe aus Produzentenrente und Konsumentenrente definiert wird (vgl. 3.2). Für Analysen der realen Welt ist dies allerdings nur dann relevant, wenn auch die Nebenbedingung der Totalkostendeckung der produzierenden Unternehmen erfüllt ist.

		Effizienz		
		Allokative Effizienz	Technische Effizienz	Qualitative Effizienz
Statisch		P = LGK Ramsey	Kosten-minimale Produktion	Präferenz-adäquate Merkmale
Dynamisch	Anpassung	Preis-Anpassung	Anpassung an techn. Fortschritt	Anpassung an Präferenz-Änderungen
	Innovation		Prozeß-Innovation	Produkt-Innovation

Abb. 1.1 : Effizienz-Kriterien

Im Einprodukt-Regelfall können wir für alle Bereiche, die jenseits der mindestoptimalen Betriebsgröße produzieren,[1] sagen, daß allokative Effizienz dann gegeben ist, wenn der Preis den langfristigen Grenz- und Durchschnittskosten entspricht und die zu diesem Preis nachgefragte Menge auch produziert wird.

Für den generelleren Fall der Mehrproduktproduktion mit gemeinsamen Kosten werden die optimalen Preise und die dazugehörigen Mengen der einzelnen Produkte durch die Ramsey-Regel determiniert. Eine Ramsey-Preisstruktur basiert auf den Grenzkosten der einzelnen Produkte. Die nicht-marginalen Kosten mehrerer Produkte werden zur Deckung der

1 Die mindestoptimale Betriebsgröße (MOB oder MOS) kennzeichnet die kleinste Kapazität, die es erlaubt, zu minimalen Stückkosten zu produzieren. Das heißt, jenseits der MOB existieren keine Scale Economies mehr, oder anders ausgedrückt, die langfristige Durchschnittskosten-Kurve verläuft von dort ab waagerecht. Vgl. 4.2 und 4.3.

Totalkosten umgekehrt proportional zu ihren Nachfrageelastizitäten auf die einzelnen Produkte verteilt. Die Bestimmung allokativ effizienter Preise im Mehrproduktfall mit gemeinsamen Kosten ist im wesentlichen kein theoretisches Problem, sondern eines der Datenverfügbarkeit. Letzteres ist allerdings für die Praxis gravierend.

Das Kriterium der technischen Effizienz ist erfüllt, wenn der vorgegebene Output kostenminimal produziert wird. Die gesamtwirtschaftlich minimalen Stückkosten für alternative Mengen (bzw. Kapazitäten, Betriebsgrößen) werden im Einproduktfall[2] durch die langfristige Durchschnittskosten-Funktion (LDK) gegeben (vgl. 3.1). Wenn die relevante Menge jenseits der MOB-Schwelle liegt, zeigt im strengen Sinne jede Abweichung der aktuellen Stückkosten vom Minimum der langfristigen Durchschnittskostenkurve nach oben technische Ineffizienz an.

Zur Veranschaulichung können drei Fälle der technischen Ineffizienz unterschieden werden. (1) Skalen-Ineffizienz bedeutet, daß die möglichen Größenvorteile (Economies of Scale oder Scope) nicht ausgeschöpft sind, insbesondere daß die Betriebsgrößen unterhalb der mindestoptimalen (MOB) liegen. (2) Technische Ineffizienz schließt zweitens die Abweichung vom Betriebsoptimum ein, das heißt die nicht-optimale Nutzung der vorhandenen Kapazitäten. Anders ausgedrückt: Es entstehen dadurch Mehrkosten, daß die Kapazitäten nicht richtig dimensioniert sind, was sowohl zu große als auch zu knappe Kapazitäten bedeuten kann. (3) Zu den ordinären technischen Ineffizienzen, die ganz oder teilweise auch als "X-Ineffizienzen" bezeichnet werden, gehören praktisch alle anderen Arten von Ressourcenverschwendung, namentlich zu hoher materieller und personeller Produktionsfaktoreinsatz, zu hohe Inputpreise und Faktorentlohnungen, überzogener Repräsentationsaufwand und vieles mehr. Die Liste von Erscheinungsformen und Gründen ließe sich beliebig verlängern.

---

2 Im Mehrproduktfall können Verbundvorteile (Economies of Scope) relevant sein, d.h. die jeweilige Produktion mehrerer Produkte ist gemeinsam evtl. zu geringeren Kosten möglich als getrennt.

Das Kriterium der qualitativen Effizienz ist erfüllt, wenn die Produktpolitik den Präferenzen der Kunden optimal entspricht. Dies umfaßt erstens die Ausgestaltung der einzelnen qualitativen Merkmale entsprechend der Präferenzen der Nachfrager und zweitens das optimale Ausmaß der Produktvariation.

Die Einbeziehung dynamischer Aspekte beinhaltet einerseits den zeitlichen Verlauf der Werte der oben genannten Kriterien (Anpassungsgeschwindigkeit) und andererseits die Veränderung der Optimalpunkte (Innovation). Erstens: Wichtiger als die Tatsache, daß zu einem Zeitpunkt beispielsweise die Preise oberhalb der allokativ effizienten liegen, ist die Feststellung, wie lange dies der Fall ist, bzw. wie schnell eine Ineffizienz abgebaut wird. Dies betrifft nicht nur Preis- und Mengen-Korrekturen im Zeitablauf, sondern auch Anpassungen an veränderte Technologien und Faktorpreis-Relationen, sowie an veränderte Präferenzen der Kunden.

Der zweite Aspekt bezieht sich auf die endogene Veränderung des Effizienzoptimums selbst. Dies wird am deutlichsten für die technische Effizienz, die bei statischer Betrachtung durch die beim gegenwärtigen Stand des Wissens und der Technik kostenminimale Produktion definiert ist. Die Verbesserung von Wissen und Technik und damit die Senkung der Produktionskosten durch technischen Fortschritt (Prozeßinnovation) ist jedoch ebenfalls in vielen Fällen von ökonomischen Prozessen beeinflußt und damit ein relevanter Bestandteil eines dynamischen Effizienzbegriffs. Das Entsprechende gilt auch für die qualitative Effizienz (Produktinnovation). Die Probleme liegen hier wiederum in der praktischen Meßbarkeit.

1.2.2 Wettbewerb und Regulierung

Die Effizienzlogik marktwirtschaftlicher Systeme und die Ursache ihres ökonomischen Erfolges basiert im Kern auf dem Wettbewerbsprinzip. Solange der wettbewerbliche Informations- und Sanktionsmechanismus der Märkte den Wirtschaftssubjekten adäquate Leistungsanreize gibt, führt das individuelle Erwerbsstreben in den meisten Fällen auch zu gesamtwirtschaftlicher Effizienz im oben definierten Sinne.

Es gibt ordnungstheoretisch nur eine kleine Zahl von marktwirtschaftlichen Problemfaktoren, die - eventuell nur unter bestimmten Bedingungen - systematisch zu Ineffizienzen rein marktlicher Prozesse führen können. Diese lassen sich grob in drei Kategorien einteilen, (1) Nichtausschließbarkeit, (2) dauerhafte resistente Monopole und (3) gravierende Informationsmängel. Soweit diese für den Mobilfunk relevant sind, werden sie im folgenden noch erörtert.

Ineffizienzen können zu kollektivem Handlungsbedarf führen, wenn die kollektiven Maßnahmen (meistens des Staates) tatsächlich zu einer Reduzierung der marktlichen Ineffizienzen führen und diese nicht ihrerseits - wie nicht selten der Fall - durch andere Ineffizienzen ersetzen. Dies ist häufig eine Frage der institutionellen Struktur der kollektiven Handlungsträgerschaft. Die Träger benötigen adäquate, effizienzorientierte Anreize, hinreichend hohe fachliche Kompetenz und ausreichende formale Kompetenz, d.h. adäquate Instrumente. Insbesondere ersteres ist bei staatlichen Behörden schwer zu erreichen und noch schwerer auf Dauer aufrecht zu erhalten.

Das typische Problem entsteht in der Regel erst im Zeitablauf. Wenn staatliche Instanzen tatsächliche, vermeintliche oder befürchtete Marktmängel durch Marktinterventionen (z.B. Preisregulierung, Subventionen, Markteintrittsbarrieren etc.) zu korrigieren oder durch eigene Angebote zu ersetzen versuchen, folgt am Anfang nicht selten eine Ergebnisverbesserung. Erst im Laufe der Zeit führen dann inadäquate Anreizstrukturen, verzerrte Preisrelationen, versäumte Anpassung bei technischem Fortschritt oder Präferenzänderungen etc. zu immer größeren Ineffizienzen. Wenn deren Symptome nun erneut durch weitergehende Interventionen bekämpft werden, anstatt die Ursachen anzugehen, kann es zu nachgerade absurden Ergebnissen führen, wie z.B. in der deutschen Steinkohlepolitik oder der europäischen Agrarpolitik zu beobachten ist.

Im Gegensatz zu den letztgenannten Beispielen, bei denen die Marktinterventionen von Anfang an nicht mit Effizienzargumenten begründet werden konnten, sondern auf Arbeitsplatz- und Einkommens-Interessen beruhten und zunächst grundsätzlich temporär angelegt waren, erfordert eine Regulierung den Nachweis systematischer Funktionsmängel marktwirtschaftlicher Prozesse, die über transitorische Anpassungsprobleme hinausgehen.

Unter Regulierung werden im engeren Sinne staatliche Vorschriften bzw. Einflüsse auf unternehmerische Entscheidungsparameter verstanden. In einem weiteren Sinne werden auch solche Einflüsse hinzugezählt, die der Staat in seiner Eigenschaft als Eigentümer der öffentlichen Betriebe wahrnimmt. Gleichgültig, ob in einem bestimmten Sektor ordnungstheoretisch grundsätzlich ein Regulierungsgrund akzeptiert werden kann oder nicht, weisen Regulierungseingriffe in der Realität eigene Effizienzprobleme auf, die im Zeitablauf größer werden. Zu diesen Problemen gibt es inzwischen eine umfangreiche Literatur für diverse Branchen.[3]

Der Umfang der Ineffizienzen ist jedoch nicht schlechthin regulierungsbedingt, sondern hängt entscheidend von den jeweiligen Regulierungs-Instrumenten und der Art ihres Einsatzes ab. Die diesbezüglich problematischsten Instrumente sind die Preisregulierung und die Markteintrittsregulierung.

Während eine Preisregulierung in wettbewerblichen Märkten durchweg fehl am Platze ist, da sie zu falschen Anpassungs-Reaktionen auf der Angebots- und/oder Nachfrageseite führt, ist dies bei Monopol-Märkten nicht so eindeutig. Bei resistenten Monopolen (vgl. 4.2), die sich einer inelastischen Nachfragefunktion gegenübersehen, bei denen Substitutionskonkurrenz fehlt und die nur geringen technischen Fortschritt und geringe Präferenzänderungen aufweisen, ist Preisregulierung grundsätzlich akzeptabel.

---

3 Vgl. als Überblick und für weitere Literaturangaben JOSKOW/ROSE (1989), NOLL (1989), BERG/TSCHIRHART (1988), SOLTWEDEL (1986)

Das Problem besteht darin, daß die Kosten als Maßstab der Preisfestsetzung im Laufe der Zeit zunehmend fragwürdiger werden. Im resistenten Monopol besteht kein Druck mehr, die tatsächlichen Produktionskosten den minimalen anzunähern, wenn praktisch jede Kostenhöhe durch erhöhte Preise erlösmäßig abgedeckt werden kann. Auf diese Weise bestimmen bald nicht mehr die Kosten die Preise, sondern die Preise die Kosten. Anders ausgedrückt, die sonst angefallene monopolistische Produzentenrente wird teils in Insiderrenten umgewandelt und geht teils als Ressourcenverschwendung verloren (vgl. 3.2). Dies führt nicht nur zu Minderungen der Konsumentenrente, sondern auch zu Ineffizienzen, die durchaus die monopolistische Ineffizienz des unregulierten Monopols übersteigen können.

Häufig noch problematischer sind Markteintrittsregulierungen, d.h. die Errichtung institutioneller Markteintrittsbarrieren, wenngleich es hier ebenfalls entscheidend auf die Art der Anwendung und die Marktstruktur ankommt (vgl. 4.1). Vergleichsweise harmlos sind institutionelle Markteintrittsbarrieren, die an ein objektives Qualitätskriterium anknüpfen, sofern dieses inhaltlich präferenzadäquat ist und keine diskriminierenden Restriktionen beinhaltet.

Gravierend sind institutionelle Eintrittsbarrieren vor allem deshalb, weil sie die marktliche Sanktionierung von Ineffizienzen verhindern, die entweder von den etablierten Unternehmen selbst oder von der Regulierungsbehörde verursacht worden sind. Überhöhte Preise, ungenügende Mengen, inadäquate Produkte oder mangelnde Produktvariation, versäumte technische Innovationen etc. würden normalerweise zu Newcomereintritt führen, neue Konkurrenz entfachen und damit die Ineffizienzen abbauen.

Potentielle Konkurrenz nennt man die Antizipation dieses Effektes durch die etablierten Unternehmen. Wenn diese bei eigenen Ineffizienzen ernsthaft Markteintritte erwarten müssen, haben sie wirksame Anreize zu effizienter Produktion, auch ohne daß tatsächlich Newcomerzutritt erfolgt. Dies wirkt grundsätzlich auch bei Monopolen, wenn nicht andere Marktbarrieren einen Eintritt unrealistisch machen.

Grundsätzlich ist eine Marktzutrittsregulierung bei Monopolen, was in der Praxis meistens Eintrittsverhinderung bedeutet, besonders problematisch, weil die potentielle neben der Substitutions-Konkurrenz die letzte verbleibende Invisible-Hand-Wirkung ist. Institutionelle Monopolvorbehalte sind deshalb immer als ineffizient anzusehen. Offen bleibt die positive Frage, warum dennoch Monopolvorbehalte ein häufiges Regulierungsinstrument sind (vgl. 4.2).

1.2.3 Andere Ziele und Regulierungsargumente

Vielfach wird Regulierung mit anderen als Effizienzzielen begründet bzw. liegen der Regulierung bzw. ihrer Aufrechterhaltung andere Motive oder Interessen zugrunde. Für die erste Gruppe wird unterstellt, daß es sich hierbei um Ziele handelt, die prinzipiell wirtschaftspolitisch relevant und akzeptiert sind.

Hierzu gehören für unser Problemfeld in erster Linie distributions- und regionalpolitische Ziele. Distributionsziele intendieren in der Regel eine Förderung unterer Einkommens- oder allgemein sozial schwacher Gruppen bzw. einen stärkeren interpersonellen Ausgleich realer Wohlstandsniveaus als sie der Marktprozeß liefert. Regionalpolitische Ziele intendieren in der Regel eine Angleichung der interregionalen Lebensverhältnisse bzw. der Standortbedingungen für Unternehmen. Praktisch relevant ist in diesem Kontext insbesondere die Minderung der Divergenz zwischen Ballungs- und ländlichen Gebieten.

Derartige Ziele werden inhaltlich im folgenden nicht weiter erörtert, da sie sich als gesellschaftliche Basisnormen einer wissenschaftlichen Erörterung entziehen. Grundsätzlich stehen sie normativ-qualitativ mit dem Effizienzziel auf einer Stufe und potentiell mit diesem in einer Zielkonkurrenz.

Eine solche Zielkonkurrenz ist in Abb. 1.2 zwischen dem Ziel E (Effizienz) auf der Ordinate und einem Ziel A (anderes wirtschaftspolitisches Ziel) auf der Abszisse dargestellt. Nehmen wir an, die relevante Transformationskurve zwischen beiden Zielen wäre durch die Kurve $T_H T_O$ repräsentiert. Das Effizienz-Maximum liegt dann im Punkt M. Weiterhin ist angenommen, daß die gesellschaftliche Zielstruktur bezüglich beider Ziele durch die Indifferenz-Kurvenschar I_j dargestellt werden kann (mit $j=1...m$ und $...<I_1<I_2<I_3<...$ für die Zielerreichung). Dann ist das gesellschaftliche Optimum durch den Tangentialpunkt C bestimmt. Die Gesellschaft ist also bereit, für eine höhere Zielerfüllung des Zieles A von a_M nach a_C eine Effizienzminderung von e_M nach e_C in Kauf zu nehmen.

Das Entscheidende ist, daß die Höhe dieses Tradeoffs zwischen E und A von der konkreten Wirtschafts- bzw. Ordnungspolitik und den jeweils ein-

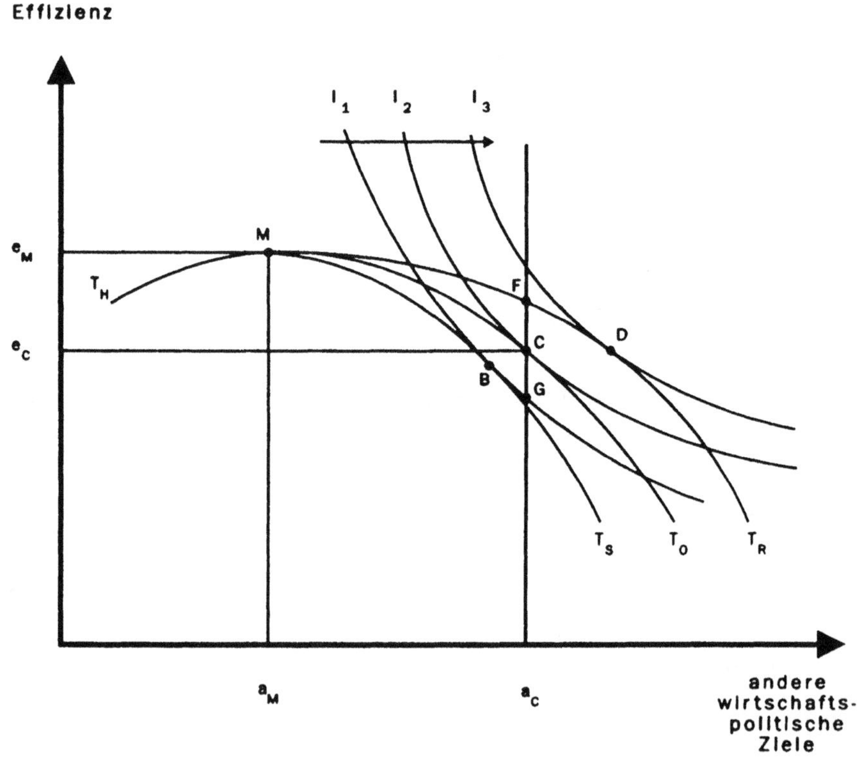

Abb. 1.2 : Tradeoff zwischen Effizienz und anderen wirtschaftspolitischen Zielen

gesetzten Instrumenten abhängt. Mit anderen Worten: Die im konkreten Fall relevante Transformationskurve ist nicht vorgegeben, sondern politikabhängig und könnte in Abb. 1.2 auch z.B. T_R oder T_S sein. Der gleiche A-Zielerreichungsgrad a_C wäre also bei T_R mit weniger Effizienzverlusten (Punkt F) zu erreichen als bei T_O und würde bei T_S größere Effizienzminderungen zur Folge haben (Punkt G). Bei T_R würde allerdings der neue Optimalpunkt D auf dem höheren Niveau I_3 erreicht, was zu höherer Zielerreichung für beide Ziele führt als in der Ausgangssituation C. Die umgekehrte Aussage gilt für Punkt B auf I_1.

Mit Blick auf wirtschaftspolitische Alternativen können wir davon ausgehen, daß fast immer die Option besteht, statt einer Marktintervention derartige Nicht-Effizienz-Ziele durch direkte Transfers (z.B. an bedürftige Personen oder als förderungswürdig erachtete Regionen) des Staates zu erreichen. Diese würden weniger oder gar nicht die Marktmechanismen beeinträchtigen bzw. die Faktorpreis-Relationen verzerren. Sie erlauben in aller Regel einen sehr viel direkteren Mitteleinsatz als Marktinterventionen, die z.B. in ihrer Verteilungswirkung häufig intransparent und fragwürdig sind.

Als Fazit kann man sagen, daß im Kontext der Abb. 1.2 Marktregulierungen eher durch T_S und Transfers bei Intaktlassen der wettbewerblichen Marktprozesse eher durch T_R repräsentiert werden. Die Politikalternative der direkten Maßnahmen muß man grundsätzlich vor Augen haben, wenn Regulierungsinterventionen mit Nicht-Effizienz-Zielen begründet werden. Dies wird später anhand des Flächendeckungsziels konkreter erörtert.

Andere Argumente für Regulierungsinterventionen lassen sich bei genauerer Betrachtung als Partialinteressen insbesondere von Insidern (Kapitaleignern, Managern, Arbeitnehmern etc.) identifizieren. Derartige Begründungen sind wirtschaftspolitisch aus normativer Sicht irrelevant, jedoch bei positiver Sicht der praktischen Regulierungspolitik von dominierender Bedeutung. Dies verdient Erwähnung, weil sich die Vertreter von Partialinteressen in ihrer Argumentation in der Regel anderer, gesellschaftlich akzeptierter Ziele bedienen, um bestimmte Eingriffe (insbesondere Markteintrittsbarrieren) zu erreichen bzw. zu erhalten. Es wird dadurch erleichtert, daß die Nicht-Effizienz-Ziele in der Regel wenig operational, aber qualitativ prinzipiell plausibel sind, die Tradeoffs intransparent und die Effizienzeinbußen in der Regel kurzfristig geringer sind als längerfristig.

1.2.4 Politische Liberalisierungs-Hemmnisse

Der Mobilfunk ist in der Ausgangssituation durch monopolistische Strukturen und hohen Staatseinfluß gekennzeichnet. Die Telekommunikation ist traditionell in den meisten Ländern der Welt als Staatsaufgabe verstanden worden und wurde von staatlichen Unternehmen betrieben. Die Gründe dafür waren im historischen Verlauf unterschiedlich und z.B. militärischer, machtpolitischer, fiskalischer, ökonomischer, sozialpolitischer, regionalpolitischer oder gruppenegoistischer Art. Es wurden im Einzelfall diverse Argumente vorgebracht, warum diese Bereiche staatlich reguliert bleiben sollten. Diesbezüglich befand und befindet sich die Telekommunikation in ähnlicher Lage wie eine Reihe anderer Sektoren, die ebenfalls durch eine hohe Regulierungsdichte, institutionell wettbewerbsbeschränkte Märkte und einen hohen Staatsanteil gekennzeichnet sind. Fast alle reklamieren sie für ihren Sektor Besonderheiten, die es angeblich unmöglich machen, die in anderen Branchen bewährten Erwerbswirtschafts- und Wettbewerbs-Prinzipien wirken zu lassen.

Derartige Besonderheiten-Lehren sind seit zwei Jahrzehnten auf dem Rückzug, was auf verschiedene Gründe zurückzuführen ist. Die industrieökonomischen und ordnungstheoretischen Erkenntnisfortschritte erlauben heute genauere Einsichten in die Funktionsweise und mögliche Ursachen von Funktionsmängeln marktwirtschaftlicher Prozesse. Marktergebnisse mit ineffizienten Folgen lassen sich im wesentlichen auf die genannten Kernursachen reduzieren (Nichtausschließbarkeit, Monopolresistenz und Informationsmängel), wobei zusätzliche Phänomene (z.B. Kollusion, hohe Markteintrittsbarrieren etc.) relevant sein oder graduell verstärkend wirken können. Außerdem gibt es inzwischen eine umfangreiche empirische Evidenz zu spezifischen Staatsversagens-Phänomenen in regulierten Bereichen.

Davon zu unterscheiden ist die positive Frage, wie Regulierungsentscheidungen in der Praxis zustande kommen, bzw. warum die Interventionen aufrechterhalten werden. Obwohl sich eine eingehendere Erörterung hier verbietet, sind dennoch einige Essentials als Background für das Verständnis der konkreten Mobilfunk-Regulierungspolitik erforderlich. Pauschal kann man sagen, daß Regulierungsentscheidungen in der Realität weniger an Effizienz- als an Verteilungs- oder Macht-Kriterien orientiert sind.

Die Regulierung eines Sektors hat nämlich nicht nur meistens einen Effizienzverlust zur Folge, sondern beinhaltet außerdem einen Umverteilungs-Effekt, d.h. sie bewirkt - im Vergleich mit den Ergebnissen bei Wettbewerb - eine Umverteilung zu Lasten der Kunden und zum Vorteil der Insider des Unternehmens. Dies gilt für unterschiedliche Regulierungssysteme, und zwar um so stärker, je länger die Regulierung besteht.

Im Laufe der Zeit erreichen die Beschäftigten höhere Gehälter, Sozialleistungen, Versorgungsbezüge und Repräsentationsaufwendungen etc. sowie einen höheren Beschäftigungsstand und bequemere Arbeitsbedingungen als bei Wettbewerb. Die Eigentümer erzielen höhere Renditen oder eine Risikominderung, bzw. erhalten Mittel zur internen Subventionierung anderer Bereiche. Bei öffentlichen Unternehmen werden diese Vorteile noch ergänzt durch die Vorzüge des öffentlichen Dienstes (Kündigungsschutz, leistungsunabhängige Entlohnung, Schutz vor Disziplinierung etc.). Für die Kunden schlägt sich dies in höheren Preisen, mangelnder Qualität, unkomfortablen Transaktionsbedingungen etc. nieder.

Vom Standpunkt der Unternehmensinsider ist es deshalb verständlich, daß sie im Regelfall aus Eigeninteresse eine Liberalisierung, Deregulierung oder Privatisierung ablehnen. Da ihre Vorteile aus der Regulierung jedoch kleiner sind als die entsprechenden Nachteile der Kunden (vgl. 3.2), ist es erklärungsbedürftig, warum diese Interessen sich durchsetzen.

Der erste Grund liegt in der unterschiedlichen Organisationsfähigkeit der Interessen und der zweite in den Interessenlagen der politischen Entscheidungsträger.

Die Insider sind in Branchenverbänden und Gewerkschaften fast immer sehr gut organisiert und verfügen über ein hohes Konfliktpotential. Da die einzelnen Kunden in der Regel nur einen geringen individuellen Nachteil und hohe Organisationsschwellen haben, sind sie nicht wirkungsvoll in Verbänden organisiert und haben kein politisch relevantes Konfliktpotential.

Die Interessen der politischen Entscheidungsträger bezüglich einer Deregulierung etc. setzen sich aus einer ganzen Reihe von Elementen zusammen. Einerseits reflektiert ihre Interessenlage lediglich die vorher beschriebenen Machtkonstellationen der einschlägigen Verbände und deren Konfliktpotential auf der politischen Ebene. Ein Politiker, der dereguliert und Märkte öffnen will, wird sich deshalb in aller Regel der massiven Opposition von Verbandsinteressen gegenübersehen.

Zweitens bedeutet Liberalisierung in aller Regel einen Verlust an Einfluß für die politischen Entscheidungsträger. Typischerweise sind die institutionellen Strukturen sogar so gelagert, daß diejenigen, die am meisten an Bedeutung, Einfluß und Macht verlieren, gleichzeitig diejenigen sind, die den Deregulierungsprozeß vorantreiben müßten. Überspitzt könnte man sagen, sie sind aufgefordert, sich selbst überflüssig zu machen.

Drittens sind politische Amtsinhaber tendenziell risikoavers. Keine Inkompetenz, Untätigkeit etc. kann einen Politiker so leicht sein Amt kosten, wie ein (auch vorübergehender) Mißerfolg, bzw. was von den Medien dafür gehalten wird. Jede Liberalisierung ist aber mit gewissen Risiken verbunden, da die Marktprozesse die neuen Strukturen und Gleichgewichte erst entwickeln müssen. Nicht immer geht dies ohne Friktionen ab. Häufig muß am Anfang sogar eine objektive Verschlechterung konstatiert werden, bevor sich später die Erfolge einstellen. Dies ist quasi die gefährliche Phase für die Deregulierungspolitik, da hier die öffentliche Akzeptanz sinkt. Ein Deregulierungs-Politiker wird eventuell fürchten, zwar die kurzfristigen politischen Risiken tragen zu müssen, aber nicht mehr die Erfolge ernten zu können (vgl. 4.4).

1.3 Ordnungspolitische Problemfelder des Mobilfunks

Aus der Sicht der Nutzer kann der gesamte Komplex "zellularer Mobilfunk" in zwei relevante Sektoren unterteilt werden, in denen er als Nachfrager auftritt, erstens für die Endgeräte und zweitens für den eigentlichen Kommunikations*dienst*. Ein Mobilfunknutzer ist Kunde in zwei grundlegend unterschiedlichen Branchen, die in Abb. 1.3 gegenübergestellt sind, links die Mobilfunkendgeräte und rechts die Telekommunikationsnetz-Dienstleistung.

In beiden Sektoren sind als die entscheidenden Akteure die Unternehmen der Produktionsstufe (Endgeräte-Produzenten bzw. Netzbetreiber) anzusehen, die ihre Produkte über Händler bzw. Diensteanbieter an die Endkunden verkaufen.[4] Zwar sind die mengenmäßigen Gesamtnachfragen nach Endgeräten einerseits und nach Diensten andererseits stark komplementär und hängen jeweils von den Preisen, Qualitäten etc. beider Sektoren ab. Außerdem sind beide technisch sehr eng miteinander verknüpft, da jedes Mobilfunksystem als Gesamtheit konzipiert und bezüglich der Schnittstellen und zahlreicher Merkmale standardisiert wird. Sie bilden jedoch wirtschaftlich eigenständige Bereiche, in denen jeweils unterschiedliche Unternehmen agieren.[5]

---

4 Die D-Netz-Betreiber verkaufen ihre Leistungen entweder direkt an die Nutzer oder über sogenannte Diensteanbieter (Service Provider), die ihrerseits zusätzliche Dienstleistungen anbieten. In der Realität sind die Transaktionsbeziehungen etwas differenzierter als in der Abb. 1.3 dargestellt. Vgl. dazu ausführlicher VOSSBERG/HANEL (1992).

5 Einige der Hersteller von Endgeräten produzieren zwar gleichzeitig System-Equipment (Basisstationen, Vermittlungen etc.), treten jedoch in aller Regel nicht als Netzbetreiber auf. Häufig werden sie sogar von seiten der Regulierungsbehörde explizit davon ausgeschlossen. Vgl. 6.5.

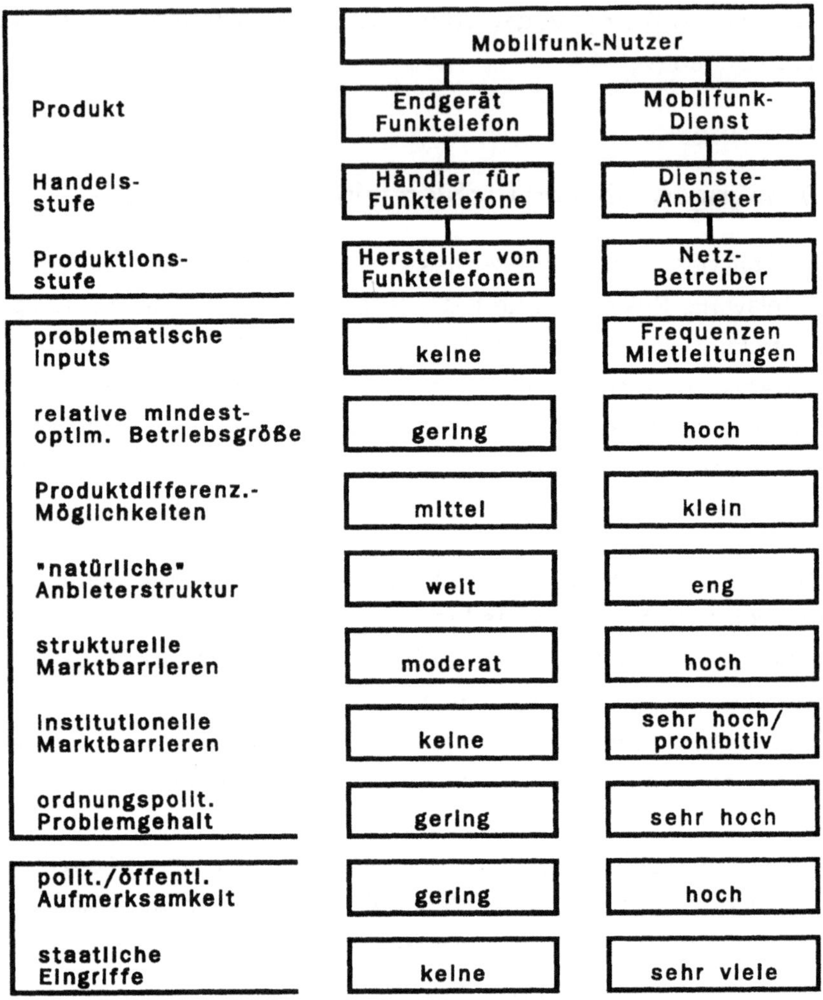

Abb 1.3 : Sektorale Struktur und Problemfaktoren

Bezüglich ihrer ökonomischen Strukturen und ordnungspolitischen Probleme unterscheiden sich beide Sektoren ganz grundlegend. Während der Netzbetrieb in fast allen Ländern durch zahlreiche staatliche Interventionen und wettbewerbsbeschränkte oder monopolistische Märkte gekennzeichnet ist, sind die Endgerätemärkte strukturell unproblematisch.

Endgeräte sind, so kompliziert und innovativ sie technisch auch sein mögen, ganz normale Produkte, die weder bezüglich ihrer spezifischen Inputs noch aufgrund ihrer industrieökonomischen Strukturfaktoren Wettbewerbsprobleme erwarten lassen. Die mindestoptimalen Betriebsgrößen in Relation zum Marktvolumen und die Scale Economies sind klein genug, um weite wettbewerbliche Strukturen zu ermöglichen. Die Markteintrittsbarrieren sind für die einschlägigen Unternehmen nicht so hoch, daß vorübergehend ineffiziente Ergebnisse Bestand haben könnten. Relevante Probleme treten gegebenenfalls nur als Folge außenwirtschaftlich-protektionistischer Interventionen einzelner Staaten auf, entweder mittels Bevorzugung der heimischen Hersteller durch staatliche Unternehmen oder durch Standardisierungsentscheidungen (vgl. 6.4), die den gleichen Effekt zu erzielen versprechen.

Die öffentlichen Diskussionen beziehen sich fast ausschließlich auf den Netzbereich. Dort liegen auch die objektiven ökonomischen und ordnungspolitischen Problemfelder, die den Hauptgegenstand dieses Buches bilden.

Der erste Problemkomplex bezieht sich auf verschiedene Strukturfaktoren des Mobilfunks. (1) In den Ländern, in denen das Telekommunikations-Monopol aufgehoben wurde, sind in der Regel dyopolistische Marktstrukturen geschaffen worden. Dies wirft unter den spezifischen Bedingungen der Mobilfunkmärkte Fragen nach der zu erwartenden Wettbewerbsintensität auf. Dies ist Gegenstand des Kapitels 3.

(2) Die Marktstrukturen werden beim Mobilfunk ziemlich direkt durch die Lizenzierungspraxis der Regulierungsbehörden determiniert. Ein wesentliches Element für die Frage, wieviele Lizenzen vergeben werden sollen, sind die Skaleneffekte (bzw. die mindestoptimalen Betriebsgrößen). Diese nehmen wie in vielen anderen Bereichen, die auf spezifische Infrastrukturen angewiesen sind und diese selbst errichten müssen, die Ausprägung von Economies of Density (Dichtevorteile) an. Wenn solche Dichtevorteile quantitativ gravierend sind und noch in einem Mengenbereich existieren, der einen wesentlichen Teil des gesamten Marktvolumens ausmacht, dann würde die Existenz einer großen Zahl von Anbietern zu einer volks-

wirtschaftlichen Ressourcenverschwendung durch ungenutzte Skaleneffekte führen[6] und über verlustreiche Preiskämpfe letztlich das Ausscheiden einiger Anbieter zur Folge haben.

In welchem Umfang dies im Mobilfunk empirisch relevant ist und welche ordnungspolitischen Konsequenzen es gegebenenfalls für die Lizenzierungspolitik hat, wird im Kapitel 4 erörtert. Andere Regulierungsparameter, die im Kontext der Lizenzierung diskutiert werden, wie z.B. Auflagen bezüglich Flächendeckung bzw. Versorgungsgrad als Folge regionaler Kostendifferenzen, werden in Kapitel 6 behandelt.

Den zweiten ordnungspolitischen Problemkomplex bilden im wesentlichen die Frequenzen. Diese werden benötigt, um die Kommunikation zwischen einem mobilen Teilnehmer und der jeweiligen Basisstation (als Teil der Infrastruktur des Netzbetreibers) durch Funkverbindungen zu realisieren. Sie stellen einen wichtigen Inputfaktor dar.

Die Funkfrequenzen bedürfen kollektiver Institutionen zur Sicherung der Verfügungsrechte für eine effiziente Nutzung. Ihre Zuteilung an bestimmte Nutzer, die gegenwärtig in fast allen Ländern administrativ durch die Regulierungsbehörde erfolgt, entscheidet gleichzeitig in hohem Maße über Marktstruktur und Wettbewerb und stellt eine prohibitive institutionelle Markteintrittsbarriere dar. In der Frequenzallokation kann man das eigentliche ordnungspolitische Problem des Mobilfunks sehen. Alternative, pretiale Methoden (insb. Auktionen) effizienzkompatibler Zugänge zu ihrer Nutzung sind der Schlüssel zu einer effektiven Liberalisierung des Sektors. Die damit verbundenen Probleme und Möglichkeiten werden in Kapitel 5 erörtert.

Ein weiterer potentiell problematischer Inputfaktor sind in der Bundesrepublik die fest verbundenen Leitungswege. Über diese wird der

6 Eine spezielle Mobilfunk-Problematik bezieht sich auf die abnehmende Frequenz-Effizienz bei steigender Nutzerzahl. Wenn die Zahl der Betreiber steigt, die sich eine gegebene Frequenzmenge teilen müssen, steigt u.a. die Zahl der erforderlichen Signalisierungskanäle, so daß die Zahl der Nutzkanäle sinkt.

Nutz- und Signalisierungsverkehr zwischen Basisstationen und Mobilvermittlungen, zwischen verschiedenen Mobilvermittlungen sowie zwischen diesen und den Übergängen in das stationäre Telefonnetz geführt. Soweit sie keine eigenen Richtfunkstrecken errichten, sind die Netzbetreiber wegen des rechtlich vorgegebenen Monopols der Telekom für Übertragungswege gezwungen, diese von der Telekom zu mieten, was natürlich Fragen nach Preisen und Konditionen aufwirft. Die Mietleitungsfrage ist ein temporäres Problem des deutschen Fermelderechts im Übergang zur Liberalisierung und (nicht nur so lange) ein Problem der Monopolpreisregulierung, aber kein spezielles Mobilfunkproblem. Ebenso wie in anderen Feldern wäre es ordnungspolitisch vorzuziehen, jedem Unternehmen die Errichtung von Übertragungswegen und deren Betrieb auch für Dritte generell zu erlauben.

Kapitel 2

Technische und wirtschaftliche Grundlagen

2.1 Mobilfunk-Arten und Funktionsweisen

2.1.1 Mobilfunk-Arten und -Systeme

Als Mobilfunk werden Dienste zur Individualkommunikation bezeichnet, bei denen Teile des Netzes aus Funkstrecken bestehen, um die Kommunikation mobiler Teilnehmer zu realisieren. Typischerweise handelt es sich dabei um Kommunikation zwischen zwei Teilnehmern,[1] die in beiden Richtungen erfolgt. Dies unterscheidet die Individual- von der Massenkommunikation (z.B. Hörfunk, Fernsehen), bei der eine Nachrichtenquelle für eine größere Menge potentieller Empfänger sendet. Im Gegensatz zu einer derartigen, einseitigen Verteilkommunikation erfordert die Adressierung des jeweiligen Partners bei der Individualkommunikation einen Vermittlungsvorgang.

Im weitesten Sinne des Begriffs Mobilfunk werden darunter zahlreiche unterschiedliche Arten und Systeme zusammengefaßt,[2] von denen einige sehr spezielle Nutzungsmerkmale für bestimmte Verwendungen aufweisen, z.B. für Navigations- und Ortungszwecke, Flottenmanagement für Lastkraftwagen oder Schiffe, militärische Einsatzbereiche etc., oder nur eine sehr begrenzte regionale Verbreitung haben.

Eine Klassifikation von Mobilfunksystemen ist auch deshalb problematisch, weil die technischen und wirtschaftlichen Entwicklungen in diesem

---

1 Der typische und empirisch bei weitem relevanteste Fall besteht darin, daß ein mobiler mit einem stationären Teilnehmer kommuniziert (z.B. ein Telefonat zwischen einem Autotelefon und einem normalen Telefonanschluß).

2 Verschiedene Mobilfunkarten werden u.a. beschrieben in WALKER (1990), SILBERHORN (1989), BOLLE (1989), KEDAJ/HENTSCHEL (1991), SCHEELE (1991).

Sektor so schnell voranschreiten, daß jede Systematik in Kürze überholt wäre. Für ausführlichere Beschreibungen spezieller Mobilfunksysteme und ihrer Dienste und Klassifikationen wird deshalb auf die angeführte Literatur verwiesen.

Die Unterteilung der wichtigsten, öffentlichen Mobilfunkdienste in vier Arten (Funktelefon, Telepoint, Bündelfunk und Funkruf), die in Abb. 2.1 vorgenommen wurde, stellt deshalb nur eine unvollständige Momentaufnahme dar. Sie dient dazu, einige Begriffe der einschlägigen ordnungspolitischen Diskussion voneinander abzugrenzen und das Problemfeld der folgenden Kapitel zu kennzeichnen.

Der "zellulare Mobilfunk" (auch als Funktelefon[3] bezeichnet) ist der wirtschaftlich bedeutendste Bereich des Mobilfunks und wird begrifflich häufig mit diesem gleichgesetzt. Auch im folgenden wird vielfach von Mobilfunk gesprochen, wenn tatsächlich nur der zellulare Mobilfunk (bzw. das Funktelefon) gemeint ist.[4] Dieser ermöglicht normale Telefongespräche eines Teilnehmers an einer Mobileinheit (Autotelefon, tragbares oder Handgerät) mit jedem beliebigen Teilnehmer, der an das allgemeine Telefonnetz (mobil oder stationär) angeschlossen ist.[5] Dieser Bereich, dessen Funktionsweise und Systeme im zweiten Teil dieses Abschnitts kurz erläutert werden, steht im Mittelpunkt des vorliegenden Buches.

Telepoint ist die Sammelbezeichnung für verschiedene Konzeptionen eines öffentlichen Mobilfunkdienstes, der technisch eine Weiterentwicklung der üblichen schnurlosen Telefone darstellt.[6] Während letztere bisher nur im Bereich eines normalen Hauptanschlusses eine kurze Funkverbindung

---

3 Davon deutlich zu unterscheiden ist das seit langem geläufige schnurlose Telefon, das an jedem normalen Telefonanschluß betrieben werden kann und umgangssprachlich auch gelegentlich als Funktelefon bezeichnet wird.

4 Dementsprechend könnte man auch von "Mobilfunk im weiteren Sinne" und von "Mobilfunk im engeren Sinne" (Zellularer Mobilfunk bzw. Funktelefon) sprechen.

5 Zusätzlich sind bei den neueren Systemen (z.B. D-Netze) auch Datenübertragung, Telefax etc. möglich.

6 Daher stammt auch das Kürzel CT (Cordless Telephone) in der Kennzeichnung einzelner Telepointsysteme (z.B. CT2, CT3).

zu dem jeweils zugehörigen Handgerät herstellen, beinhaltet Telepoint die Möglichkeit, sich auch außerhalb des eigenen Telefonanschlusses in das öffentliche Fernsprechnetz einzuwählen, sofern man sich im Umkreis von ca. 200 Metern um eine entsprechende öffentliche Basisstation (d.h. einem Telepoint) befindet. Man kann dann normale Telefongespräche mit jedem Netzteilnehmer führen, solange man sich im Bereich dieser einen Basisstation befindet, allerdings dort nicht von anderen angerufen werden.

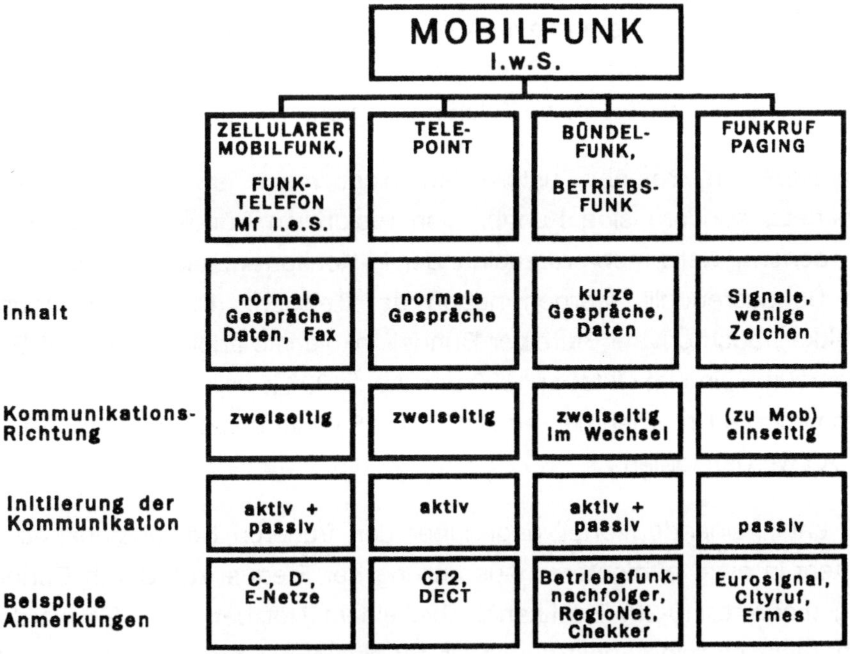

Abb. 2.1 : Mobilfunk-Arten

Es werden gegenwärtig verschiedene technische Systeme (z.B. CT2, CT3, DECT) konzipiert, getestet oder schon in der Praxis eingesetzt (z.B. Großbritannien). In der Bundesrepublik erprobt die Telekom einen Dienst unter der Bezeichnung Birdie. Während man noch vor kurzem davon ausging, daß Telepoint quasi als "schnurlose Telefonzelle" mit relativ geringen Kosten für den Nutzer eine wirtschaftliche Verbreitung finden würde, gilt diese Konzeption heute als nicht wettbewerbsfähig mit den komfortableren PCN-Systemen (in der BRD E1-Netz). Insofern ist es sehr fraglich, ob sie überhaupt eine kommerzielle Bedeutung erlangen werden.

Bündelfunk stellt eine fortgeschrittenere Version des klassischen Betriebsfunks dar und ist für geschlossene Benutzergruppen konzipiert.[7] Typische Kommunikationsvorgänge für diesen Dienst sind z.B. Anweisungen eines Betriebs an seine Außendienst-Mitarbeiter und deren Informationen an die Zentrale. Es sind in der Regel kurze Gespräche, deren Überleitung in das allgemeine Telefonnetz grundsätzlich möglich ist.

Die einzelnen Betriebe unterhalten nicht mehr jeweils ihr eigenes Funknetz, sondern sind Kunden von regionalen Bündelfunkbetreibern, von denen jeweils mehrere zueinander in Konkurrenz stehen werden. In der Bundesrepublik werden neben der Telekom (Dienstbezeichnung Chekker) auch private Betreiber Bündelfunkdienste anbieten. Für 14 Ballungsräume sind im Oktober 1990 und April 1992 jeweils zwei Lizenzen an kommerzielle Unternehmen erteilt worden.[8] Weitere Lizenzen verschiedener Art werden folgen.

Der entscheidende Vorteil gegenüber den früheren Betriebsfunknetzen besteht in einer effizienteren Ausnutzung der Frequenzen durch Bündelung mehrerer (8-20) Funkkanäle bei einem Netzbetreiber. Es werden nicht mehr einzelne Funkfrequenzen für eine Nutzergruppe fest zugeteilt, sondern jedem Nutzer wird im Einzelfall bei einem konkreten Kommunikationswunsch automatisch ein freier Funkkanal für die Dauer des Gesprächs zugewiesen. Danach steht er anderen zur Verfügung.

Der Funkruf (internationale Bezeichnung Paging) unterscheidet sich qualitativ erheblich von den anderen Mobilfunkdiensten, da es sich nicht um

---

7 Vgl. zum Bündelfunk PERNSTEINER (1992)

8 Vgl. für die Lizenztypen, Gebiete und Lizenzinhaber BMPT (1992b).

eine telefonähnliche Kommunikation handelt, sondern lediglich um die einseitige Übermittlung einfacher Signale oder weniger Zeichen an einen mobilen Teilnehmer (Empfänger).[9] In der Bundesrepublik sind Funkrufdienste der Telekom unter den Bezeichnungen Eurosignal (seit 1974) und Cityruf (seit 1989) eingeführt. Später soll ein europaweites Funkrufsystem mit erweiterten Leistungsmerkmalen unter dem Namen ERMES (European Radio Message System) den Betrieb aufnehmen.

Mit Ausnahme des Funkrufs kann die Kommunikation beim Mobilfunk in beide Richtungen erfolgen. Bei verbaler Kommunikation sind also Hören und Sprechen möglich. Dies bedeutet für die Mobileinheit, daß sie für Empfangen und Senden ausgerüstet ist, und für das Netz, daß zwischen beiden Gesprächspartnern jeweils zwei Kanäle (ein Duplexkanal) geschaltet und somit die entsprechenden Frequenzen frei sein müssen.

Von der eigentlichen Kommunikationsrichtung zu unterscheiden ist die Initiierung, das heißt die Einleitung eines konkreten Kommunikationsvorgangs. Vom Standpunkt des mobilen Teilnehmers kann dies als aktiv oder passiv bezeichnet werden. Bei aktiver Initiierung (Anrufen) stellt der Mobilteilnehmer die Verbindung her, bei passiver Initiierung wird er seinerseits vom Gesprächspartner angerufen. Passive Initiierung erfordert bei zellularem Mobilfunk einen relativ hohen Infrastrukturaufwand, um zu gewährleisten, daß der Mobilteilnehmer an seinem jeweiligen Aufenthaltsort erreicht wird, ohne daß der Anrufer diesen kennen muß. Bei Telepoint ist nur aktive (wie bei den meisten deutschen Telefonzellen) und bei Funkruf nur passive Initiierung möglich, bei Funktelefon und Bündelfunk dagegen beides (wie im stationären Telefonnetz).

Die zellularen Mobilfunksysteme kann man nach der Art der Signalübertragung und -verarbeitung in analoge und digitale unterteilen. In der Bundesrepublik gehören zu letzteren die D- und E-Netze, zu ersteren das C-Netz. Dessen nicht-zellulare Vorläufer, das A- und das B-Netz, arbeiteten ebenfalls auf analoger Basis. Sie hatten jedoch jeweils nur geringe Teil-

---

9 Vgl. zum Funkruf TRIDGELL (1990), STEINHART (1989), KESSLER (1992)

Tabelle 2.2 : Analoge Mobilfunksysteme in Europa

Land		System	Start	Teilnehmer
Andorra		NMT-450	7/90	252
Belgien		NMT-450	4/87	58.408
Dänemark		NMT-450	1/82	49.518
		NMT-900	12/86	151.018
Deutschland		C-450	9/85	737.974
Färöer		NMT-450/900	1/89	1.577
Finnland		NMT-450	3/82	158.404
		NMT-900	12/86	176.651
Frankreich		RC 2000	11/85	328.000
		SFR NMT-450	8/89	102.000
Großbritannien	Cellnet	TACS-900	1/85	578.900
	Vodaphone	TACS-900	1/85	754.700
Irland		TACS-900	12/85	39.601
Island		NMT-450	7/86	14.737
Italien		RTMS	9/85	51.900
		TACS-900	4/90	684.000
Luxemburg		NMT-450	6/85	967
Malta		ETACS	7/90	3.822
Niederlande		NMT-450	1/85	26.278
		NMT-900	1/89	127.526
Norwegen		NMT-450	11/81	152.135
		NMT-900	12/86	117.475
Österreich		NMT-450	11/84	60.264
		TACS-900	7/90	96.761
Portugal		C-450	1/89	23.351
Schweden		NMT-450	10/81	249.081
		NMT-900	12/86	373.940
		Comvik	8/81	21.000
Schweiz		NMT-900	9/87	206.070
Spanien		NMT-450	6/82	65.641
		TACS-900	4/90	98.897
Zypern		NMT-900	12/88	8.278

Quelle: FinTech Mobile Communications Nr.113 v. 5.11.1992, S.5

nehmerzahlen und eine entsprechend geringe wirtschaftliche Bedeutung.[10]

---

10 Das A-Netz hatte maximal (1971) 11.000 Teilnehmer. Das seit 1972 bestehende B-Netz hatte 1986 26.000 und im Juni 1992 noch 12.000 Teilnehmer. Vgl. SCHEELE (1991), S.93ff, und MOBILCOM (1992), Heft 7, S.16

Tabelle 2.3 : Analoge Mobilfunksysteme außerhalb Europas

Land	System	Start	Teilnehmer
Ägypten		1987	4.300
Algerien	NMT-900	1990	1.700
Argentinien	AMPS	1989	26.000
Australien	AMPS	1986	363.000
Bahrain	TACS	1986	5.200
Brasilien	AMPS	1990	7.500
Brunei	AMPS	1989	3.800
Chile	AMPS	1989	31.000
China	TACS	1987	38.000
Costa Rica	AMPS	1989	1.500
Guatemala	AMPS	1991	800
Hongkong	TACS(3),AMPS[a]	1984	180.000
Indonesien	NMT-450	1986	16.000
Israel	AMPS	1986	23.900
Japan	NAMTS/J-TACS[b]	1979	1.251.000
Jordanien	NAMTS	1985	1.500
Kanada	AMPS[c]	1985	682.900
Kuwait	TACS	1986	1.500
Macao	TACS	1988	5.000
Malaysia	NMT-450	1985	135.000
Marokko	NMT-450	1988	1.000
Mauritius	TACS	1989	700
Mexiko	AMPS	1989	162.000
Neuseeland	AMPS	1987	69.200
Oman	NMT-450	1985	3.500
Pakistan	TACS	1990	5.500
Peru	AMPS	1991	4.700
Philippinen	AMPS-A	1989	40.000
Saudi Arabien	NMT-450	1981	18.000
Singapur	AMPS	1988	70.000
Sri Lanka	ETACS	1989	1.500
Südafrika	C-450	1986	9.600
Südkorea	AMPS	1984	173.300
Taiwan	AMPS	1989	198.900
Thailand	NMT-450	1986	154.000
Tunesien	NMT-450	1985	2.000
Türkei	NMT-450	1986	48.100
USA	AMPS[d]	1983	7.300.000
VA Emirate	TACS	1989	30.000
Venezuela	AMPS	1988	27.000

Quelle: FinTech Mobile Communications Nr. 97 v. 27.2.1992, S.5. / a: Hongkong 4 Netze (Communication Services: TACS, Pacific Link (ex Chinatel): TACS, 2 Hutchinson-Netze: AMPS bzw.TACS / b: Japan NAMTS (NTT, Nippon Idou Tsushin) und J-TACS (Daini Denden) / c: Kanada 2 AMPS-Netze (Cantel, Cellnet) / d: USA 2 AMPS-Netze pro Regionalmarkt (Wireline, Non-Wireline)

Die analogen Zellularsysteme wurden seit Beginn der 80er Jahre in den einzelnen Ländern eingeführt. Dabei kamen unterschiedliche Standards zur Anwendung, wie die Tabellen 2.2 und 2.3 für die europäischen bzw. außereuropäischen Länder zeigen. Die ersten einsatzfähigen Mobilfunkstandards mit größerer Verbreitung waren das skandinavische NMT-450- und das amerikanische AMPS-System, auf dem das britische TACS aufbaute.

Zusätzlich haben dann noch einige Länder, die erst etwas später zellularen Mobilfunk einführten, wie Frankreich (Radiocom 2000), Italien (RTMS) und die Bundesrepublik (C-450), eigene Systeme entwickelt, anstatt einen der bereits bewährten Standards zu übernehmen. Die Gründe sind im wesentlichen industriepolitischer Art, das heißt die Regierungen konnten auf diese Weise nicht-tarifäre Handelsbarrieren zum Schutz der heimischen Industrie gegen die fortgeschritteneren Mobilfunktechnik-Produzenten in Skandinavien und den USA errichten. Die Folge waren Zeitverzögerungen, geringere Marktvolumina, höhere Entwicklungs- und Produktionskosten für Systemtechnik und Endgeräte und somit höhere Kosten für die Mobilfunk-Nutzer.[11]

Da die vorgesehenen Frequenzbänder im 450-MHz-Bereich in einigen Ländern (insbesondere in Skandinavien) aufgrund unerwartet großen Markterfolgs bald nicht mehr ausreichten, wurden neue Frequenzen bei 900 MHz zugeteilt und zusätzliche Netze (z.B. NMT-900) errichtet.

Einzelne Länder, die im Kern einen eingeführten Standard übernommen haben, haben durch abweichende Spezifikationen zur weiteren Ausdifferenzierung beigetragen. Im Ergebnis besteht somit insbesondere in Europa ein Flickenteppich verschiedener analoger Standards, die miteinander nicht kompatibel sind (mit Ausnahme von Skandinavien), also keine grenzüberschreitende Nutzung ermöglichen.

Beim digitalen Mobilfunk wurde ein anderer Weg beschritten. Eine Reihe europäischer Postverwaltungen haben die Erarbeitung eines gemeinsa-

---

11 Vgl. hierzu Tabelle 2.11 in Abschnitt 2.2.1.

men Standards initiiert, der dann unter dem Namen des federführenden Gremiums (Group Speciale Mobile) als GSM-Standard bekannt wurde. Daran haben sich später zahlreiche weitere europäische und außereuropäische Länder angeschlossen, so daß GSM aufgrund seines Erfolges auf dem Weg zu einem faktischen Weltstandard ist. Japan und die USA halten aus industriepolitischen Gründen an eigenen Entwicklungen fest.

In der Bundesrepublik befinden sich gegenwärtig zwei D-Netze im flächendeckenden Aufbau (D1 der DBP Telekom und D2 der Mannesmann Mobilfunk), die mit dem europaweit standardisierten GSM-System arbeiten. Beide haben 1992 ihren kommerziellen Betrieb im Markt aufgenommen und werden bis 1994 einen Versorgungsgrad von über 90% erreicht haben.[12]

Noch bevor die GSM-Netze praktisch am Markt eingeführt waren, wurde bereits unter den Stichworten PCN bzw. PCS (Personal Communication Network / System)[13] über die nächste Generation von zellularen Mobilfunksystemen diskutiert. Hinter diesen steht jedoch bislang keine einheitliche technische Konzeption, geschweige denn ein international vereinbarter Standard. Der europäische Vorreiter war Großbritannien, wo 1989 drei Betreiber-Lizenzen (an Microtel, Mercury PCN, Unitel) vergeben wurden, wobei die zwei letztgenannten eine gemeinsame Infrastruktur aufbauen wollen. Der Betriebsbeginn wird 1993 sein.

In der Bundesrepublik wurde 1991 beschlossen, zunächst (für mindestens 4 Jahre) nur einen einzigen PCN-Betreiber im kurzfristig formulierten DCS-1800-Standard zu lizenzieren (E1-Lizenz), der weitgehend mit der GSM-Norm identisch ist und sich nur im Funkteil (d.h. im Frequenzbereich von 1800 MHz) davon unterscheidet.

---

12 Ein Versorgungsgrad von x% bezeichnet die funktechnische Versorgung eines Gebietes, auf dem x% der Wohnbevölkerung leben. Vgl. hierzu 6.2. Entsprechend des eigenen Bewerbungsgebotes schreibt die Lizenz von Mannesmann Mobilfunk einen Versorgungsgrad von 94% bis Ende 1994 vor. Die Planungen der Telekom für das D1-Netz richten sich auf einen ähnlich hohen Versorgungsgrad.

13 Vgl. NEUMANN (1992), bezüglich der USA auch EILFELD (1992).

Tabelle 2.4 : Absehbare Verbreitung des GSM-Standards

in Europa	Betreiber	außerhalb Europas	Betreiber
Belgien	1	Australien	2/3
Dänemark	2	Neuseeland	2
Deutschland	2	Hongkong	2
Finnland	2	Kanada	1
Frankreich	2	China	1
Griechenland	2	Südkorea	1
Großbritannien	2	Türkei	1
Irland	1	Thailand	1
Island	1	Singapur	1
Italien	2	Südafrika	1
Niederlande	2	Kamerun	1
Norwegen	3	Iran	1
Österreich	1	Kuwait	1
Portugal	2	Vereinigte Arabische Emirate	1
Schweden	3		
Schweiz	1		
Spanien	2		

Die Konzeption zielt auf die Versorgung von Handgeräten mit geringer Sendeleistung, was den Aufbau eines mikrozellularen Netzes (viele Basisstationen) erfordert. Die Lizenzausschreibung lief 1992. Es wird erwartet, daß der Bundesminister für Post und Telekommunikation Anfang 1993 die E1-Lizenz an das Konsortium E-Plus (Veba, Thyssen, Bell South, Vodaphone) vergibt und diese 1994 in den Markt eintreten.

Außerdem befinden sich seit einiger Zeit satellitengestützte Systeme in der konzeptionellen Entwicklung und Diskussion.[14] Die größte öffentliche Aufmerksamkeit hat das von Motorola vorgeschlagene Iridium-System gefunden, bei dem eine weltumspannende Mobilfunkversorgung durch 77 tieffliegende Satelliten realisiert werden soll. Daneben gibt es jedoch noch andere satellitengestützte Systeme mit abweichenden Auslegungen. Mit der Markteinführung wird nicht vor Ende der 90er Jahre gerechnet.

Zusammenfassend kann man festhalten, daß in der Bundesrepublik in den 90er Jahren vier relevante zellulare Mobilfunk-Netze in drei verschie-

---

14 Vgl. zu satellitengestützten Mobilfunksystemen BRITTEN/SCHOENENBERGER (1990)

	C-Netz	D-Netze	E-Netze
eff. Einführung System/Frequenz analog/digital typ. Zellgröße typ. Endgeräte Sendestärke Frqz.-Kapazität	1985 C-450 analog Großzellen Autotelefon mittel klein	1992 GSM-900 digital Kleinzellen Auto / Handy klein groß	1994 DCS-1800 digital Mikrozellen insb. Handy sehr klein sehr groß
Anbieterzahl	1	2	zunächst 1
Betreiber	DBP Telekom	DBP Telekom Mannesmann	(Veba, Thyssen)

Abb. 2.5 : Zellulare Mobilfunk-Netze in der Bundesrepublik

denen Standards existieren, von denen einige wesentliche Merkmale in Abb. 2.5 gegenübergestellt sind. Auf dem deutschen Mobilfunkmarkt werden (zunächst) drei Unternehmen miteinander konkurrieren.

2.1.2 Technische Struktur von zellularen Mobilfunknetzen

Es existieren inzwischen zahlreiche Darstellungen der technischen Funktionsweisen, Systemarchitekturen etc. von zellularen Mobilfunksystemen im allgemeinen und des GSM-Systems im besonderen,[15] so daß wir uns hier auf eine knappe Erläuterung einiger Begriffe anhand der Abb. 2.6 beschränken können. Diese zeigt stellvertretend für zellulare Mobilfunksysteme die grundlegende GSM-Netzarchitektur.

Die Mobilstationen (MS) der Mobilfunk-Nutzer (Kunden) können aus fest eingebauten Autotelefonen, tragbaren oder Handgeräten bestehen. Die Basisstationen (BTS) gehören zur Infrastruktur des Netz-Betreibers und bestehen im Kern aus Sende- und Empfangsantennen auf Masten, Tür-

---

15 Vgl. zur Funktionsweise von zellularen Mobilfunksystemen z.B. WALKE (1992), JASPER (1989), HILLEBRAND (1989) und (1990), WALKER/GARDNER (1990), SILBERHORN (1989), KEDAJ (1989), KEDAJ/HENTSCHEL (1991), SCHEELE (1991), BOSSERT(1991)

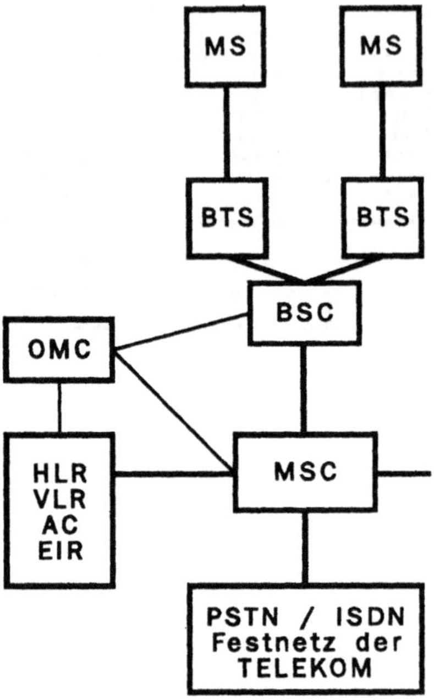

MS	Mobile Station (Endgerät)
BTS	Base Transceiver Station
BSC	Base Station Controller
MSC	Mobile Service Switching Center
HLR	Home Location Register
VLR	Visitor Location Register
AC	Authentication Center
EIR	Equipment Identification Register
OMC	Operation and Maintenance Center

Abb. 2.6 : Grundlegende Architektur eines zellularen GSM-Mobilfunk-Netzes

men, Gebäuden etc. und dem zugehörigen Equipment (Hoch-frequenzelemente, Stromversorgung etc.).

Die während eines Gesprächs zwischen der jeweiligen Mobilstation und einer Basisstation bestehende Funkverbindung hat dem Mobilfunk seinen Namen gegeben. Diese Funkstrecken zwischen den Basisstationen der Betreiber und den Mobilstationen der Kunden sind ein zentrales Element von Mobilfunknetzen.

Für diese Funkverbindungen werden Frequenzen benötigt, die grundsätzlich knapp sind, so daß ein generelles Interesse besteht, sie möglichst effizient zu nutzen.[16] Um die gleiche Frequenz an verschiedenen Standorten einsetzen zu können, wird die gesamte Versorgungsfläche in Zellen aufgeteilt, die durch eigene Basisstationen mit entsprechend schwächerer Sendeleistung versorgt werden. Jenseits des Gebietes, in dem das Senden einer bestimmten Basisstation auf einer Frequenz die störungsfreie Nutzung der gleichen Frequenz durch Interferenzen be- oder verhindert, kann diese Frequenz also erneut verwendet werden. Wenn man die Zellen durch Zellteilung kleiner und zahlreicher macht, erhöht sich für ein bestimmtes Versorgungsgebiet die Kommunikationskapazität einer gegebenen Frequenzausstattung. Gleichzeitig erhöhen sich allerdings auch die Infrastruktur- und Betriebskosten (vgl. 5.2.2 und 6.2).

Dieses Zellularprinzip, das den modernen Systemen den Namen "zellularer Mobilfunk" gegeben hat,[17] ist die sichtbarste Antwort auf die Frequenzknappheit. Da die frequenzbedingten Kapazitätsgrenzen in Gebieten mit hoher Kommunikationsnachfrage eher erreicht werden, wird entsprechend auch die Zellteilung regional differenziert. In Ballungsgebieten werden deshalb die Zellen kleiner und zahlreicher gemacht als in eher ländlichen Gebieten mit geringerer Kommunikationsdichte. Die typische Zellgröße ist allerdings auch zwischen den verschiedenen Systemen unterschiedlich. Das C-Netz hat durchschnittlich relativ große, die D-Netze kleinere und das E-Netz sehr kleine Zellen.

Die MSC (Mobile Service Switching Center) sind die Vermittlungsstellen im Mobilnetz und stellen in ihrer Gesamtheit und ihrem Zusammenwirken die eigentliche funktionale Intelligenz des Netzes dar. Sie steuern den Gesprächsaufbau, das Routing (Wegeführung) zum Gesprächspartner, das Lokalisieren der mobilen Teilnehmer, gegebenenfalls das Weiterreichen eines Gesprächs (Handover) von Zelle zu Zelle etc.

---

16 Vgl. zu den ökonomischen Bedingungen und Anreizen einer effizienten Frequenznutzung ausführlicher Kap. 5

17 In angelsächsischen Ländern ist "cellular" das Synonym für mobiles Telefonieren.

Die HLR (Home Location Register) und VLR (Visitor Location Register) sind EDV-Einheiten, die die relevanten Teilnehmerdaten und die aktuellen Aufenthaltsorte der eingeschalteten Mobilstationen speichern. Die AC (Authentication Center) und EIR (Equipment Identification Register) überprüfen die Nutzungsberechtigung eines Teilnehmers bzw. dessen Codekarte (zwecks Inkasso) bzw. des verwendeten Gerätes (zwecks Erschwerung der Verwendung gestohlener Geräte). Das OMC (Operation and Maintenance Center) steuert den ordnungsgemäßen Betriebsablauf, ortet Störungen, erstellt Verkehrsstatistiken, realisiert die Erfassung der Verkehrsdaten für die Rechnungsstellung an die Teilnehmer bzw. Diensteanbieter und für die Abrechnung mit dem Betreiber des PSTN-ISDN-Festnetzes (DBP Telekom).

Wenn ein Mobilteilnehmer telefonieren will, wird ihm von der MSC ein freier Kanal der nächstgelegenen Basisstation zugewiesen und das Gespräch von dort über die "zuständige" und (je nach Ort des Gesprächspartners) gegebenenfalls weitere MSC in das stationäre Netz der Telekom und zum gewünschten Teilnemer geleitet.

Mit Ausnahme der genannten Funkstrecke zwischen Mobil- und Basisstationen wird der Nutz- und Signalisierungs-Verkehr über Festverbindungen abgewickelt,[18] die in Form von Kabeln oder Richtfunkstrecken realisiert sind, also auch zwischen Basisstationen und Mobilvermittlungsstellen, zwischen verschiedenen Mobilvermittlungsstellen sowie zwischen diesen und dem Festnetz.

Jeder Mobilteilnehmer ist seinerseits für Anrufer immer unter der gleichen Rufnummer erreichbar, gleichgültig, wo er sich im Versorgungsgebiet aufhält, und ohne daß der Anrufer den Aufenthaltsort kennen muß. Diese ortsunabhängige Verfügbarkeit des Dienstes im gehenden (aktive Initiierung, Anruf) und kommenden (passive Initiierung, Angerufenwerden) Verkehr wird als Roaming bezeichnet.

---

18 Unter dem Nutzverkehr wird der eigentliche Teilnehmerverkehr (Gespräche, Telefax, Daten) verstanden. Der Signalisierungsverkehr umfaßt die betrieblichen Kommunikationsvorgänge, die im weitesten Sinne der Realisierung der Verkehrsabwicklung und Steuerung des Systems dienen.

Bei einem europaweit standardisierten System wie GSM kann das Roaming eines Teilnehmers entsprechend nicht nur im Heimatland des Teilnehmers, sondern auch in allen anderen Ländern realisiert werden, sofern entsprechende Verträge über die Abrechnung etc. zwischen den beteiligten nationalen Netzbetreibern bzw. Diensteanbietern bestehen.

Die Tatsache, daß sich ein Mobilteilnehmer während des Gesprächs (z.B. im fahrenden Auto) von Zelle zu Zelle fortbewegen kann, ohne daß das Gespräch abbricht, wird als Handover bezeichnet. Dies wird vom System automatisch realisiert, indem laufend der Signalpegel der betreffenden Mobilstation (Stärke des von dort empfangenen Signals) gemessen und dieser ein freier Kanal der nächsten Basisstation zugewiesen wird, wenn der relevante Signalpegel dort höher ist.

2.2 Marktentwicklung beim zellularen Mobilfunk

2.2.1 Internationale Verbreitung

Der zellulare Mobilfunk, der erst vor zehn Jahren überhaupt in Erscheinung trat, hat insbesondere in den letzten fünf Jahren weltweit eine dynamische Entwicklung erlebt. Die skandinavischen Länder waren die Vorreiter nicht nur bezüglich der Entwicklung und Einführung dieser Technologie, sondern auch der wirtschaftlichen Verbreitung und Nutzung. Sie hatten schon 1985 durchschnittlich höhere Penetrationsraten[19] erreicht als die Bundesrepublik Ende 1992 (vgl. Abb. 2.7).[20]

Noch heute haben die skandinavischen Länder Schweden, Finnland, Norwegen, Island und Dänemark im europäischen (Abb. 2.8) und im weltweiten (Abb. 2.9) Ländervergleich deutlich die höchsten Teilnehmerzahlen pro Einwohner. Danach folgen mit Penetrationsraten von über 20 in Europa die Schweiz, Großbritannien und Österreich bzw. bei den außer-

19 Unter Penetrationsraten werden die Mobilfunkteilnehmer pro 1000 Einwohner verstanden.

20 Quelle: FinTech Nr.95 v.30.1.1992 und Nr.113 v.5.11.1992

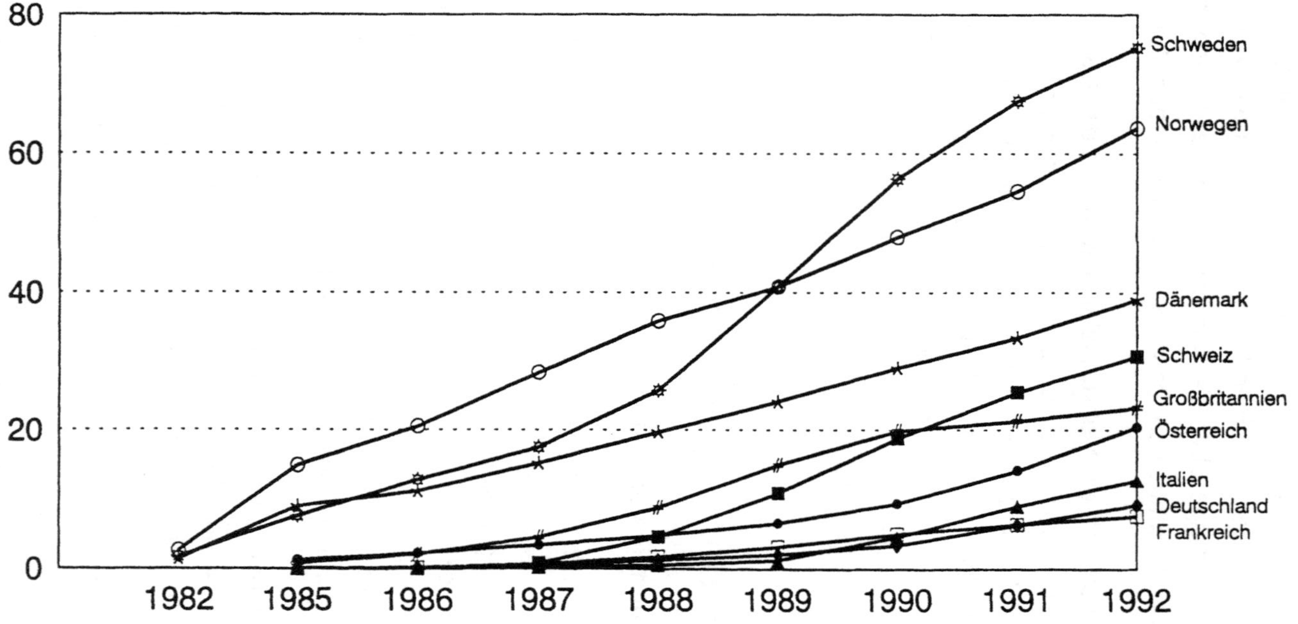

Abb. 2.7: Entwicklung der Penetrationsraten 1982 - 1992

europäischen Flächenstaaten die Vereinigten Staaten, Kanada, Australien und Neuseeland, außerdem Hongkong und Singapur.

In der Bundesrepublik hatte der Mobilfunk zwar in den letzten beiden Jahren einen starken Teilnehmerzuwachs zu verzeichnen, liegt aber in der Penetrationsrate (nach 6,6 Ende 1991) immer noch unter 10, was auch für Frankreich gilt. Im europäischen Vergleich sind beide Länder damit als unterentwickelt zu bezeichnen, was in Anbetracht ihres sonstigen technologischen Niveaus und Anspruchs zunächst überraschen mag.

Wie ist diese Tatsache zu erklären? Die auffälligste und ökonomisch plausible Erklärung für die bisher relativ geringe Verbreitung in der Bundesrepublik und Frankreich liefert ein internationaler Vergleich der Nutzerpreise (Abb. 2.10 und Tabelle 2.11): In beiden Ländern ist Mobilfunk außer-gewöhnlich teuer.

Dies gilt sowohl für die Endgerätepreise als auch für die Gesprächsgebühren.[21] Aus dem Gesamtkostenindex wird ersichtlich, daß das mobile Telefonieren nur in Frankreich noch teurer ist, während die Nutzerkosten in vielen anderen Ländern nur etwa halb so hoch sind wie in der Bundesrepublik. Dies gilt insbesondere für alle europäischen Länder mit einer hohen Penetrationsrate (Abb. 2.10). Alle Länder mit einem Indexwert über 51 haben Penetrationsraten unter 10.

Weitere Faktoren zur Erklärung der auffällig großen Unterschiede in den Penetrationsraten der verschiedenen Länder sind das Pro-Kopf-Einkommen und die seit der Systemeinführung verstrichene Zeitspanne.[22]

---

21 Eine alternative Auflistung von Nutzerkosten, differenziert nach Systemen in verschiedenen Ländern und aufgegliedert nach Gesprächsgebühren, Grundgebühren, Anschlußgebühren und Geräteabschreibung in MOBILCOM (1992), Heft 4, S.21 (o.V.) zeigt das gleiche Ergebnis.

22 Vgl. hierzu die ökonometrische Querschnittsanalyse für 20 Länder in FRANK (1992a) und (1992b).

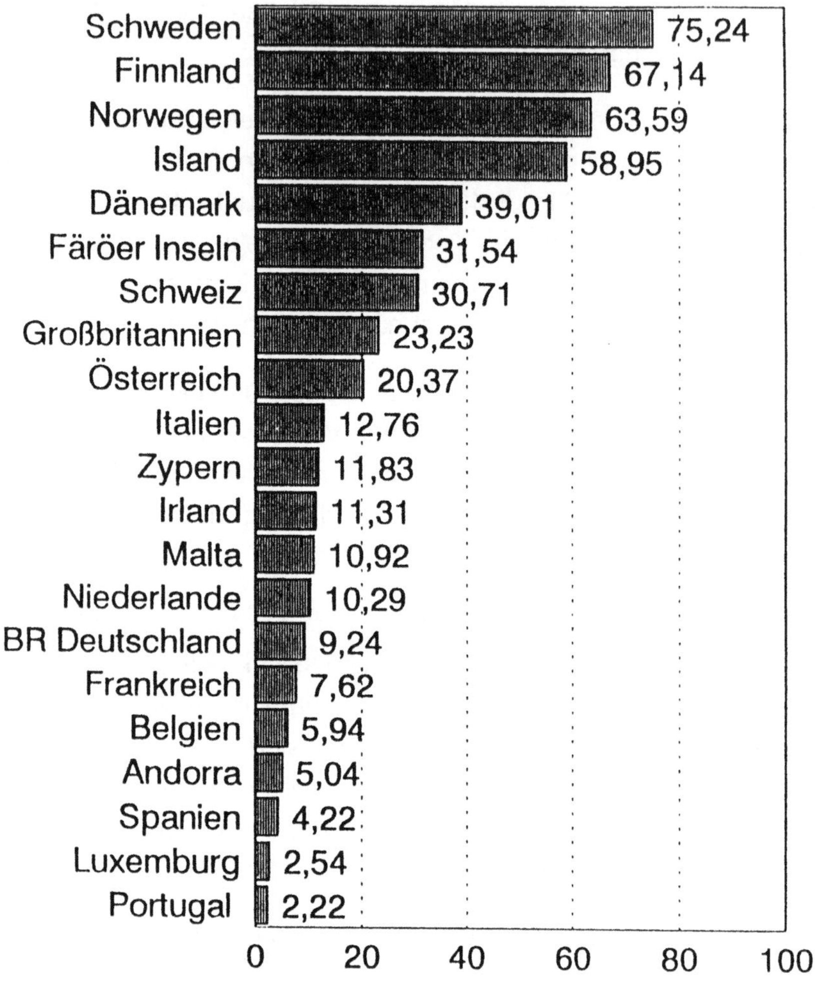

Abb. 2.8 : Penetrationsraten in europäischen Ländern
(in Teilnehmern pro 1000 Einwohnern)
Quelle: FinTech Nr.113 v.5.11.1992

2.2.2 Perspektiven für den deutschen Mobilfunk-Markt

Wenngleich die einzelnen Nachfrage- bzw. Marktprognosen für die Bundesrepublik sich erheblich unterscheiden, so weisen sie doch alle ganz

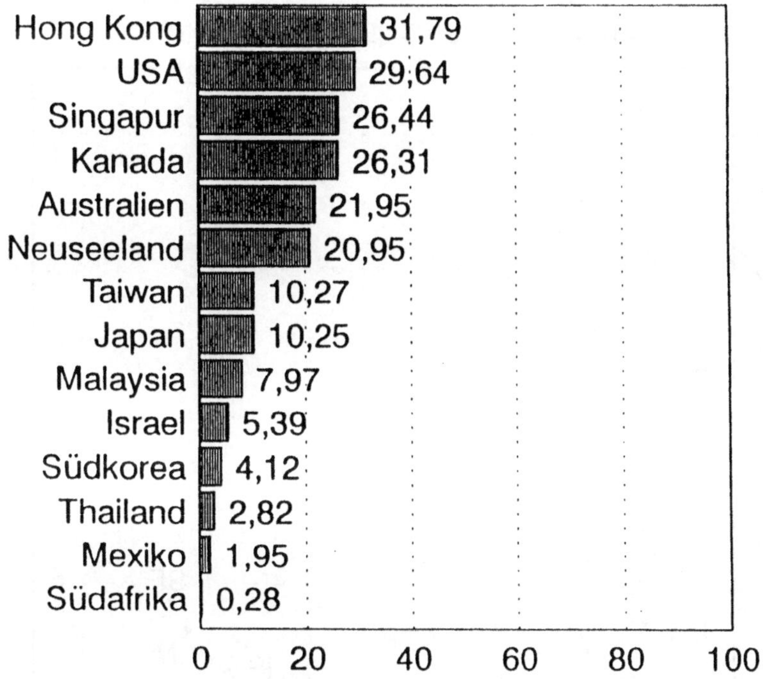

Abb. 2.9 : Penetrationsraten in außereuropäischen Ländern (in Teilnehmern pro 1000 Einwohnern) Quelle: FinTech Nr.97 v.27.2.1992

erhebliche erwartete Wachstumsraten aus. Generell kann man sagen, daß die Prognosen im Laufe der Zeit immer weiter nach oben korrigiert wurden.

Im Jahre 1989 lagen die Schätzungen für 1995 bei ca. 0,7 Mio und für das Jahr 2000 bei ca. 2,5 Mio Teilnehmer für die zellularen Funktelefonnetze in Deutschland. Die optimistischsten Schätzungen sprachen von 1,5 Mio für 1995 und von 4 Mio für die Jahrtausendwende. Frank entwickelt 1991 aus seiner Querschnittsanalyse eine Prognose von 1,25 Mio Teilnehmern (Penetrationsrate 16) für die BRD im Jahre 1995.[23] Für das gleiche Jahr

23 Vgl. FRANK (1992a), S.279ff.

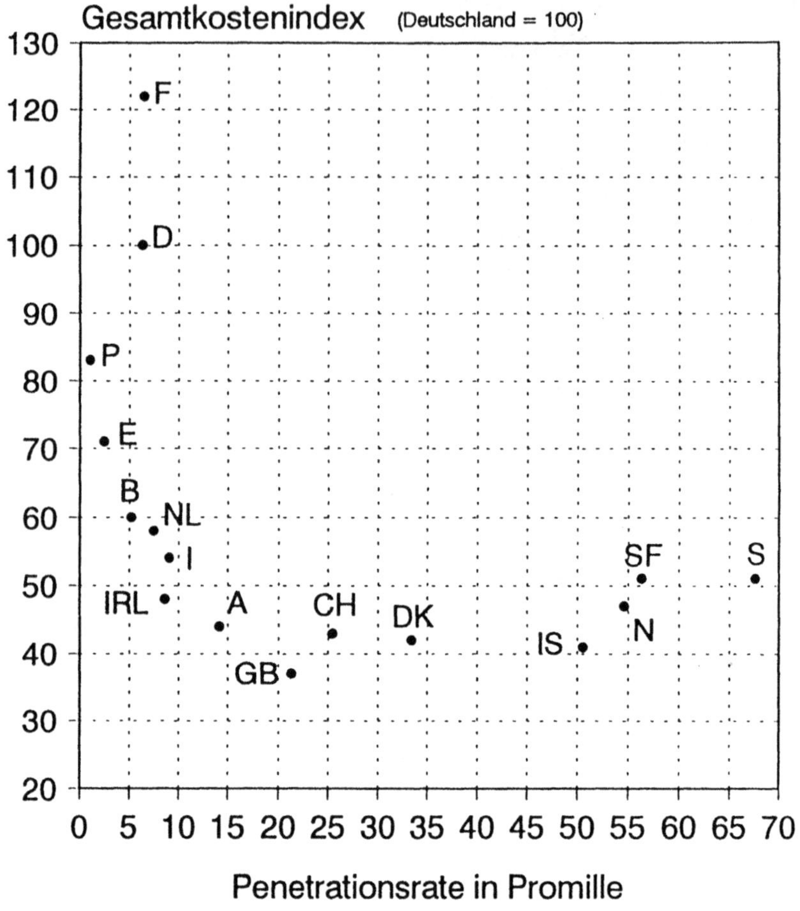

Abb. 2.10 : Mobilfunk-Preise und Penetrationsraten in verschiedenen europäischen Ländern Mitte 1991 (Quelle wie Tabelle 2.11)

nennt Lange 1,5 Mio Teilnehmer und etwa 5 Mio bis zum Jahr 2000.[24] Schätzungen aus dem Jahre 1992 liegen für 1995 im Bereich von 2 bis 3 Mio, für 2000 bei 6 bis 8 Mio und für das Jahr 2004 bei 9 bis 11 Mio Teilnehmern.

---

24 Vgl. LANGE (1992)

Tabelle 2.11 : Mobilfunk-Nutzerkosten in verschiedenen europäischen Ländern.

Land	(1) Start-up Kosten (DM)	(2) monatliche Kosten (DM)	(3) Gesamt-kosten (DM)	(4) Gesamtkosten-Index (BRD=100)
Belgien	3.301	232	6.088	60
Dänemark	2.171	176	4.288	42
Deutschland	4.783	450	10.183	100
Finnland	1.876	279	5.224	51
Frankreich	4.820	637	12.467	122
Großbritannien	333	288	3.789	37
Irland	1.724	266	4.921	48
Island	2.869	106	4.144	41
Italien	2.306	263	5.459	54
Luxemburg	3.931	394	8.662	85
Malta	1.274	248	4.255	42
Niederlande	2.920	250	5.922	58
Norwegen	1.940	236	4.770	47
Österreich	1.841	218	4.455	44
Portugal	5.549	245	8.487	83
Schweden	2.468	230	5.233	51
Schweiz	2.385	164	4.351	43
Spanien	3.771	284	7.184	71
Ungarn	4.347	281	7.717	76
Zypern	2.993	131	4.570	45

Quelle: FRANK (1992), S. 275 auf der Basis von Zahlenangaben aus FinTech Mobile Communications Nr. 83 v.18.7.91, S.8. (1) Die Start-up-Kosten sind die Summe aus Geräte- und Anschlußkosten. (2) Die monatlichen Kosten sind unter Annahme von werktäglich fünf zweiminütigen Gesprächen in Spitzenlastzeiten errechnet. (3) Die Gesamtkosten sind die Gesamtkosten des ersten Jahres als Summe aus Start-up- und 12 Monatskosten. (4) Für den Gesamtkosten-Index wurde die Bundesrepublik Deutschland gleich 100 gesetzt.

Die Basis für die optimistischen Prognosen der Mobilfunkentwicklung in Deutschland ist implizit bereits in den Ausführungen des Abschnitts 2.2.1 angelegt. Generell kann man daraus folgern, daß die Bundesrepublik einen erheblichen Nachholbedarf hat. Dies gilt nicht nur für den Vergleich mit den skandinavischen Ländern, für die auch spezifische Gründe (Siedlungsstruktur, Kommunikationsgewohnheiten) angeführt werden könnten, sondern auch mit Blick auf Nachbarländer wie Großbritannien, Österreich und die Schweiz. In Anbetracht des späten Vermarktungsbeginns beim C-Netz und dem hohen Pro-Kopf-Einkommen in der Bundesrepublik sind aufgrund der niedrigen Basis schon von daher hohe Wachstumsraten zu erwarten, was sich in der Teilnehmer-Entwicklung der letzten Zeit deutlich widerspiegelt.

Daneben gibt es eine Reihe marktspezifischer Gründe. Erstens ist der Mobilfunksektor gerade dabei, sich vom Monopol- zum Wettbewerbs-Markt zu wandeln. Nach dem früheren Telekom-Monopol und dem jetzigen Dyopol zwischen der Telekom (C und D1) und Mannesmann (D2) wird der Markt 1994 um einen zusätzlichen Anbieter (E1) erweitert. Hiervon ist nicht nur eine preissenkende Wettbewerbsintensivierung zu erwarten. Die eher bürokratische Organisation und behäbige Vermarktung zu Postmonopolzeiten wird durch kundenorientierte, professionelle Marketingaktivitäten und Vertriebsstrukturen abgelöst, was nicht nur die privaten Wettbewerber betrifft, sondern auch die Telekom.

Marktstudien zeigen,[25] daß die Endgerätepreise einen wesentlichen Einfluß auf die Abonnements-Entscheidungen der potentiellen Kunden haben, wenngleich zwischen gewerblichen und privaten Kunden unterschiedlich. Während der Zusammenhang bei ersteren relativ inelastisch ist, steigt die Akzeptanz privater Kunden erst unterhalb von 1200 DM deutlich an.

Während die Mobiltelefone in den ersten beiden Jahren des C-Netzes noch ca. 10.000 DM kosteten, was nahezu prohibitiv ist, sind die Preise auf ca. 5000 DM 1990 gefallen.[26] Dies war im internationalen Wettbewerb immer noch außergewöhnlich hoch, wie auch Tabelle 2.11, Spalte (1), zeigt. Die Erklärung ist in einer industriepolitisch motivierten, nationalen Standardisierungspolitik zu suchen, die als nichttarifäres Handelshemmnis wirkt. Dadurch wurde der Marktumfang verkleinert, was aufgrund unausgeschöpfter Volumen- und Skalen-Effekte im Entwicklungs- und Produktionsbereich die Stückkosten in die Höhe trieb. Außerdem erzeugte dies eine enge Anbieterstruktur, was bei hohen Markteintrittsbarrieren die Ge-

25 Die im folgenden skizzierten Ergebnisse von Marktanalysen beruhen auf verschiedenen Studien (z.B. INFRATEST (1991)), die zum Teil unveröffentlicht sind, sowie aus Vorträgen und persönlichen Gesprächen mit einschlägigen Experten.

fahr kollusiv überhöhter Preise mit sich bringt. Auch dies erklärt einen Teil der außergewöhnlich teuren C-Netz-Endgeräte in der Bundesrepublik.

Bei den D-Netzen werden gegenüber dem C-Netz deutlich niedrigere Endgeräte-Preise erwartet. Hierzu trägt bei, daß die europäischen Länder sich bei den digitalen Funktelefon-Netzen auf den einheitlichen GSM-Standard geeinigt haben. Die paneuropäische Standardisierung erzeugt ein großes Marktvolumen, das vielen Unternehmen das Angebot unter relativ zügiger Ausschöpfung von kostensenkenden Skalen- und Lernkurven-Effekten ermöglicht. Dies läßt intensiven Wettbewerb auf den Endgeräte-Märkten und starken Preisdruck erwarten.

Gegenwärtig liegen die Endgerätepreise in der Größenordnung von 2500-3500 DM.[27] Für 1995 werden aufgrund weiterer Skaleneffekte und europaweitem, intensiven Wettbewerb ca. 1000-1500 DM und für das Jahr 2000 700-1000 DM in der unteren Preiskategorie erwartet. Von daher ist es also plausibel, daß die privaten Akzeptanzschwellen für eine größere Teilnehmerzahl überwunden werden können.

Eine gleichgerichtete Entwicklung zeichnet sich für die Gesprächsgebühren ab. Tabelle 2.11 zeigt, daß die Bundesrepublik auch hier weit teurer war (und immer noch ist) als die Nachbarländer (Ausnahme Frankreich). Die Telekom hat ihre C-Netz-Gebühren seither schon gesenkt und liegt jetzt bei DM 1,70 pro Minute. Knapp darunter haben sich D1 und D2 bei ihrer Einführung positioniert, ihre Preise aber bereits auf DM 1,45 pro Minute zur Hauptnachfragezeit (werktags 7 bis 19/20 Uhr) und DM 0,45 pro Minute zur Schwachlastzeit gesenkt.

Spätestens nach Markteintritt des E1-Anbieters werden weitere Preissenkungen erwartet, zumal insbesondere die privaten Kunden hier elastisch reagieren werden. Außerdem werden nach potentiellen Nutzergruppen differenzierte Paketangebote (z.B. lokale, regionale, nationale Nutzung)

---

26 Vgl. KERCHER (1992), S.143, der GfK-Ergebnisse referiert.

27 Die Preise differieren nach Systemen und sind für Handgeräte höher als für Autotelefone.

die Preise mindestens für elastisch reagierende Marktsegmente deutlich senken. Man kann erwarten, daß die Minutenpreise Mitte der 90er Jahre tagsüber deutlich unter 1 DM und in der restlichen Zeit unter DM 0,35 liegen werden. Einige Schätzungen gehen sogar von einer Halbierung aus.

Die Teilnehmerstruktur beim zellularen Mobilfunk in der Bundesrepublik wird sich im Laufe der 90er Jahre deutlich verändern. Bisher nutzen ca. 95% aller Teilnehmer ihr Mobiltelefon gewerblich. Zwei Drittel entfallen auf Außendienstmitarbeiter und leitende Angestellte. In der zweiten Hälfte der 90er Jahre wird der Zuwachs zu einem erheblichen Anteil aus privaten Nutzern bestehen, deren Anteil an den Gesamtnutzern damit kontinuierlich ansteigen wird. Allerdings wird deren Nutzungsintensität deutlich geringer sein. Während man bei gewerblichen Kunden mit ca. 200 Gesprächsminuten pro Monat rechnet, erwartet man bei privaten Teilnehmern nur etwa die Hälfte.

In den USA ist diese Entwicklung bereits weiter vorangeschritten.[28] Dort werden bereits 40% aller Mobiltelefone privat genutzt und das Nutzerprofil hat sich erheblich verändert. Das durchschnittliche Einkommen und Alter der Nutzer ist in den letzten Jahren deutlich geringer geworden. Ähnliche Entwicklungen zeigen sich in Großbritannien und werden auch für die Bundesrepublik erwartet.

Im Ergebnis unterstützt dies die Erwartung, daß die Preiselastizität beim zellularen Mobilfunk in den nächsten Jahren noch relativ gering ist, aber dann immer größer werden wird. Das Mobiltelefon entwickelt sich vom Elite- zum Massenprodukt.

Es wird auch im Kontext der Regulierungspolitik der Bundesrepublik verschiedentlich diskutiert, ob die Systeme GSM-900 (D-Netze) und DCS-1800 (E-Netz) ihre Dienste auf einem gemeinsamen oder zwei getrennten Märkten anbieten werden. Letzteres wird damit begründet, daß das GSM-System technisch im wesentlichen als Autotelefon konzipiert ist, während

---

28 Vgl. dazu und zum erwarteten Nutzerverhalten ausführlicher VOSSBERG/HANEL (1992) und EILFELD (1992), sowie LANGE (1992) und INFRATEST (1991).

das PCN-System DCS-1800 von vornherein im Hinblick auf Handgeräte entwickelt wurde. Die Folgerung daraus ist ökonomisch aus verschiedenen Gründen irreführend.

Relevante Märkte werden generell nach der Intensität der Substitutionsbeziehungen abgegrenzt. Bei heterogenen Präferenzen der Kunden und qualitativ variierbaren Gütern oder Dienstleistungen bilden sich in der Regel aufgrund von Produktdifferenzierungsanreizen der Anbieter verschiedene Marktsegmente heraus, zwischen denen unterschiedlich intensive Konkurrenzbeziehungen bestehen. Dies ist für die ökonomische Effizienz des Gesamtmarktes, für die Stabilität kompetitiver Strukturen[29] und somit für die längerfristige Wettbewerbsintensität grundsätzlich positiv zu beurteilen.

Die allgemeinen Aussagen über verschiedene Marktsegmente gelten auch für den zellularen Mobilfunk. Klar ist, daß C-, D- und E-Netze zueinander im Substitutionswettbewerb stehen und einen Gesamtmarkt bilden. Ebenso klar ist, daß sie keine homogenen Produkte anbieten, das heißt die qualitativen Merkmale unterscheiden sich und sprechen unterschiedliche Nutzergruppen und Nutzungsprofile an. Die Betreiber werden die Stärken ihres Produktes betonen, Zielgruppen-Marketing betreiben und damit eine Marktsegmentierung bewirken.

Die Relevanz der einzelnen Kriterien und qualitativen Unterschiede ändert sich im Zeitablauf. Kundenattraktive Merkmale einzelner Netze werden von den Konkurrenten aufgenommen. Zum Beispiel kann man davon ausgehen, daß die GSM-Betreiber (insb. D2) in Ballungsgebieten ebenfalls in mikrozellulare Strukturen zur Handheld-Unterstützung investieren werden, um E1 in diesem Marktsegment nicht das Feld zu überlassen. Selbst größere Qualitätsunterschiede zwischen verschiedenen Systemen und Betreibern, die größere Substitutionslücken erzeugen könnten, werden durch entsprechende Preisreaktionen so kompensiert, daß effektive Sub-

29 Mit der Stabilität kompetitiver Strukturen ist gemeint, daß die Marktstrukturen auch dann mit großer Wahrscheinlichkeit kompetitiv bleiben, wenn sich durch exogene Schocks oder temporär unterschiedlicher Performance der Konkurrenten Veränderungen ergeben.

stitutionskonkurrenz besteht. Es ist auch für die Zukunft nicht zu erwarten, daß sich PCN so stark vom Rest des zellularen Mobilfunks abkoppelt, daß von einem eigenständigen Markt gesprochen werden könnte.

Kapitel 3

Marktstruktur und Wettbewerb im Mobilfunk

3.1 Einleitung

In den meisten Ländern ist die Telekommunikation traditionell durch Monopole charakterisiert. Dies gilt grundsätzlich auch für die erste wirtschaftlich relevante Phase der Mobilfunk-Märkte,[1] die man mit den 80er Jahren gleichsetzen kann. Dennoch ist der Mobilfunk praktisch der erste relevante Netzbereich der Telekommunikation, bei dem in zahlreichen Ländern wettbewerbliche Marktstrukturen bereits eingeführt wurden oder wo dies für die nahe Zukunft geplant ist.

Bei den analogen Funktelefon-Systemen sind kompetitive Strukturen noch die Ausnahme, wozu Großbritannien, zahlreiche US-amerikanische Märkte, Kanada, Japan und Hongkong zählen.[2] In der Bundesrepublik (C-450) und den meisten anderen Ländern bestehen hier weiterhin Monopole, und zwar auch dann, wenn wie in Skandinavien zweite Netze (NMT-900 neben NMT-450) errichtet wurden.[3]

Beim digitalen Funktelefon, das wir hier mit dem paneuropäischen GSM-System gleichsetzen können, ist der Anteil der Länder, die mindestens zwei Anbieter lizenziert haben bzw. dies planen, schon wesentlich grö-

---

1 Als erste wirtschaftlich relevante Phase kann die Entstehung der analogen zellularen Systeme (in der BRD das C-Netz) bezeichnet werden, während frühere Mobilfunk-Netze (A- und B-Netze) nur sehr geringe Teilnehmerzahlen und Umsätze hatten.

2 Vgl. als Überblick die Tabellen 2.2 und 2.3 in Abschnitt 2.1.1.

3 Für Schweden gilt dies mit gewissen Einschränkungen, da Comvik ebenfalls seit 10 Jahren Mobilfunkdienste anbietet. Der aufgrund unzureichender Frequenzzuteilung geringe Marktanteil (21.000 Teilnehmer gegenüber 550.000 der Televerket) von Comvik und seine besondere Produktpolitik führen aber dazu, daß nicht von einem Dyopol im eigentlichen Sinne zu sprechen ist, sondern von einem Televerket-Monopol mit einem Randwettbewerber.

ßer.[4] Bei den PCN-Systemen ist die Anbieterzahl noch nicht absehbar. In der Bundesrepublik wird es mindestens bis 1997 nur einen Anbieter geben (E1-Lizenz), in Großbritannien zwei (mit zwei Netzinfrastrukturen) und in den Märkten der USA vermutlich zwei.

Beim Bündelfunk, das als Nachfolgesystem des traditionellen Betriebsfunks gelten kann, entstehen gegenwärtig überhaupt erstmals Märkte. In der Vergangenheit haben verschiedene Nutzer auf der Basis von Einzelfrequenzen ihre eigenen Netze betrieben, die in keinerlei Konkurrenz zueinander standen. Beim Bündelfunk in der Bundesrepublik werden in einer Reihe von Ballungsgebieten jeweils drei Anbieter (Telekom und je zwei private) in Konkurrenz stehen. Beim Funkruf herrscht weiterhin das Monopol der Telekom (Eurosignal, Cityruf). Allerdings sind für das zukünftige ERMES-System ebenfalls kompetitive Marktstrukturen vorgesehen.

Im zellularen Mobilfunk ist allerdings die wettbewerbsrelevante Marktstruktur durch die systembezogenen, intramodalen Anbieterzahlen nicht hinreichend beschrieben. Da die Systeme (insb. die analogen und GSM) zueinander in direkter Konkurrenz stehen, ist der gesamte Markt zu betrachten. Eine Addition der Zahl der Netze wäre aber nur dann adäquat, wenn die GSM-Netze von anderen Unternehmen als die analogen Netze betrieben würden. Dies ist jedoch in der Regel nicht der Fall.

In der Bundesrepublik ist die Telekom gleichzeitig C- und D1-Anbieter (neben Mannesmann mit D2), so daß auf auf dem relevanten Funktelefonmarkt ein Dyopol besteht. Das gleiche gilt gegenwärtig für Großbritannien, wo die analogen Betreiber Cellnet und Vodaphone ebenfalls die GSM-Netze aufbauen. Daß etablierte analoge Anbieter auch GSM-Netze errichten, trifft z.B. für Finnland, Schweden, Frankreich, Australien, Neuseeland und Hongkong zu. Als Fazit gilt, daß auch auf den so zusammen betrachteten zellularen Mobilfunk-Märkten sehr häufig nur zwei Anbieter

---

4 Vgl. für die Zahl der absehbaren GSM-Betreiber in den verschiedenen Ländern Tabelle 2.4 in 2.1.1, sowie FinTech (1992), Nr.102, S.7, und Funkschau-Spezial 6/1992, S.10

vorhanden sind, sofern überhaupt wettbewerbliche Marktstrukturen bestehen.

Der entscheidende Punkt ist, daß die Marktstrukturen nicht das endogene Ergebnis von Wettbewerbsprozessen, sondern der staatlichen Lizenzierungspolitik sind. Das heißt die Anbieterzahl wird durch die Regulierungsbehörde bestimmt. Deren Entscheidungen, wieviele Lizenzen vergeben werden, sind damit von zentraler Bedeutung für die Effizienz der Märkte. Dabei sind verschiedene Faktoren relevant, die in Kapitel 4 im Zusammenhang erörtert werden.

Im vorliegenden Kapitel 3 wird einer dieser zentralen Faktoren analysiert, nämlich der Zusammenhang zwischen der Marktstruktur und der Wettbewerbsintensität beim Mobilfunk. Da in den Ländern, in denen man die traditionellen Monopole durch Einführung von Wettbewerb abgelöst hat, enge Oligopole (insbesondere Dyopole) die typische Marktform sind, steht hier die Frage im Vordergrund, wie Mobilfunk-Dyopole bezüglich ihrer Wettbewerbsintensität und Effizienz zu beurteilen sind.

Einerseits ist das Dyopol in der Theorie die Marktform mit der höchsten potentiellen Konkurrenzintensität und der direktesten Rivalität zwischen den Anbietern. Auf der anderen Seite gibt es Befürchtungen, daß die Wettbewerbsintensität gering bleibt, weil die beiden Unternehmen den Wettbewerb untereinander durch Kollusion einschränken können.

Auf jeden Fall sind Dyopole ein deutlicher Qualitätssprung gegenüber den traditionellen Monopolen. Die Analyse beginnt deshalb mit einer knappen Darstellung der Monopolsituation und seiner Effizienzwirkungen. Dabei wird, wie generell in diesem Kapitel, die Marktstruktur als gegeben unterstellt, was in Anbetracht der staatlichen Lizenzierungspolitik auch realistisch ist. Newcomer-Markteintritte, Wirkungen potentieller Konkurrenz etc. werden erst in Kapitel 4 erörtert.

3.2. Reguliertes und unreguliertes Monopol

Das Monopol ist in der ordnungspolitischen Diskussion der problembehaftete Status quo, den es durch die Liberalisierung zu überwinden gilt. Es macht außerdem den Zusammenhang von Marktstruktur, Wettbewerb, Regulierung und Effizienz im Mobilfunk besonders deutlich. In diesem Abschnitt werden zudem einige Begriffe und Konstrukte für die spätere Analyse eingeführt.

Für die Mobilfunkmonopole der Realität ist bedeutsam, daß es sich nicht um Unternehmen mit freier Preissetzung handelt, sondern daß sie normalerweise reguliert sind, und zwar entweder direkt durch eine Regulierungsbehörde oder indirekt über die Zielvorgaben und Entscheidungsstrukturen öffentlicher Unternehmen. Die Verhaltensweisen und Marktergebnisse sind dann zu einem Teil monopolbedingt und zu einem anderen regulierungsbedingt.

Beginnen wir mit der mikroökonomischen Analyse anhand der Abb. 3.1. Es gelte die Markt-Nachfragefunktion N. Die langfristigen Durchschnittskosten liegen auf dem eingezeichneten LDK-Niveau und fallen (im für die folgende Analyse relevanten Bereich) mit den langfristigen Grenzkosten LGK zusammen. Wäre dieser Markt wettbewerblich strukturiert, könnten wir theoretisch davon ausgehen, daß die Konkurrenz der Anbieter den Preis auf p_W drückt und insgesamt die Menge x_W verkauft wird. Dies impliziert im Idealfall, daß die individuellen Preisabsatzfunktionen im relevanten Bereich elastisch sind. Es wird also der Punkt E realisiert, wobei eine Konsumentenrente im Umfang des Dreiecks AZE entsteht. Da die Produzentenrente gleich null ist, ist das übliche Wohlfahrtsmaß[5] der Summe aus Konsumenten- und Produzentenrente ebenfalls AZE. Diese Situation ist allokativ effizient, da es keinen Preis oberhalb oder unterhalb von p_W gibt, der nicht zu einer Minderung der Summe aus Konsumenten- und Produzentenrente führt.

---

5 Das alternative Wohlfahrtsmaß "Maximierung der Konsumentenrente unter der Nebenbedingung der Totalkostendeckung" führt hier zum gleichen Ergebnis.

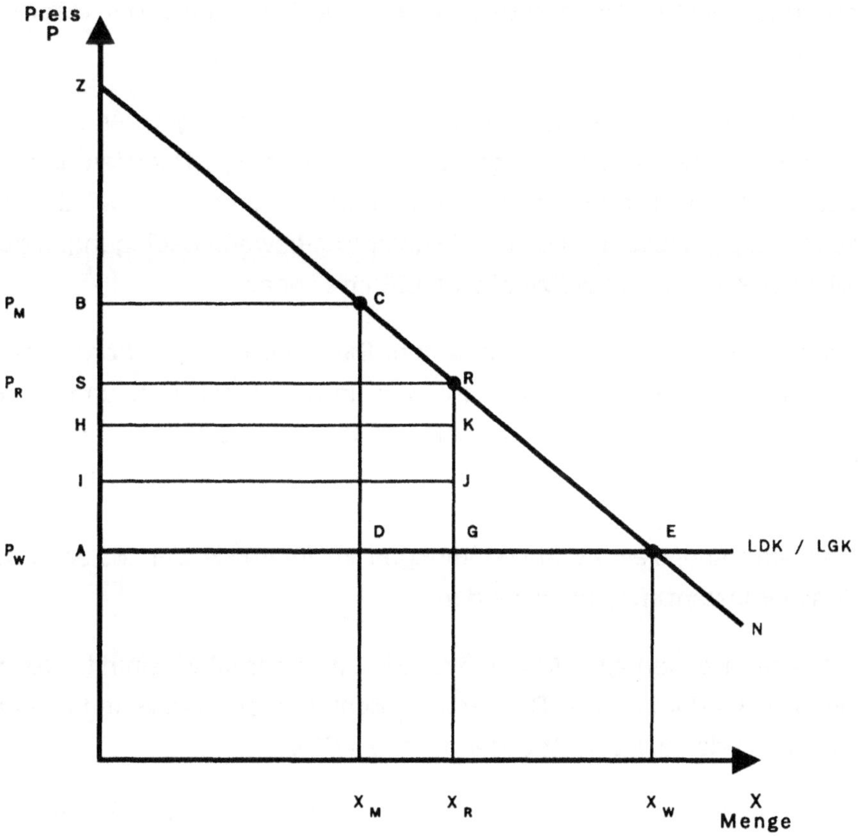

Abb. 3.1 : Renten und technische Ineffizienzen im regulierten Monopol

Bei einem unregulierten, marktzutrittsresistenten[6] Monopol wird das Unternehmen den Cournot-Preis C setzen. Dies führt zur Menge x_M mit dem Preis p_M und zu einem Gewinn $x_M \cdot (p_M - p_W)$ entsprechend der Fläche ABCD, die die Produzentenrente repräsentiert. Die Konsumentenrente ist dann BZC und die Gesamtwohlfahrt AZCD. Es entsteht ein allokativer

6 Marktzutrittsresistent heißt, daß kein Markteintritt zu erwarten ist. Diese Prämisse ist gegenwärtig im Mobilfunk aufgrund der staatlichen Lizenzierung empirisch relevant. Die Marktzutrittsresistenz könnte aber auch auf prohibitiv hohen strukturellen (natürlichen) Markteintrittsbarrieren beruhen. Dies wird in Kapitel 4 (insb. Abschnitt 4.2) problematisiert.

Wohlfahrtsverlust im Umfang des Dreiecks DCE, das heißt der Differenz aus der maximal erreichbaren Wohlfahrt AZE und AZCD.

Wenn nun eine Preisregulierung eingeführt wird, die Regulierer alle relevanten Funktionen quantitativ genau kennen und ihre Regulierungsentscheidung tatsächlich an der allokativen Effizienz orientieren, würden sie einen Preis p_W setzen und damit wie unter Wettbewerbsbedingungen den effizienten Punkt E und die Wohlfahrt AZE erreichen.

Dieses Szenario ist jedoch unrealistisch. Die Regulierungsbehörde kennt das minimal mögliche Stückkostenniveau in der Regel nicht und richtet ihre Preisvorgaben an den tatsächlichen Kosten des regulierten Unternehmens aus, was bei diesen die Anreize zur Kostendisziplin reduziert. Als Folge der Regulierung werden die Kosten im Zeitablauf ansteigen. Außerdem kann dies zu Abschöpfungen im Interesse der Insider oder politischer Instanzen genutzt werden.

Die Situation dauerhafter Monopolregulierung ohne Markteintritts-Gefahr ist in Abb. 3.1 durch Punkt R veranschaulicht, d.h. der regulierte Preis beträgt p_R und der allokative Wohlfahrtsverlust GRE.

Die Kostensteigerung im engeren Sinne ist durch AHKG gegeben. Der darüber hinausgehende Betrag HSRK entspricht der eigentlichen Produzentenrente. Je nach konkreter institutioneller Regulierungsform ist dies entweder der Gewinn der Kapitaleigner, der über eine adäquate Kapitalverzinsung hinausgeht, oder er dient z.B. einem staatlichen Eigentümer zur offenen Quersubventionierung anderer Bereiche. Dies können bestimmte Kundengruppen sein, oder es kann sich um die Subventionierung anderer Produkte des gleichen Unternehmens handeln. Insofern könnte man HSRK auch als Politikrente bezeichnen.

Die gesamten Kostenüberhöhungen sind schematisch in zwei Kategorien unterteilt. Als Insiderrenten (Rechteck IHKJ) werden alle Vorteile von Unternehmens-Insidern im weiteren Sinne bezeichnet, die diese der Tatsache der Monopolregulierung ihres Unternehmens verdanken, z.B. überhöhte Gehälter, verminderter Arbeitsstreß, Repräsentations- oder sonstige

Aufwendungen des Unternehmens, die Insidern Vorteile bringen und die ein erwerbswirtschaftliches Unternehmen im Wettbewerb nicht tätigen würde. Als pure Verschwendung werden die regulierungsbedingten Mehrkosten AIJG bezeichnet, die nicht zu Insidervorteilen führen. Wir könnten dies auch als technische Ineffizienzen im engeren Sinne bezeichnen, während technische Ineffizienzen im weiteren Sinne natürlich alle Mehrkosten AHKG umfassen.

Die ausgewiesenen Kosten können natürlich ihrerseits eine versteckte Quersubventionierung anderer Bereiche enthalten. Dies wäre zum Beispiel der Fall, wenn Ressourcen gemeinsam genutzt und die entsprechenden Kosten nicht adäquat zugerechnet werden. Dies ist insbesondere dann praktisch relevant, wenn andere Produkte des Unternehmens im Wettbewerb stehen und heimlich aus dem Monopol subventioniert werden.

3.3 Oligopole zwischen Wettbewerb und Kollusion

3.3.1 Kollusion als Wettbewerbsproblem in engen Märkten

Ein Oligopol ist ein Markt mit wenigen Anbietern. Die Oligopoltheorie hat in der ökonomischen Literatur eine lange Tradition und stellt inzwischen ein umfangreiches Gebiet der Mikroökonomie und der Industrieökonomik dar.[7]

Das Dyopol ist der Spezialfall des engen Oligopols und wird definiert als Markt mit nur zwei Anbietern. Es ist für die mikroökonomische Literatur *das* Oligopol schlechthin. Die meisten Oligopolanalysen behandeln tatsächlich den Dyopolfall. Dies gilt sowohl für die klassische (Cournot, Bertrand etc.) als auch für die neuere Oligopoltheorie, einschließlich der spieltheoretischen Ansätze. Ein Grund liegt darin, daß Märkte mit zwei

---

7 Da eine umfangreiche Lehrbuch-Literatur verfügbar ist, ist es nicht sinnvoll, diese hier zu referieren. Vgl. als Überblick und für weitere Hinweise SCHERER/ROSS (1990), TIROLE (1990), SHEPHERD (1985), MARTIN (1988).

Anbietern theoretisch einfacher zu analysieren sind als solche mit mehreren. Außerdem macht das Dyopol das Kernproblem besonders gut deutlich. Für unsere Problemstellung kommt hinzu, daß das Dyopol für den Mobilfunk auch empirisch eine sehr relevante Marktform darstellt.

Das ökonomische Kernproblem der engen Oligopole und besonders der Dyopole besteht in dem inhärenten Spannungsfeld zwischen der direkten Rivalität und hoher Wettbewerbsintensität einerseits und der Möglichkeit zur Kollusion andererseits. Unter Kollusion wird ein wettbewerbsbeschränkendes Verhalten von zwei oder mehr Unternehmen der gleichen Marktseite zur Erzielung gemeinsamer Vorteile zu Lasten der Marktgegenseite verstanden. Dies ist insoweit unabhängig davon, ob dem eine ausdrückliche Vereinbarung zwischen den Unternehmen zugrunde liegt (explizite Kollusion) oder nicht (implizite Kollusion).

Eine explizite Kollusion beinhaltet also eine bewußte, ausdrückliche und nicht selten vertraglich (schriftlich oder mündlich) festgelegte Vereinbarung über bestimmte Verhaltensparameter zwischen den Unternehmen und wird auch als Kartell bezeichnet. Wir gehen für die folgende Mobilfunkanalyse davon aus, daß keine echten Kartelle bestehen, wenngleich der Unterschied zwischen expliziter und impliziter Kollusion für die ökonomischen Ergebnisse wesentlich weniger bedeutsam ist als es scheinen mag.[8]

Für eine implizite Kollusion ist nicht nur keine direkte Verhaltensvereinbarung (oder gar ein spezifizierter Vertrag) zwischen beiden Anbietern erforderlich. Sie setzt nicht einmal unbedingt ein Bewußtsein der Anbieter voraus, wettbewerbsbeschränkend zu handeln. Unter impliziter Kollusion sind im weitesten Sinne Verhaltensweisen der Anbieter zu verstehen, die in Kenntnis ihrer Reaktionsverbundenheit auf offensiven Parametereinsatz und kurzfristige Wettbewerbsvorteile verzichten, weil dies längerfristig für jeden einzelnen vorteilhafter ist. Wie wir noch sehen werden, kann es für

---

8 In der Praxis kann häufig kein deutlicher Unterschied zwischen expliziter und impliziter Kollusion erkannt werden. Abgesehen von solchen eher seltenen Kartellen, für die Verträge oder andere Beweise vorliegen, läßt sich im konkreten Fall für Außenstehende häufig nicht feststellen, ob eine explizite Vereinbarung vorliegt oder nicht.

ein einzelnes Unternehmen kurzfristig vorteilhaft sein, die Kollusion zu unterlaufen (Cheating). Dieses wird in der Regel die Konsequenz haben, daß der Konkurrent entsprechend reagiert und damit gegebenenfalls die Kollusion zerfällt. In der Realität werden die Unternehmen in engen Märkten diesen Wirkungszusammenhang durchschauen.

Es ist insofern einzelwirtschaftlich durchaus rational, auf kurzfristige Vorteile zu verzichten, um die längerfristigen Vorteile der Kollusion realisieren zu können. Wenn eine wettbewerbliche Parameteränderung über die Schädigung des Konkurrenten und dessen Reaktion zur eigenen Gewinnminderung führt, werden solche Initiativen gegebenenfalls ganz unterbleiben. Das Bewußtsein der wettbewerblichen Interdependenz führt dann zum Oligopol-Frieden.

Die gesamte Dyopolproblematik läßt sich im Kontext der individuellen und kollektiven Rationalität interpretieren, wenn wir unter dem Kollektiv die Anbietergruppe verstehen. Dem steht das Gesamtkollektiv der Volkswirtschaft gegenüber, das durch die Kollusion Wohlfahrtsverluste erleidet. Die marktwirtschaftliche Ordnung basiert darauf, daß die einzelnen Wirtschaftssubjekte ihre individuellen Ziele verfolgen und damit gleichzeitig über die invisible hand des Wettbewerbs für die Gesamtwirtschaft ökonomische Effizienz erzielt wird. Die volkswirtschaftliche Rationalität des Wettbewerbs erfordert die Antinomie der Akteure der gleichen Marktseite, das heißt insbesondere, daß es der Anbietergruppe (aus welchen Gründen auch immer) nicht gelingt, sich am Markt kollektiv rational zu verhalten.

Dies ist das generelle Kernproblem für eine verhaltensorientierte Wettbewerbspolitik, die auf diesem Feld meist ziemlich erfolglos geblieben ist und mit dieser Aufgabe auch überfordert ist. Die wirksamere Wettbewerbspolitik bezüglich impliziter Kollusion besteht in der Verhinderung der Entstehung enger Märkte durch Fusionen und in der Offenhaltung des Marktzugangs.

3.3.2 Entscheidungssituation im Dyopol

Für die Unternehmen ist ihre Entscheidungssituation gut vergleichbar mit dem klassischen Kollektivgut-Problem. Die Abbildung 3.2 zeigt die Problematik für die beiden Dyopol-Unternehmen U_A und U_B in einfachster Form. N_1 ist die Nachfragekurve für Mobilfunkdienste auf dem relevanten Markt. Es wird zur Vereinfachung angenommen, daß die Scale Economies (vgl. 4.2 und 4.3) im für die Analyse relevanten Bereich ausgeschöpft sind und die langfristigen Grenz- und Durchschnittskosten (LGK, LDK) zusammenfallen.

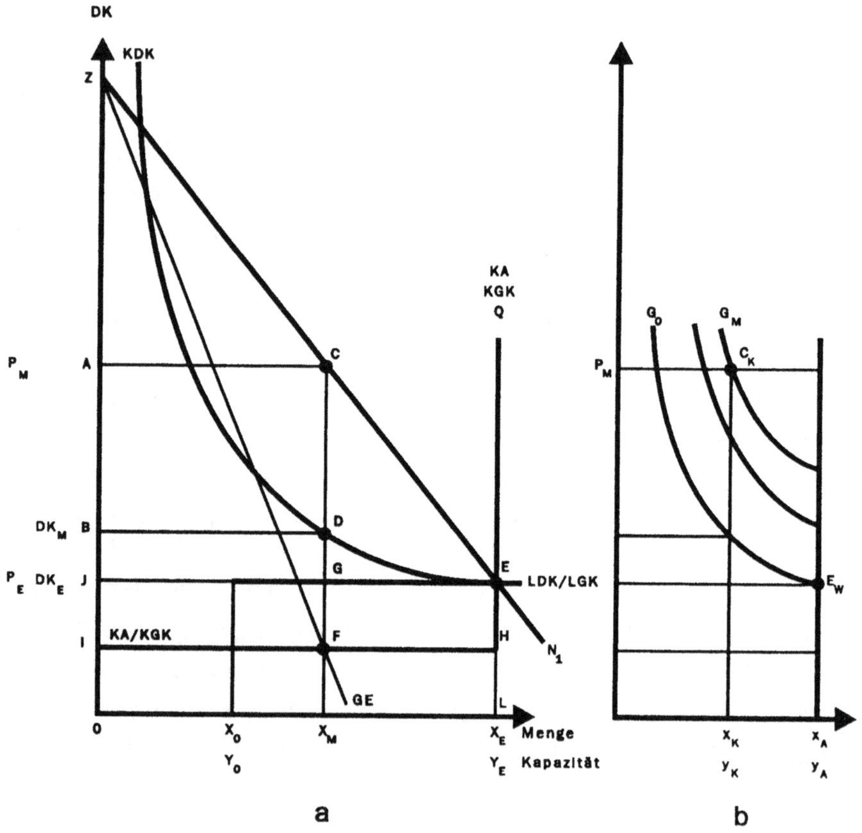

Abb. 3.2 : Dyopol und Kollektivmonopol

Das effiziente Marktergebnis ist durch den Punkt E (Abb. 3.2 a) markiert, das heißt im Schnittpunkt von LGK und N mit der Menge X_E und dem Preis P_E. Wegen $LDK(X_E)=LGK(X_E)$ entsteht auch kein Defizit. Unter Wettbewerbsbedingungen werden die Unternehmen U_A und U_B zu technischer und allokativer Effizienz gezwungen, so daß beide Unternehmen Durchschnittskosten von DK_E in Höhe der LDK aufweisen und zum Preis P_E anbieten. Angenommen, daß beide den Markt je zur Hälfte beliefern und daß die beiden Unternehmen in der Wettbewerbssituation jeweils eine Menge absetzen, die ihre Kapazitäten y (Abb. 3.2b) voll auslasten, so daß $x_A = y_A = x_B = y_B$.[9] Y_E $(Y_E=y_A+y_B)$ ist die aggregierte Kapazität beider Anbieter am Markt.

Für die Kostenstrukturen beider Anbieter wird angenommen, daß die Gesamtkosten bei Vollauslastung je zur Hälfte aus reversiblen Kosten, die hier alle variabel sind, und irreversiblen Kosten, die fix sind, bestehen[10] und die Kosten auch ansonsten gleich sind. Aggregiert für beide Dyopolisten sind dann die reversiblen Kosten OIHL und die irreversiblen Kosten IJEH. Daraus folgt, daß die kurzfristige Angebotsfunktion KA des Marktes (kurzfristige Grenzkostenkurve KGK) durch die Verbindung der Punkte IHQ repräsentiert wird und die kurzfristige Durchschnittskostenkurve KDK den eingezeichneten Verlauf hat.

Die individuelle Situation *eines* der beiden Unternehmen (hier U_A) ist in Abb. 3.2 b dargestellt. Die unternehmensindividuelle Kapazität y_A ist unter

---

9 In Abb. 3.2 b und den folgenden Abbildungen ist die Benennung für U_A vorgenommen. Die inhaltlichen Ausführungen gelten aber für beide Dyopolisten.

10 Irreversible Kosten (oder versunkene Kosten) bestehen hier aus dem der Periode adäquat zugerechneten Anteil aller irreversiblen Investitionen, d.h. derjenigen Investitionen, die nicht anders als durch die spezifische Produktion amortisiert werden können. (Vgl. zur Irreversibilität Abschnitt 4.2.3.) Sämtliche irreversible Kosten sind unabhängig davon, ob produziert wird oder nicht und ob das Unternehmen am Markt bleibt oder nicht. Sie "entfallen" also nicht bei Marktaustritt. Alle irreversiblen Kosten sind insofern auch fixe Kosten, das heißt unabhängig von der Produktionsmenge der Periode. Reversible Kosten "entfallen" bei Marktaustritt. Reversible Kosten können fix oder variabel sein, das heißt abhängig von der Produktionsmenge der Periode oder nicht. Ein Beispiel für reversibel-fixe Kosten ist die Kfz-Versicherung eines Taxi. Diese sind unabhängig von den gefahrenen Kilometern oder beförderten Personen, entfallen aber, wenn der Wagen verkauft wird und Marktaustritt erfolgt.

Wettbewerbsbedingungen beim Marktpreis P_E mit der Produktionsmenge x_A voll ausgelastet. Das Unternehmen U_A produziert also beim Punkt E_W, was entsprechend auch für U_B gilt. Die Kurvenschar repräsentiert Isogewinnlinien (Kurven gleichen Gewinns) für unterschiedliche Preis-Mengen-Kombinationen eines Anbieters. Die Kurve G_0 repräsentiert ein Gewinnniveau von null und fällt mit seiner kurzfristigen Durchschnittskostenkurve zusammen.

Der Extremfall einer Preiskollusion besteht darin, daß die beiden Dyopolisten sich kollektiv wie ein Monopol verhalten. Der Schnittpunkt F von kurzfristiger Grenzkosten- und Grenzerlöskurve GE in Abb. 3.2 a determiniert die gewinnmaximale Angebotsmenge X_M des Monopols und den Preis P_M, so daß der Cournotpunkt C erreicht wird. Übertragen auf Abb. 3.2 b wird dort der Punkt C_K realisiert, wobei unterstellt ist, daß der preisbedingte Absatzrückgang von X_E nach X_M auf beide Dyopolisten zu gleichen Teilen entfällt, also von x_A nach x_K. Beide erreichen auf diese Weise das monopolistische Gewinniveau G_M ($G_M > G_0$).

Volkswirtschaftlich ist dieses Ergebnis ineffizient. Beim Übergang von E nach C entsteht eine Reduzierung der Konsumentenrente um die Fläche JACE. Davon ist das Dreieck GCE der allokative Wohlfahrtsverlust. Das Rechteck JACG ist jedoch nicht in Gänze die Produzentenrente, da die kurzfristigen Durchschnittskosten von DK_E auf DK_M steigen. Der Gewinn $X_M \cdot (P_M - DK_M)$ ist also nur der Teil BACD. Das verbleibende Rechteck JBDG ist also eine Ressourcenverschwendung, das heißt technische Ineffizienz.

Es bestehen allerdings endogene Kollusionsprobleme, die den Unternehmen die Erreichung eines Kollektivmonopols erschweren. Betrachten wir dazu die individuelle Entscheidungssituation eines Unternehmens U_A anhand der Abb. 3.3 b. Beim Kollektivmonopol ist seine Preis-Mengen-Kombination C_K. Er setzt also zum kollusiven Preis P_M die Menge x_K ab und macht einen Gewinn von G_M. Angenommen, er würde jetzt individuell seinen Preis von P_M auf P_1 senken und damit seine Menge von x_K auf x_A

vergrößern.[11] Er lastet jetzt seine Kapazität voll aus, was seine effektiven Stückkosten von DK_M auf DK_E senkt, und erreicht das höhere Gewinnniveau G_1 (Punkt V_1). Ein solches Verhalten der Unterbietung des Kollusionspreises zum eigenen kurzfristigen Vorteil wird als Cheating bezeichnet.

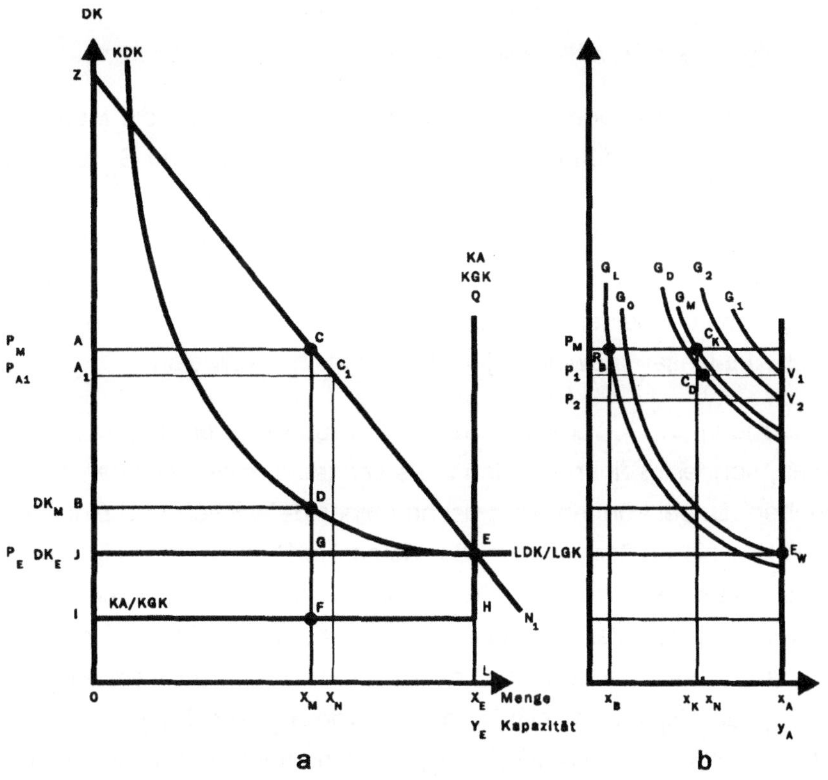

Abb. 3.3 : Kollusion und Cheating

Für das Unternehmen U_B hat dies folgende Konsequenzen: Da durch die Preissetzung des U_A die Gesamtabsatzmenge nur von X_M auf X_N (Abb. 3.3 a) steigt, geht der größere Teil der Absatzsteigerung von U_A (x_A-x_K) zu

11 Daß die Preissenkung auf P_1 gerade ausreicht, um die Menge x_A abzusetzen, ist hier eine Annahme und wird anschließend problematisiert.

Lasten des Absatzes von U_B, so daß dessen Absatz von x_K auf x_B sinkt. Wenn x_{VB} der Absatzverlust des B durch die Preissenkung des U_A ist, gilt

$$x_B = x_K - x_{VB},$$

mit

$$x_{VB} = x_A - x_K - (X_N - X_M),$$

$$x_A - x_K = \text{Cheating-Zuwachs des } U_A,$$

$$X_N - X_M = \text{Zuwachs der Gesamt-Nachfrage},$$

$$x_B = X_N - x_A \quad \text{und} \quad X_N = x_B + x_A.$$

Wenn U_B beim verabredeten Preis P_M bleibt, setzt er also die Menge x_B ab, das heißt erreicht den Punkt R_B mit einem Gewinnniveau G_L. Generell gilt, daß $G_L < G_M$. In der Darstellung der Abbildung 3.3b gilt auch $G_L < 0$, das heißt U_B macht Verluste. Dies liegt hier an der Tatsache, daß die KDK bei der Menge x_B höher sind als der Marktpreis, $KDK(x_B) > P_M$. Für den Gesamtgewinn G_G beider Unternehmen gilt generell $G_G = G_1 + G_L < G_M$, das heißt, der Gesamtgewinn ist jetzt kleiner als bei Kollusion.

Das Unternehmen U_B wird den Gewinneinbruch in aller Regel nicht akzeptieren, sondern seinerseits den Preis senken, um den eigenen Absatz zu erhöhen. Dabei können wir zwischen einer defensiven und einer Vergeltungs-Reaktion unterscheiden. Die defensive Reaktion des U_B besteht darin, den Preis des A zu egalisieren, also ebenfalls auf P_1 zu senken. Als Folge würde im Idealfall die Gesamtmenge X_N von beiden zu gleichen Teilen produziert. Dies führt für beide zum Punkt C_D mit dem Gewinnniveau G_D ($G_D < G_M$). Das heißt U_B gelangt von R_B nach C_D ($G_D < G_L$) und U_A rutscht von V_1 nach C_D ($G_D > G_2$). Die Unterbietung hat sich also für U_A nicht gelohnt. Der Gewinn ist für beide geringer als bei Kollusion.

Die Vergeltungs-Reaktion des U_B besteht in der seinerseitigen Unterbietung des Konkurrenten. Nehmen wir an, er setzt seinen Preis P_2 unterhalb von P_1 und erreicht damit den Punkt V_2 (mit Gewinniveau G_2). U_B gelangt auf diese Weise gegenüber G_L auf jeden Fall auf ein höheres individuelles Gewinniveau. Zwar steigt wiederum die Gesamtnachfrage etwas an, aber der überwiegende Teil des Absatzzuwachses für B geht wiederum zu Lasten des Konkurrenten, der auf ein niedrigeres Gewinniveau gedrückt wird.

Falls der U_A nun seinerseits mit Vergeltung reagiert und den U_B wiederum unterbietet, sinkt der Gesamtgewinn weiter. Hier wird also eine Abwärtsspirale für den Gesamtgewinn in Gang gesetzt, der bei jeder Preisunterbietung sinkt. Im Extremfall gegenseitiger Preisunterbietung landen beide Unternehmen beim Punkt E_W in Abb. 3.3 b bzw. E in Abb. 3.3 a, das heißt beim Wettbewerbs-Ergebnis und einem Gewinn von null.[12] Die Preisunterbietung hat auf diese Weise also zu einer Reduzierung der Gewinne für beide geführt. Wenn dies antizipiert wird, warum sollte dann einer der beiden Dyopolisten Cheating machen? Ob dies tatsächlich erfolgt, hängt von weiteren Überlegungen und Faktoren ab, die in 3.4 und 3.5 für den Mobilfunk erörtert werden.

3.3.3 Oligopolistische Interdependenz im Zeitablauf

Im Grundmodell wurde von der wohldefinierten Extremsituation des Cournotpunktes ausgegangen und bestimmte Verhaltensweisen, Wirkungszusammenhänge und Informationen der Akteure unterstellt. Derartige Annahmen sind jedoch je nach einzelnen Unternehmen und Marktstrukturen empirisch ganz unterschiedlich relevant, was die Kollusionswahrscheinlichkeit erheblich beeinflußt.

Die unproblematischste Annahme ist noch der Cournot- als Ausgangs-Punkt. Zwar wird dieser selbst unter idealen Kollusionsbedingungen in der Realität häufig aus vielen Gründen nicht erreicht. Er ändert sich in Abhängigkeit von den tatsächlichen Nachfrage- und Kostenfunktionen und müßte im Zeitablauf dauernd neu justiert werden, was seinerseits Kosten verursachen würde. Die Annahme ist jedoch für die Zusammenhänge unerheblich, die auch für jeden anderen Preis zwischen Wettbewerbs- und Cournotpreis gelten.

---

12 Da die Vergeltungsstrategie als aus einer defensiven Reaktion und einem eigenen Cheatingvorstoß zusammengesetzt interpretiert werden kann, wird im folgenden nicht mehr zwischen defensiver und Vergeltungs-Reaktion unterschieden.

Die Unterstellung, daß eine Cheating-Aktivität den gewünschten Mengeneffekt hat, dies vom Konkurrenten bemerkt und umgehend beantwortet wird, kann durch eine Reihe von Informationsproblemen, Reaktionsträgheiten und strategischen Überlegungen verhindert, vermindert oder verzögert werden. Der Unterbieter könnte hoffen, daß sein Cheating geheim bleibt, so daß die individuellen Vorteile geerntet werden können, ohne den Preis des Kollusionszerfalls zu zahlen. Andererseits könnten die Preissenkungen selbst so geringe Mengeneffekte haben oder diese erst mit so großen Verzögerungen eintreten, daß Preissenkungen keine oder nur geringe Gewinnvorteile bieten. Demgegenüber könnten auch die Reaktionen so lange auf sich warten lassen, daß in der Zwischenzeit genügend Cheating-Gewinn anfällt, um die Aktion zu rechtfertigen. Der Angreifer könnte darauf spekulieren, daß B gar nicht oder milde reagiert, um nicht seinerseits die Kollusion zu gefährden.

Von gravierender Bedeutung ist hierbei die Zeitperspektive der Akteure. In Märkten können gerade Preisentscheidungen dauernd neu getroffen werden. Die Relevanz dieser Tatsache wird deutlich, wenn wir zum Vergleich eine singuläre Entscheidungssituation betrachten. Nehmen wir an, jeder der beiden Akteure könnte nur einmal einen Preis festlegen, der dann für lange Zeit gilt. Beide treffen ihre Entscheidung simultan in Unkenntnis der Preisentscheidung des Konkurrenten.[13] Wenn wir unsere Ausgangssituation in diesem Kontext formulieren, erhalten wir eine Situation, die in der Spieltheorie als Gefangenen-Dilemma bezeichnet wird.[14]

Die Auszahlungs-Matrix der Abb. 3.4 zeigt als Zeilen und Spalten die Strategien (Preisalternativen) der Unternehmen U_A und U_B, hier vereinfacht als Kollusionspreis P_M und Cheatingpreis P_1 bezeichnet. Die Matrixfelder zeigen die Gewinne für beide Unternehmen, jeweils links für U_A und rechts vom Komma für U_B. Der Gesamtgewinn ist maximal, wenn

---

13 Eine analoge Situation kann für unser Mobilfunk-Thema z.B. bei einer Frequenzauktion bestehen, wenn die Frequenzrechte für lange Zeiträume zugeteilt werden. Vgl. Kap. 5.

14 Das Gefangenen-Dilemma wird in praktisch jedem Spieltheorie-Lehrbuch erläutert. Vgl. z.B. RASMUSEN (1989), HOLLER/ILLING (1991), GÜTH (1992), FRIEDMAN (1989).

beide sich für P_M entscheiden. Aber für jeden gilt, daß bei eigenem P_1 $G_1 > G_M$ ist, wenn der andere P_M setzt, aber auch $G_L < G_M$ im umgekehrten Fall. Jeder hat hohe Anreize, P_1 zu setzen, und zwar insbesondere dann, wenn er dem anderen nicht vertraut.

		Unternehmen U_B	
		Kollusion P_M	Cheating P_1
Unternehmen U_A	Kollusion P_M	G_M , G_M	G_L , G_1
	Cheating P_1	G_1 , G_L	G_D , G_D

Abb. 3.4 : Kollusion als Gefangenen-Dilemma

Wenn man die Entscheidungssituation des einzelnen analysiert, der jeweils die strategische Situation des anderen und dessen vermutliche Preisentscheidung in sein Kalkül einzubeziehen versucht, stellt man fest, daß es keine eindeutige Lösung gibt. Das Ergebnis hängt natürlich auch davon ab, wie im konkreten Fall die Werte für G_L, G_D, G_M und G_1 quantitativ ausfallen, was für den Mobilfunk in 3.4 und 3.5 noch erörtert wird. Für die grafische Darstellung der Abb. 3.3 b ist zu vermuten, daß Cheating erfolgt, da im schlechtesten Falle die Gewinnminderung gering ist (G_M-G_D), während bei eigenem P_M und P_1 des anderen der Schaden größer ist.

Die Überlegungen ändern sich erheblich, wenn dieselben Akteure das gleiche Spiel in nachfolgenden Perioden wiederholt spielen, was der Realität eines Marktes nahe kommt. Jeder macht seine Erfahrungen, bildet Erwartungen über zukünftige Perioden und weiß, daß der andere das auch tut. Diese Situation ist in der spieltheoretischen und industrieökonomischen Literatur (vgl. obige Fußnote) ebenfalls analysiert und experimentell getestet worden. Dabei hat sich herausgestellt, daß die Tit-for-Tat-Strategie hinsichtlich des Gewinns anderen Strategien überlegen ist. Tit-for-Tat ("Wie du mir, so ich dir") bedeutet, daß jeder die Strategie (Kollusion oder Cheating) wählt, die der andere in der Vorperiode gewählt hat. Preisunterbietung in einer Periode würde also gewissermaßen in der Folgeperiode vom anderen bestraft. Auch hier ist bedeutsam, daß beide die Vorzüge dieser Strategie kennen und dies auch für den anderen unterstellen.

Das Bewußtsein der dauerhaften Interdependenz fördert die Kollusion. Nicht nur die gegenwärtige, sondern auch die zukünftige Kollusion wird durch den eigenen Verzicht auf kurzfristige Cheating-Vorteile stabilisiert. Erfolgreiche Aufrechterhaltung der Kollusion verringert die zukünftige Cheating-Neigung und schafft Vertrauen, daß der andere sich auch zukünftig so verhält.

Auf diese Weise kann sich eine relativ stabile Kollusionslage herausbilden, wobei jeder Erwartungen über deren Fortbestehen bildet und sich der Bedeutung vertrauensbildender Maßnahmen bewußt ist. Dies gilt vor allem deshalb für Mobilfunk-Dyopole, weil diese durch Markteintrittsbarrieren gegen Newcomer geschützt sind und beide davon ausgehen, längere Zeit mit dem gleichen Konkurrenten auskommen zu müssen. Gleichwohl läßt sich auch dann nicht generell schließen, daß ein Dyopol (oder generell ein enges Oligopol) zur Kollusion führt.

Hier wäre also interessant, ob sich empirisch die Kollusionsthese belegen läßt, bzw. ob enge Märkte zu höheren Gewinnen führen. Es gibt wohl kein Gebiet der Industrieökonomik, auf dem im Laufe der letzten 25 Jahre vergleichbar viele empirische Untersuchungen durchgeführt worden sind. Die Ergebnisse sind vielschichtig und erlauben keine eindeutige Antwort auf unsere Frage.[15] Es gibt einige Evidenz für die Hypothese, daß enge Oligopolmärkte zu höheren Preisen führen als dies bei mehr Anbietern der Fall ist. Allerdings ist dies in hohem Maße von weiteren Faktoren abhängig, die im Einzelfall bedeutsamer sein können als die Zahl der Anbieter. Derartige Faktoren sind z.B. Skaleneffekte, die in Kap. 4 erörtert werden, sowie Markteintrittsbarrieren, Preiselastizitäten und marktorganisatorische Bedingungen, die hier anschließend betrachtet werden.

Die folgende Analyse setzt diejenige des Abschnitts 3.3.2 fort, die auf den Preisparameter beschränkt war, wie dies auch in der Literatur generell üblich ist. Über die Vorzüge der analytischen Handhabbarkeit im Preis-Mengen-Kontext hinaus gilt beim Mobilfunk jedoch auch - anders als bei sehr vielen anderen Märkten - daß dies empirisch relevant ist, da durch die Standardisierung und aufgrund der Kundenwünsche wenig Spielräume für relevante qualitative Variationen bleiben.

3.4 Strukturfaktoren der Preiskollusion

Es wird im folgenden eine Aufteilung in Preiskollusion und Kapazitätskollusion vorgenommen. Eine Preiskollusion im engeren Sinne ist, wie oben bereits erörtert, eine wettbewerbsbeschränkende Verhaltensweise der Anbieter bezüglich des Parameters Preis. Eine Kapazitätskollusion beinhaltet Verabredungen oder stillschweigendes Einverständnis zwischen den Anbietern über die Limitierung der Kapazität. Dies ist weniger eine inhaltlich gravierende Unterscheidung von Strategien als eine Frage der analytischen Vereinfachung und der Zweckmäßigkeit der Darstellung. Die elementaren Faktoren des Abschnitts 3.4 lassen sich bei konstanter Kapazität einfacher veranschaulichen, da man sich dann auf die Kalküle einer Periode beschränken kann.

---

15 Vgl. für einen Überblick z.B SCHMALENSEE (1989), SHEPHERD (1985), MARTIN (1988), WEISS (1990), SCHERER/ROSS (1990).

Eine Erhöhung der Kapazität, das heißt die Vergrößerung der in einer Periode maximal produzierbaren Menge, ist in der Regel mit Investitionen verbunden, die in mehreren Perioden zu nutzen sind. Wenn mit Kapazitätserhöhungen irreversible Investitionen verbunden sind, kann dies die Entscheidungsituation deutlich verändern. Im Abschnitt 3.5 wird im Kontext von längerfristigen Kapazitätsentscheidungen außerdem die mobilfunkspezifische Problematik der Frequenzaussstattung, die die Kapazität wesentlich mitbestimmt, erörtert.

3.4.1 Elastizität der Marktnachfrage

Die Wahrscheinlichkeit für Kollusion ist von den Vorteilen bestimmt, die sie dem einzelnen Anbieter bringt und von den Konsequenzen eines Cheating. Von unmittelbarer Bedeutung für die Vorteile einer Kollusion und die eventuellen Anreize für Cheating ist die Elastizität der Nachfragefunktion auf dem Mobilfunkmarkt. In Abb. 3.5 a ist dies für eine relativ elastische Nachfragefunktion N_2 und eine inelastischere Nachfragefunktion N_3 veranschaulicht. Die gewinnmaximalen Mengen sind X_{M2} bzw. X_{M3} mit den Kollektiv-Cournotpunkten C_2 und C_3. Bei der inelastischen Nachfragefunktion N_3 entspricht der Gewinn G_3 dem Rechteck MA_3C_3R und G_2 bei der elastischen Nachfragefunktion N_2 dem Rechteck BA_2C_2D mit $G_3 > G_2$.

Betrachten wir alternativ eine Situation, in der durch Kollusion ein Preisniveau p_2 erreicht wurde. Dies führt bei der Nachfragefunktion N_2 mit der Menge X_M zu einem Kollusionsgewinn $X_{M2} \cdot (P_2 - DK_M)$, d.h. Rechteck BA_2C_2D. Für jeden der beiden Dyopolisten führt dies in Abb. 3.5 b zum Erreichen des Punktes C_{22} auf dem Gewinnniveau G_{22}. Bei Relevanz der Nachfragefunktion N_3 führt der gleiche Preis p_2 zu einer Menge X_4 (Punkt C_4), das heißt der Mengenrückgang gegenüber der Vollastmenge X_E ist deutlich geringer (X_4 statt X_{M2}). Für das einzelne Unternehmen führt dies bei inelastischer Nachfrage zum Punkt C_{24} auf dem Gewinnniveau G_{24}, mit $G_{24} > G_{22}$.

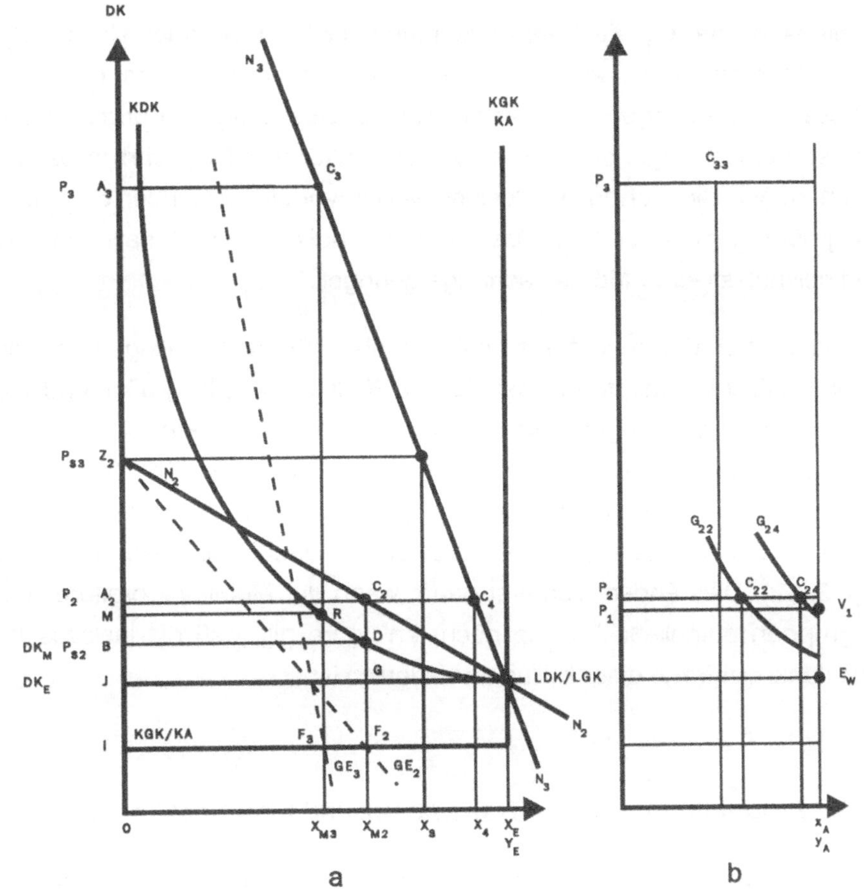

Abb. 3.5 : Preiselastizität der Nachfrage und Kollusion

Für die Kollusion resultieren daraus zwei wesentliche Unterschiede bezüglich der Cheatingneigung: Bei inelastischer Nachfragefunktion sind erstens die Kollusionsvorteile größer als bei elastischer Nachfragefunktion. Also sind auch die Nachteile eines eventuell durch Cheating ausgelösten Kollusionszerfalls größer. Das Risiko, das ein Unternehmen bei einer Preisunterbietung eingeht, ist c.p. bei inelastischer Nachfrage größer.

Zweitens ist bei C_4 die Kapazitätsunterauslastung geringer als bei C_2. Dementsprechend ist auch die potentielle Absatzsteigerung bei einer Preissenkung geringer, und der individuelle Gewinnanstieg durch Cheating ist kleiner. Angenommen, eine Preissenkung auf P_1 führt in beiden Fällen zu V_1. Dies ist nur ein kleiner Gewinnvorteil gegenüber G_{24}, aber ein großer gegenüber G_{22}. Das heißt die individuellen Cheatingvorteile sind bei inelastischer Markt-Nachfrage geringer.

Bei elastischer Marktnachfrage bestehen also höhere Cheatinganreize als bei inelastischer Nachfrage, bei der die Kollektivvorteile größer und die Cheatingvorteile geringer sind. Je inelastischer die Marktnachfragefunktion ist, desto größer ist deshalb die Wahrscheinlichkeit für funktionierende Kollusion. Mobilfunkmärkte sind (mindestens in den ersten Jahren) durch eine relativ geringe Preiselastizität der Nachfrage gekennzeichnet (vgl. 2.2.2). Dies ändert sich erst dann, wenn der Mobilfunk breitere Nutzergruppen erschließt. Für die nächsten Jahre gilt, daß die inelastische Mobilfunknachfrage einer Kollusion förderlich ist.

3.4.2 Produkthomogenität, Transparenz und Marktreaktionen

Unter bestimmten Marktbedingungen bzw. Transaktionskonstellationen beim Absatz der Produkte, insbesondere bei Einzelkontrahierung mit individuell ausgehandelten Konditionen, könnte ein Unternehmer hoffen, daß seine Preisunterbietung nicht bemerkt wird. Oder die Reaktion des Konkurrenten könnte lange auf sich warten lassen, so daß in der Zwischenzeit hinreichend hohe Gewinne realisiert werden. Eventuell erwartet er, daß die Reaktion ganz ausbleibt, weil der andere nicht den Kollusionszerfall riskieren will.

Die zu erwartenden Reaktionsweisen hängen ebenfalls von den strukturellen Bedingungen des betreffenden Marktes ab. Betrachten wir für die Entscheidungssituation eines potentiellen Cheaters U_A die Abb. 3.6, die einen Ausschnitt aus dem relevanten Teil der Abb. 3.3 darstellt. Wenn eine

Preissenkung von P_M auf P_1 erfolgt, lassen sich alternative Mengenreaktionen auf dem Markt durch Punkte W_K, $W_i(i=1,2..)$, V_1 darstellen.

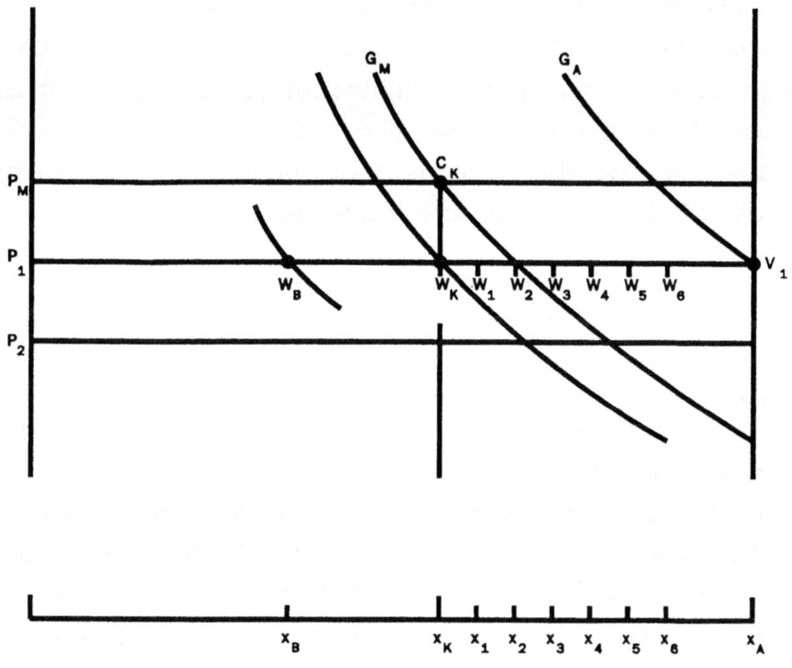

Abb. 3.6 : Cheating, Absatzmengen und Gewinne

Der Cheating-Vorstoß könnte durch eine Absatzausdehnung von X_K auf X_A maximal das höhere Gewinniveau G_A erreichen. Falls die Preissenkung gar keine (X_K) oder nur eine kleine (X_1) Mengenerhöhung zur Folge hätte, würde U_A bei W_K oder W_1 landen und somit auf einem niedrigeren Gewinnlevel als bisher. Der Mengeneffekt muß mindestens so groß sein, daß der neue Punkt rechts von W_2 liegt. Anderenfalls wäre Cheating schon kurzfristig nicht lohnend und würde unterbleiben. Das heißt, der Kollusionspreis P_M wäre stabil. Aber auch jenseits von W_2 gilt: Je kleiner der Mengeneffekt, desto geringer sind die Cheating-Anreize.[16]

Um den gewünschten Absatzeffekt, der zu den Punkten W_i in Abb. 3.6 führt, zu erzielen, müssen zwei Bedingungen erfüllt sein, nämlich I der Primär-Effekt und II die Reaktionsverzögerung des Konkurrenten. Die Bedingung I läßt sich untergliedern in (a) und (b). (Ia): Die Kunden müssen die Preissenkung bemerken, das heißt es muß genügend vertikale Markttransparenz gegeben sein. (Ib): Die Kunden müssen mit ihren Nachfrage-Entscheidungen tatsächlich entsprechend reagieren.

Bedingung II besagt, daß U_B nicht sofort mit einer Preissenkung reagieren darf. Andernfalls würde U_A bei W_K (oder gar W_B)[17] mit der Menge X_K (bzw. X_B) landen, das heißt schon kurzfristig auf einem niedrigeren Gewinniveau.

Falls der Mengeneffekt Ib eintritt, wäre die Bedingung II erstens dann erfüllt, wenn eine geringe horizontale Markttransparenz besteht, das heißt U_B die Preissenkung anfangs nicht bemerkt. Dies ist allenfalls in Märkten möglich, in denen die Verkäufe durch Einzelkontrahierung erfolgen, deren Ergebnisse geheimgehalten werden können.[18] Aber auch dort wird dies wegen der Interessenlage der einzelnen Kunden nur kurze Zeit möglich sein. Auf Konsumgütermärkten mit veröffentlichten Preisen ist dies praktisch ausgeschlossen.

Die horizontale Markttransparenz ist auf den Mobilfunkmärkten sehr hoch. Die Preise für Gesprächsgebühren können dem Konkurrenten praktisch

---

16 Welcher Punkt letztlich erreicht wird, beantwortet die Frage jedoch nur zum Teil. U_A muß nämlich die möglichen Reaktionsverzögerungen der Kunden in Betracht ziehen. Wenn man davon ausgeht, daß die Wahrscheinlichkeit, daß das Cheating beantwortet wird, mit jeder Periode wächst, wird sich Cheating auch kurzfristig nur dann lohnen, wenn die Mengenzunahme schnell eintritt.

17 W_B ist ein möglicher Punkt, wenn der Konkurrent mit einer Preissenkung auf P_2 reagiert.

18 Dies ist z.B. bei großen Investitionsprojekten, industriellen Vorlieferungen oder Auftragsfertigung denkbar, wenn nicht nur die Zahl der Transaktionen, sondern auch die Zahl der Marktteilnehmer auf der Nachfrageseite klein ist.

überhaupt nicht verheimlicht werden. Zweitens könnte der Konkurrent die Preissenkung zwar bemerken, aber nicht reagieren. Wenn jedoch, wie unterstellt, der Mengeneffekt des U_A groß ist, wird das bei inelastischer Marktnachfrage zu starker Mengenreduzierung und Gewinnminderung bei U_B führen, so daß ein Reaktionsverzicht nicht zu erwarten ist. Dies gilt sogar, wenn U_B die Preise des U_A nicht kennt.

Diese Mengeninterdependenz ist umso stärker, je homogener die Produkte sind. Bei intramodaler Betrachtung, das heißt bei einer gegebenen Systemtechnik wie z.B. GSM bei D1 und D2, kann man von einem homogenen Produkt ausgehen. Einerseits sieht die GSM-Standardisierung selbst schon weitgehende Festlegungen vor. Darüberhinaus sind zusätzliche Qualitätsmerkmale durch Lizenzierungsvorschriften vereinheitlicht. Ergänzende Mehrwertdienste und Serviceleistungen, die über den Telefondienst hinausgehen, werden von den Diensteanbietern ziemlich vergleichbar auf beiden Netzen realisiert. Eventuelle Marketing-Probleme einzelner Betreiber werden vermutlich von den Diensteanbietern kompensiert.

Insgesamt ist deshalb von homogenen Produkten auszugehen. Was folgt daraus für die Kundenreaktionen? Die vertikale Markttransparenz (Informationsstand der Kunden) ist beim Mobilfunk ebenfalls hoch. Wegen der Produkthomogenität sind die Preise von U_A und U_B direkt vergleichbar und die Preisstrukturen sind relativ einfach.[19] Außerdem sorgen die Diensteanbieter für hohe Markttransparenz. Die Bedingung Ia ist erfüllt.

Entscheidend ist jedoch die Bedingung Ib, das heißt, ob die Kunden tatsächlich mit den Mengen auf unterschiedliche Preise der Anbieter reagieren. Da die Produkte homogen und die Kunden gut informiert sind, läßt dies prinzipiell hohe Elastizitäten der individuellen Preisabsatzfunktionen

---

19 Die Gesprächsgebühren bestehen praktisch nur aus zwei Teilen (Spitzenlasttarif tagsüber und Schwachlasttarif nachts und am Wochenende). Erst wenn die Betreiber dazu übergehen, durch stärkere zeitliche Preisdifferenzierung, regionale Preisdifferenzierung (Stadt vs. Land oder regionale vs. bundesweite Nutzung) oder differenzierte Rabatte nach Mengen oder Nutzungsmustern die Preisstrukturen komplizierter zu machen, würde die Preisvergleichbarkeit graduell geringer werden.

erwarten,[20] was gleichbedeutend mit hoher tatsächlicher Austauschbarkeit der Produkte ist. Diese Voraussetzungen führen zu hoher potentieller Wettbewerbsintensität, was prinzipiell das Interesse der Unternehmen an Kollusion erhöht. Gleichzeitig sind aber auch durch relativ kleine Preissenkungen entsprechend große Mengenausweitungen erzielbar, was bei Preiskollusion die Cheatingneigungen erhöht.

Bei den tatsächlichen Reaktionen müssen wir zwischen Altkunden, die bereits Abonnenten eines Betreibers sind, und Neukunden, die gerade vor der Abonnements-Entscheidung stehen, unterscheiden. Altkunden, die von einem Anbieter zum anderen wechseln, haben immer gewisse Switching-Kosten. Je höher diese sind, desto geringer werden die Mengeneffekte von Preisdifferenzen sein. Als Problemfaktoren kommen Endgeräte, Preisstrukturen und Rufnummern in Frage.

Hinsichtlich der Endgeräte ist das Switching-Problem gering. Bei den D-Netzen sind die Endgeräte wegen der GSM-Normierung und der diesbezüglichen Lizenzierungs- und Regulierungs-Vorschriften für beide Netze vollständig kompatibel (vgl. 6.4.1). Aber auch wenn dies nicht der Fall wäre, würden Second-Hand-Märkte den Kunden bei Netzwechsel die Liquidierung ihrer Geräte ermöglichen, d.h. der Endgerätekauf wäre auch dann keine betreiberspezifische Investition des Kunden. Dies gilt insbesondere bei Existenz von Diensteanbietern.

Preisstruktur. Switching-Kosten entstehen durch die Anmeldegebühren bei Abonnementsbeginn. Mit deren Höhe vermindert sich die Preisreagibilität insbesondere bei solchen Altkunden, die relativ wenig telefonieren. Bei realistischen Gebühren sind sie für Intensivnutzer jedoch nicht prohibitiv. Intensivnutzer könnten außerdem in beiden Netzen abonniert sein,

---

20 Wenn die Präferenzen der Kunden heterogener und differenziert sind, werden mitwachsender Heterogenität der Produkte die Preiselastizitäten der individuellen Preisabsatzfunktionen geringer, das heißt Preissenkungen haben einen geringeren Mengeneffekt. Da Cheating meist nur kurzfristig Vorteile erwarten läßt, ist es mit geringeren Gewinnerwartungen verbunden.Die Heterogenität bezieht sich auf die Präferenz-Unterschiede zwischen den verschiedenen Kunden und die Differenziertheit der Präferenzen auf das Ausmaß, in dem Qualitätsunterschiede die individuellen Zahlungsbereitschaften beeinflussen.

was es erlauben würde, auch kurzfristige Preisdifferenzen auszunutzen. Die Kosten für die verdoppelten monatlichen Grundgebühren von ca. 75 DM sind bei einer Gebührenrechnung von 200-250 DM immerhin nicht irrelevant. Großkunden könnten durch gezielte Verwendung der Berechtigungskarten Einsparungen realisieren, was entsprechende Mengeneffekte von Preisdifferenzen zur Folge hat.

Rufnummern. Wenn bei einem Wechsel des Netzbetreibers auch ein Wechsel der eigenen Rufnummer erfolgt, bedeutet dies für einen Teil der Kunden eine hohe Switching-Barriere (Mobilnummer auf Briefbögen, Visitenkarten etc.). Die typischen Kunden der ersten Jahre reagieren wenig preiselastisch und werden in der Regel auch bei Preisdifferenzen nicht den Anbieter wechseln, wenn damit eine Änderung der Rufnummer verbunden ist.

Für Neukunden sind keine Switching-Kosten gegeben. Auf diese bezogen ist die Elastizität der Preisabsatzfunktion des einzelnen Netzbetreibers hoch, da es sich um ein homogenes Produkt handelt. Beim Mobilfunk werden die Neukunden einen wesentlichen Anteil des Geschäfts ausmachen. Bei diesen bewirken dementsprechend auch kleinere Preisdifferenzen fühlbare Mengenreaktionen.

Da der größte Teil der Adressaten die bisherigen Abonnenten sind, ist eine Preissenkung zur Mengenausweitung zunächst eine teure Strategie, weil es auch die Erlöse von den bisherigen Stammkunden schmälert, mengenmäßig aber im wesentlichen nur bei den Neukunden Effekt hat. Im Ergebnis kann erwartet werden, daß die Preisabsatzfunktion nach unten weniger elastisch ist als man in Anbetracht der Homogenität und Markttransparenz erwarten würde. Insofern wären die individuellen Preissenkungsvorteile kurzfristig relativ gering und würden vor Einsetzen der Mengenwirkung vom Konkurrenten egalisiert werden. Dies stabilisiert Kollusion.

Hinzu kommt für die nächsten Jahre ein anderer mobilfunkspezifischer Aspekt. Auf anderen kollusionsgefährdeten Märkten können die Preise im Zeitablauf nicht nur aufgrund exogener Faktoren (Nachfrage- und Inputpreisänderungen), sondern auch aufgrund von Schwankungen der Kollusionsdisziplin steigen und fallen. Beim Mobilfunk wird für die 90er Jahre eine generelle Preissenkungstendenz erwartet. Eine gemeinsame Preiserhöhung nach abgebröckeltem Kollusionspreis, wie dies für zahlreiche kollusive Märkte zu beobachten ist, wäre nur schwer zu realisieren. Wenn eine Preissenkung als nicht-revidierbar gilt, ist sie auch weniger wahrscheinlich. Im deutschen Mobilfunkmarkt werden die Telekom und Mannesmann Betreiber deshalb hauptsächlich bestrebt sein, ein zu schnelles Fallen der Preise zu vermeiden. Diese Strategie würde vor allem dann in Gefahr geraten, wenn sich die Marktanteile stark unterschiedlich entwickeln sollten.[21]

3.4.3 Markteintrittsbarrieren

Markteintrittsbarrieren sind keine hinreichende, wohl aber eine notwendige Bedingung für Kollusion. Mit anderen Worten: Die Existenz von Markteintrittsbarrieren sagt nicht, daß Kollusion stattfindet, aber ohne Markteintrittsbarrieren wären Kollusionsversuche nicht erfolgreich.

Als Markteintrittsbarrieren werden alle Faktoren bezeichnet, die einen Markteintritt verhindern und damit das Weiterbestehen von Ineffizienzen ermöglichen (vgl. 4.2.3). Die Markteintrittsbarrieren können qualitativ in drei Gruppen unterteilt werden. (1) Institutionelle Markteintrittsbarrieren entstehen insbesondere durch staatliche Regelungen verschiedener Art, beim Mobilfunk insbesondere durch die Lizenzierung und die administrative Frequenzvergabe. (2) Zu den strukturellen (oder natürlichen) Markteintrittsbarrieren gehören z.B. Nachfragevorteile etablierter Unternehmen, Lernkurven-Effekte, irreversible Investitionen etc. (3) Unter strategischen Markteintrittsbarrieren versteht man Praktiken etablierter Unternehmen,

---

21 Für das konkrete GSM-Dyopol in der BRD ist außerdem zu berücksichtigen, daß das baldige Erscheinen von E1 auf dem Markt bereits seine Schatten vorauswirft. D1 und D2 werden also ein Interesse daran haben, den Markt bis dahin schon möglichst weit für sich zu erschließen.

die darauf gerichtet sind, den Eintritt für Newcomer zu erschweren oder unmöglich zu machen.[22]

Angenommen, es bestünden keinerlei Markteintrittsbarrieren. Wenn Newcomer eintreten, ist es für diese leicht, einen eventuell kollusiv überhöhten Preis zu unterbieten. Wenn ein effizienter Newcomer U_N mit einem Preis P_N eintritt, für den $DK_E < P_N < P_M$ gilt (vgl. Abb. 3.2 in 3.3.2), wird er Gewinne machen. Diese Gewinne können umso höher sein, je weiter der kollusive Preis über dem Wettbewerbsniveau liegt. In dem Maße könnten dann sogar Newcomer Gewinne erzielen, die Skalenineffizienzen wegen suboptimaler Betriebsgröße aufweisen. Die Wahrscheinlichkeit, daß Newcomer angelockt werden, steigt mit dem Umfang der kollusiven Preisüberhöhung.

Falls die Etablierten bei ihrem Kollusionspreis blieben, würden die Newcomer bald den Gesamtmarkt beliefern. Erstere wären also gezwungen, ihren Preis zu senken, was unter den genannten Bedingungen zum Wettbewerbspreis P_E führen würde. Die etablierten Anbieter werden sich dieser Tatsache auf offenen Märkten bewußt sein und mit kollusiven Preisanhebungen zurückhaltend sein (potentielle Konkurrenz).

Die Eintrittsbarrieren erleichtern die Herausbildung einer Kollusion, sichern eine bestehende gegen Störungen durch potentielle Newcomer ab und tragen zur internen Stabilität bei. Je geringer die Marktschranken sind, desto schwieriger ist es, die anfangs geschilderten endogenen Kollusionsprobleme zu überwinden, und desto geringer ist c.p. die Wahrscheinlichkeit für Kollusion. Dies ist ein wesentlicher Grund dafür, daß auf vielen Märkten trotz ansonsten kollusionsfördernder Bedingungen der effektive Preis nahe am Wettbewerbsniveau liegen wird. Die Situation ist völlig anders, wenn so hohe Markteintrittsbarrieren bestehen, daß Newcomereintritt praktisch ausgeschlossen werden kann.

---

22 Z.B. strategische Überkapazität, predatory pricing, strategische Ressourcenmonopolisierung etc. Letzteres kann zum Beispiel beim Mobilfunk relevant sein, wenn die etablierten Unternehmen den Frequenzerwerb durch Newcomer zu verhindern suchen.

Beim Mobilfunk in der Bundesrepublik und anderen Ländern bestehen, ungeachtet zusätzlicher struktureller und strategischer Markteintrittsbarrieren, praktisch unüberwindliche institutionelle Markteintrittsbarrieren für Newcomer durch die Art der Lizenz- und der Frequenzvergabe. Damit ist die Frage bereits beantwortet: Auf den gegenwärtigen Mobilfunkmärkten besteht keine potentielle Konkurrenz, die die Kollusion destabilisieren könnte. Markteintritt kann nur durch neue Lizenzvergaben der Regulierungsbehörde erfolgen, was diese umso wichtiger macht.

3.4.4 Irrelevanz von Verdrängungsstrategien

Unter Verdrängungsstrategien werden aggressive Verhaltensweisen zur Marktanteilssteigerung, insbesondere über den Parameter Preis, verstanden, die auch unter Inkaufnahme von Verlusten darauf zielen, Konkurrenten vom Markt zu verdrängen, aufzukaufen oder zu disziplinieren. Dies gilt insbesondere in engen Märkten und namentlich im Dyopol, da hier der marktstrukturelle Effekt besonders signifikant ist. Es besteht grundsätzlich die Chance, über eine Verdrängung des Konkurrenten eine Monopolstellung zu erlangen, um später entsprechende Monopolrenten abzuschöpfen. Die Verdrängung eines Konkurrenten als eigenständigem Wettbewerber kann auch im Aufkauf des betreffenden Unternehmens bestehen bzw. in der Übernahme der Führungsrolle bei einer Fusion beider Unternehmen.

Von Ausnahmefällen abgesehen, wird für eine aggressive Marktanteilsstrategie nur ein Unternehmen in Frage kommen, das im Vergleich zum Konkurrenten relativ effizient produziert. Die Absicht und Möglichkeit einer erfolgreichen Verdrängungsstrategie bewirkt dann Anreize zu effizienter Produktion und zu offensivem Parametereinsatz. Dies würde eine Kollusion obsolet machen.

Das Gegenstück für die Möglichkeit zu einer aktiven Verdrängungsstrategie ist die Gefahr, seinerseits vom Konkurrenten verdrängt zu werden. Dies würde in einem Marktaustritt resultieren, der in der Regel verlustreich ist, gegebenenfalls in einem Konkurs oder in einer Übernahme durch den erfolgreicheren Konkurrenten zu unvorteilhaften Konditionen. Die Gefahr, bei minderem Markterfolg verdrängt zu werden, liefert wesentliche Anreize zur Effizienz und zum Kampf gegen Marktanteilsverluste.[23] Nur ein ineffizientes Unternehmen läßt bei seinem Konkurrenten die Erwartung entstehen, dieses mit vertretbaren Kosten verdrängen oder disziplinieren zu können, während bei einem effizienten Ziel-Unternehmen eine solche Strategie teuer würde. Die Vermeidung einer Existenzgefährdung ist eine wesentliche Antriebsfeder für Effizienz.

Ist nun unter den konkreten Bedingungen des deutschen Mobilfunkdyopols eine Verdrängung möglich bzw. zu erwarten? Wir unterscheiden für die Antwort (1) allgemeine ökonomische Faktoren und (2) mobilfunkspezifische institutionelle Bedingungen für die Bundesrepublik.

(1) Zwei Faktoren weisen zunächst in die Richtung einer Verdrängungsmöglichkeit. Erstens besteht zwischen den Unternehmen bezüglich der Neukunden eine potentiell hohe Reaktionsinterdependenz. Wenn es einem Betreiber gelingt, den überwiegenden Teil der Neukunden zu gewinnen, gelangt er stärker in die Durchschnittskostendegression als sein Konkurrent. Zweitens bestehen hohe Markteintrittsbarrieren. Diese sind eine unabdingbare Voraussetzung dafür, daß sich eine kostenintensive Verdrängungsstrategie unternehmerisch überhaupt lohnen kann. Nur dann nämlich könnten durch spätere Monopolgewinne die Verdrängungskosten amortisiert werden, während ohne genügend hohe Markteintrittsbarrieren Newcomer auftauchen würden, die das aggressive Unternehmen um den Lohn seiner Verdrängung bringen würden.

Dennoch ist im Mobilfunk kein Verdrängungswettbewerb zu erwarten. Eine Verdrängungsstrategie ist hier besonders teuer wegen der hohen Markt*aus*trittsbarrieren des Konkurrenten. Diese resultieren aus den anfangs erfolgten irreversiblen Investitionen in die Netzinfrastruktur und die Marktentwicklung. Je größer die Differenz zwischen totalen und irreversi-

---

23 Dies gilt dann in verstärktem Maße, wenn das Unternehmen sich in der relevanten Entscheidungssituation im Bereich mengenabhängiger Stückkostendegression befindet, was hier sowohl langfristig (Skaleneffekte) als auch kurzfristig (Kapazitätsauslastung) relevant sein kann.

blen Kosten ist, desto eher ist es für das passive Unternehmen rational, trotz anfallender Buchverluste am Markt zu bleiben, solange noch die reversiblen Kosten gedeckt und ein Beitrag zur Deckung der irreversiblen Kosten erwirtschaftet wird.

(2) Für die konkrete Situation in der Bundesrepublik bestehen außerdem institutionelle Markt*aus*trittsbarrieren durch die Verpflichtung zum Betrieb des Netzes aus dem Lizenzvertrag. Wenn ein Angreifer den Marktaustritt seines Konkurrenten aus den genannten ökonomischen Gründen nicht erwarten kann, kommt als Ziel von aggressiven Strategien allenfalls dessen Übernahme in Frage. Dies wiederum würde direkt mit dem deutschen Kartellrecht kollidieren, das heißt das Kartellamt würde die Fusion untersagen, um die Entstehung eines Monopols zu verhindern.

Außerdem bedeutete eine erfolgreiche Verdrängung unter den bestehenden institutionellen Bedingungen der Frequenzvergabe natürlich nicht, daß der Verdränger die freiwerdenden Frequenzen bekäme. Im Gegenteil wäre die Regulierungsbehörde geradezu gezwungen, diese an Dritte zu vergeben, um den Wettbewerb auf dem Markt wiederherzustellen. Mit dieser Erwartung wäre eine Verdrängungsstrategie vollends obsolet.

Darüberhinaus scheiden Verdrängungsstrategien in der Bundesrepublik vermutlich schon deshalb aus, weil D1 für Mannesmann wegen der Telekom-Ressourcen praktisch nicht verdrängbar wäre und die Telekom sich eine eigene Verdrängungsstrategie gegenüber D2 aus polit-optischen Gründen nicht leisten könnte.

Fazit: Unter den zukünftigen Mobilfunkbedingungen in der Bundesrepublik ist eine Verdrängungsstrategie für keinen der beiden Dyopolisten rational, was ein offensives Marktverhalten demotiviert und andererseits auch die Furcht vor einem Verdrängtwerden beseitigt. Diese Tatsache stabilisiert die Erwartung, mit genau diesem einen Unternehmen noch für längere Zeit in enger Marktinterdependenz zu leben, was die Kollusionswahrscheinlichkeit erhöht.

3.5 Kapazität, Frequenzen und Kollusion

3.5.1 Kapazitätskollusion

Bisher wurde in diesem Kapitel die Kapazität, die die pro Periode produzierbare Menge nach oben begrenzt, als konstant angenommen. Bei derartigen Analysen bestehen dann keine kostenmäßigen Verknüpfungen mit anderen Perioden, die in das Kalkül einzubeziehen wären. Dies ist bei Kapazitätsveränderungen jedoch der Fall, wenn man davon ausgeht, daß diese mit Investitionen verbunden sind, die zum Teil irreversibel sind (vgl. 4.2.3). Wenn Investitionen die Kosten mehrerer Perioden beeinflussen, gehen periodenübergreifende Überlegungen in die Entscheidungen ein.

Wenn man, wie in Abschnitt 3.4, die bestehende Kapazität als konstant in Höhe der ökonomisch effizienten Kapazität Y_E (Menge X_E) annimmt (vgl. Abb. 3.2), führt eine Preiskollusion zu einer Kapazitätsunterauslastung und zu erhöhten kurzfristigen Stückkosten. Die so entstehende Leerkapazität ist eine notwendige Bedingung dafür, daß überhaupt Cheating-Anreize vorhanden sein können, da anderenfalls keine Absatzsteigerung möglich wäre. Wenn jedoch in einem Markt über längere Zeit Kollusion besteht, warum sollten die Unternehmen dann Überkapazitäten halten?[24] Insbesondere im Wachstumsprozeß ist es dann wenig plausibel, daß die Unternehmen größere Kapazitäten aufbauen als zur Produktion ihres effektiven Absatzes erforderlich.

Wenn zwischen den Unternehmen ein Einverständnis besteht, ihre Kapazität zu limitieren, um höhere Preise als unter effektivem Wettbewerb zu realisieren, bezeichnen wir dies als Kapazitätskollusion. Es schließt den praktisch relevanten Fall ein, daß im Wachstumsprozeß die Kapazitäten nicht auf Vorrat ausgeweitet werden. Wir können den Extremfall der Kapazitätskollusion auch die ultimative Gewinnmaximierung nennen, da es auf der Erreichung des Monopolpunktes unter langfristigen Bedingungen beruht, das heißt wenn alle Kostenbedingungen variabel sind.

---

24 Das Motiv, Überkapazitäten als strategische Markteintrittsbarriere zu halten, wird anschließend erörtert.

Beim Mobilfunk ist die Kapazität mit dem Qualitätsparameter Blockierrate[25] verknüpft, das heißt eine höhere Kapazität des Netzes reduziert bei gegebener Teilnehmerzahl die Blockierrate. Wir gehen im folgenden zur Vereinfachung der Analyse davon aus, daß die Blockierrate konstant gehalten wird und Kapazitätsengpässe entsprechend der kurzfristigen Angebotsfunktion Preiseffekte nach sich ziehen.

Bei einer kollektiv-monopolistischen Kapazitätsfestsetzung besteht der erste wesentliche Unterschied zur Preiskollusion (Cournotpunkt C mit P_M und X_M) darin, daß die entscheidungsrelevante Kostenfunktionen hier die *langfristige* Grenzkostenfunktion ist (statt der KGK). Entsprechend wird der Cournotpunkt C^* hier durch den Schnittpunkt der Grenzerlös- mit der *langfristigen* Grenzkosten-Kurve (GE=LGK) determiniert. In Abb. 3.7a ist dies der Schnittpunkt H (mit der Menge X_H ($X_H < X_M$) und dem Cournotpreis $P_C > P_M$.

Der Cournotpreis ist bei Kapazitätskollusion also höher und die Menge geringer als bei Preiskollusion. Ebenso gilt für den Gewinn G^* (Rechteck JA^*C^*H) $G^* > G_M$. Bei Kapazitätskollusion gelten wegen der fehlenden Kostenimplikationen einer Mengenreduzierung auch andere Isogewinnlinien als die in den früheren Abbildungen eingezeichneten. Der Punkt C^* impliziert einen allokativen Wohlfahrtsverlust im Umfang des Dreiecks HC^*E.

Die Gesamtkapazität am Markt beträgt jetzt also Y_H, das heißt y_H für jedes einzelne Unternehmen (Abb. 3.7 b). Bei der Marktnachfrage N_1 und einer Angebotskapazität Y_H wird sich bei "freiem Wettbewerb" (d.h. ohne zusätzliche Preisverabredung) der Preis p_C einstellen, der für das Anbieterkollektiv unter den gegebenen Bedingungen kurz- und langfristig gewinnmaximal ist. Bei der Kapazität Y_H bestehen für die Unternehmen keine egoistischen Anreize zur Preissenkung, da ihre individuellen Kapa-

---

25 Die Blockierrate bezeichnet die Wahrscheinlichkeit, daß ein Gespräch nicht zustande kommt, weil zum betreffenden Zeitpunkt an irgendeiner relevanten Stelle der Netzinfrastruktur keine freie Kapazität mehr vorhanden ist.

zitäten bereits voll ausgelastet sind und Preissenkungen zu Gewinnminderungen führen.

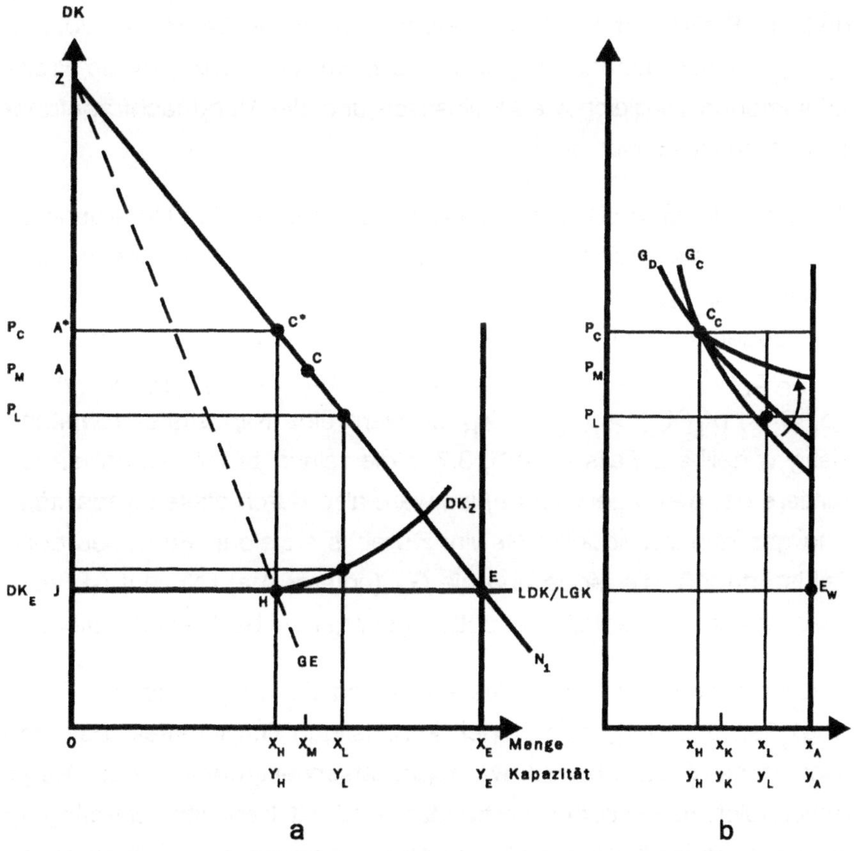

Abb. 3.7 : Kapazitätskollusion und Zellteilung

Für eine Mengenerhöhung müßte ein Unternehmen U_A also seine Kapazität ausweiten. Bei Kapazitätskollusion nennen wir dies analog zu vorher Kapazitätscheating. Angenommen, U_A will den Preis auf P_L senken und weitet die Kapazität von y_H nach y_L aus (Abb. 3.7 b). Die Mengenausweitung ist auf die Kapazität x_L begrenzt und erfolgt nicht wie vorher auf x_A. Der Preis-Mengen-Zusammenhang orientiert sich jetzt an der Elastizität der Marktnachfragefunktion, nicht wie vorher an der der individuellen Preisabsatzfunktion. Also ist der für eine bestimmte Mengenausweitung erforderliche Preiseffekt P_C-P_L wesentlich stärker als bei Preiskollusion. Dies gilt quantitativ besonders gravierend beim Mobilfunk, wo die Preisabsatzfunktionen vergleichsweise elastisch und die Marktnachfragefunktionen ziemlich inelastisch sind.

Der Gewinneffekt ist in diesem Fall keineswegs sicher. Das Unternehmen U_A erzielt durch die neue Kapazität einen Brutto-Gewinnzuwachs in Höhe von $(p_L\text{-}DK_E)\cdot(X_L\text{-}X_H)$. Dem stehen die Gewinnminderungen aus der Preissenkung gegenüber, die für beide Dyopolunternehmen zusammen der Fläche $(p_C\text{-}p_L)\cdot X_H$ entsprechen, und für U_A demgemäß $(p_C\text{-}p_L)\cdot x_H$. Wenn also $(p_L\text{-}DK_E)\cdot(X_L\text{-}X_H) > (p_C\text{-}p_L)\cdot X_H$ ist, wäre eine Kapazitätsausweitung kurzfristig vorteilhaft. Falls in Abb. 3.7 b die relevante Isogewinnlinie G_D (der mittlere der drei unteren Äste) ist, wäre also durch dieses Kapazitätscheating gar kein individueller Gewinnzuwachs erzielbar. Falls dies doch der Fall ist, da z.B. die Isogewinnlinie G_C (unterer Ast) relevant ist, wäre der Cheatinganreiz jedenfalls wesentlich geringer als bei Preiskollusion.

Hinzu kommt, daß eine Kapazitätsausweitung (im Gegensatz zur Preissenkung) Zeit erfordert, also keinen kurzfristigen Gewinneffekt hat, und praktisch immer öffentlich wird. Da Kapazitätserweiterungen in der Regel mit irreversiblen Investitionen verbunden sind, ist Kapazitätscheating im Gegensatz zu Preischeating nicht kurzfristig revidierbar, und auch mittelfristig nur zu höheren Kosten. Cheating wäre hier also noch weniger zu erwarten als bei Preiskollusion. Eine Kapazitätskollusion wäre stabiler.

Demnach müßte also für viele Märkte zu erwarten sein, daß Kapazitätskollusion stattfindet. Dies ist in engen Märkten auch insgesamt ein schwerwiegenderes Problem für die Wettbewerbspolitik als die Preiskollusion. Daß Kapazitätskollusion nicht noch häufiger praktiziert wird, liegt insbesondere an der Verletzbarkeit durch Newcomer-Markteintritte.

In normalen Märkten erfolgt bei preiswirksamer Kapazitätskollusion mit großer Wahrscheinlichkeit ein Markteintritt. Es bestehen dann nämlich wegen unbefriedigter Nachfrage und hohen Preisen gute Gewinnmöglichkeiten für Newcomer. Das Markteintrittsrisiko ist weit geringer als bei Preiskollusion, da die Etablierten wegen fehlender Reservekapazitäten ihre Menge nicht zu marktstrategischen Zwecken ausweiten können.

Beim Mobilfunk bestehen aber hohe institutionelle Markteintrittsbarrieren, so daß das Newcomer-Argument hier entfällt. Kapazitätsentscheidungen sind prinzipiell mit einem geringeren Transaktionskostenaufwand zu koordinieren. Bei Erhöhung der Marktnachfrage im Zeitablauf genügt es für die Unternehmen, die Anpassung der Marktkapazität laufend etwas zu verschleppen, um trotz aktuell bestehenden Wettbewerbs höhere Gewinne zu realisieren. Kapazitätskollusion ist im konkreten Fall für Branchenexterne nur sehr schwer festzustellen.

3.5.2 Kapazitätskollusion mit Frequenzrestriktionen

Angenommen, die bisherige Kapazität Y_H wird auch durch die verfügbaren Frequenzen limitiert. Dann wäre eine Kapazitätsausweitung nur möglich, wenn das Unternehmen ein höheres Maß an Zellteilung realisiert, das heißt in mehr und kleinere Zellen investiert. Dies erhöht jedoch die Durchschnittskosten. Der relevante Ast der LDK wäre dann ansteigend (wie DK_Z in Abb. 3.7 a eingezeichnet). Dies reduziert entsprechend die Gewinnmöglichkeiten für Kapazitätscheating (Verschiebung der Isogewinnkurvenverläufe in Abb. 3.7 b). Als Resultat folgt daraus, daß die Cheatinganreize noch geringer sind und somit eine noch höhere Kollusionsstabilität zu erwarten ist.

3.5.3 Probleme der festen Frequenzverteilung

Ein Grundprinzip der bisherigen Praxis der Frequenzvergabe ist die gleiche Frequenzausstattung beider Betreiber, das heißt alle verfügbaren

Frequenzen werden 1:1 auf beide Betreiber aufgeteilt. Dies dient der Herstellung fairer Konkurrenzbedingungen und erscheint insofern plausibel, ist für die Wettbewerbsintensität und die Effizienz aber keineswegs unproblematisch, was in verschiedenen Punkten kurz skizziert werden soll (vgl. Abb. 3.8).

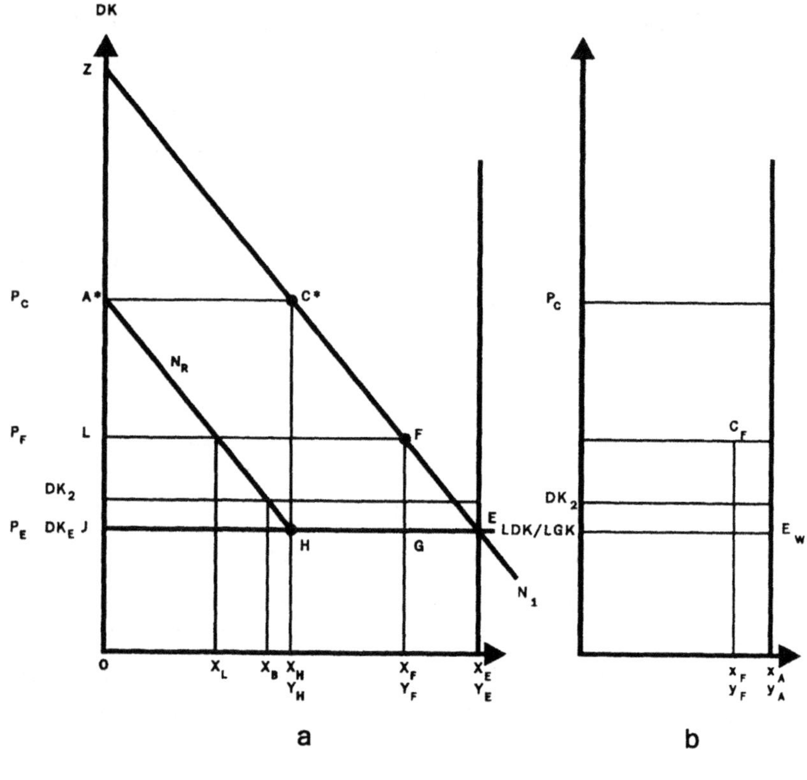

Abb. 3.8 : Preissetzung bei fixer Frequenzverteilung

1. Angenommen, die Frequenzen sind fest zugeteilt und so knapp, daß die Kapazität auf Y_F (Menge X_F) begrenzt ist ($Y_H < Y_F < Y_E$). Es entsteht dann schon ohne jegliche Kollusion der Betreiber eine Frequenzrente

JLFG (vgl. 5.2). Darüberhinaus wird es damit den Betreibern erleichtert, durch Kollusion den Preis über P_F hinaus anzuheben. Die frequenzbedingte Kapazitätsgrenze limitiert nämlich die mittels Preisunterbietung erzielbaren Absatzsteigerungen und reduziert damit die Cheatinganreize.

2. Angenommen, die verfügbaren Frequenzen erlauben eine Produktionsmenge X_E (Abb. 3.8 a). Bei 1:1-Verteilung kann jeder somit die Menge x_A (Abb. 3.8 b) produzieren. Weiter angenommen, U_A produziere technisch effizient, das heißt seine Durchschnittskosten bei Vollast entsprechen den LDK. U_B produziere technisch ineffizient mit Vollast-Stückkosten von DK_2. Die primäre Folge ist, daß bei einem kollusiven Marktpreis P_F der Gewinn von U_B um $x_A \cdot (DK_2\text{-}DK_E)$ (technische Ineffizienz) geringer ist als für U_A. Es folgen daraus aber keine Marktanteils-Gewinne des effizienteren Unternehmens, wie das sonst der Fall wäre.

Auf normalen Märkten entstünde aus der Kostendifferenz ein Anreiz für das effizientere Unternehmen, den Preis zu senken, um seinen Marktanteil zu erhöhen und den Konkurrenten gegebenenfalls vom Markt zu verdrängen. Dies ist hier nicht der Fall. Angenommen, U_A würde den Preis auf DK_E senken. Da er aber nur die Menge x_A produzieren kann, resultiert für U_B im ungünstigsten Falle eine Rest-Nachfragefunktion (Preisabsatzfunktion) A*H, die aus der Markt-Nachfragefunktion durch Linksverschiebung um x_A entsteht. U_B könnte kostendeckend die Menge X_B anbieten oder - was vorteilhafter ist - z.B. die Menge X_L zum Preis P_F.[26] Dabei würde das ineffiziente Unternehmen einen Gewinn $(P_F\text{-}DK_2) \cdot X_L$ machen, obwohl sein effizienterer Konkurrent den Minimalpreis P_E setzt. Wegen dieses Ergebnisses hat also U_A keine Anreize zur Preissenkung und wird auf einem kollusiv überhöhten Preis verbleiben.

Der dargestellte Effekt wird durch Zellteilung des U_A nur in Grenzen reduziert. Die dadurch erhöhte Menge führt zu einer stärkeren Linksverschiebung der Rest-Nachfragefunktion für U_B. Da die Zellteilung jedoch die

26 Wenn weitere Kostennachteile durch unausgeschöpfte Kapazitäten entstehen , wird dieser Effekt abgeschwächt, aber nicht unbedingt beseitigt.

Durchschnittskosten des U_A erhöht (vgl. DK_Z in Abb. 3.7 a), wird sein Kostenvorteil irgendwann obsolet .

Dieses Ergebnis ist direkt auf die effizienz-unabhängige Frequenzvergabe der Regulierungsbehörde zurückzuführen. Wenn schon keine pretiale Frequenzvergabe erfolgt, wodurch U_A Anreize zu erhöhtem Frequenzerwerb zur Mengenausweitung haben könnte, bliebe immer noch die Möglichkeit für die Regulierungsbehörde, die Frequenzvergabe nach der erstellten Mobilfunkmenge (Marktanteil) zu differenzieren.

Kapitel 4

Lizenzierung und Ordnungspolitik

4.1 Lizenzierung als Instrument der Regulierung

Unter einer Lizenz wird im folgenden die Erlaubnis für eine bestimmte ökonomische Aktivität verstanden. Lizenzierung ist die Gesamtheit aller staatlichen Maßnahmen, die mit der Vergabe bzw. Verweigerung von Lizenzen zu tun haben. Lizenzierung ist nur sinnvoll zu betrachten, wenn für eine bestimmte ökonomische Aktivität eine Lizenzpflicht besteht, d.h. ohne eine Lizenz die betreffende ökonomische Aktivität nicht möglich ist. Die Lizenzierung beinhaltet erstens eine Marktzugangsschranke und zweitens häufig auch eine Regulierung anderer Parameter, indem die Erfüllung bestimmter Auflagen zur Voraussetzung der Vergabe einer Lizenz gemacht wird.

Unter einer Marktzutrittsschranke wird im folgenden jede institutionelle Hürde verstanden, die vor Aufnahme einer bestimmten ökonomischen Aktivität bzw. vor Eintritt in einen Markt überwunden werden muß.[1] Diese Marktzutrittsschranke kann überwunden werden, wenn die entsprechende Lizenz erworben wird. Hinsichtlich der Gestaltung können drei Arten der Lizenzierung unterschieden werden, nämlich (a) formale, (b) qualitative und (c) quantitative.

(a) Eine formale Lizenzierung ist eine solche, die nur eine Registrierung beinhaltet und keine materielle Hürde darstellt. Die Aufnahme einer bestimmten ökonomischen Aktivität bzw. der Eintritt in den betreffenden Markt sind im Prinzip frei.

---

1 Die Definition ist also unabhängig davon, ob damit Ineffizienzen verbunden sind oder nicht, was bei der Definition der Markteintrittsbarriere Begriffsbestandteil ist. Vgl. 4.2.3. Der Begriff der Markteintrittsschranke ist auch unabhängig davon, wie leicht eine solche Schranke überwunden werden kann.

(b) Unter einer qualitativen Lizenzierung ist eine Lizenzvergabe zu verstehen, die immer dann erfolgt, wenn bestimmte qualitative Produktmerkmale oder Qualifikationsmerkmale des Anbieters erfüllt sind.[2] Auf diese Weise erhält jeder, der das entsprechende Kriterium erfüllt, quasi automatisch eine Lizenz.

Wie restriktiv eine derartige Barriere für einen konkreten Markt wirkt, hängt von der Höhe des geforderten Kriterienwertes ab. Auch eine qualitative Lizenzierung kann de facto eine rein formale Angelegenheit sein, wenn die qualitative Anforderung gering angesetzt wird. Sie könnte aber auch eine prohibitive Marktzugangsschranke darstellen, wenn das qualitative Kriterium sehr anspruchsvoll ist. Wie dies ökonomisch zu beurteilen ist, hängt im wesentlichen davon ab, ob die Vergabekriterien hinsichtlich der Präferenzen der Kunden adäquat sind.

(c) Bei quantitativer Lizenzierung werden die auszugebenden Lizenzen oder das mengenmäßige Angebot zahlenmäßig begrenzt. Die Lizenz kann einerseits anbieterbezogen sein, d.h. die Eigenschaft als Anbieter ist lizenzpflichtig. Es kann sich aber auch um eine kapazitäts- oder mengenbezogene Lizenz handeln. Dabei erhalten die Anbieter die Erlaubnis, eine bestimmte Menge anzubieten bzw. eine bestimmte Kapazität bereitzuhalten.

Anbieterbezogene, quantitative Lizenzen beeinflussen direkt die Marktstruktur, d.h. sie begrenzen die Anbieterzahl nach oben (objektive Marktzugangsschranken). Die Anzahl derartiger Lizenzen kann in einigen Fällen in die Tausende gehen. Es kann sich aber auch um ganz wenige und im Extremfall nur um eine einzige Lizenz handeln. Im letzteren Falle spricht man von einem institutionellen Monopolvorbehalt bzw. einer Monopollizenz.

Kapazitäts- oder mengenbezogene Lizenzen begrenzen direkt oder indirekt die Angebotsmenge mit den entsprechenden Wirkungen auf die sich

2 Man spricht auch von subjektiven Marktzugangsschranken. Hierzu gehört die Vielzahl von qualitativen Mindestanforderungen an Produkte (z.B. bestimmte Sicherheitsstan-

dann bildenden Preise, was in der Regel auch das eigentliche Interesse der Lizenzgeber ist. Entsprechende Ergebnisse können jedoch häufig auch bei anbieterbezogener Lizenzierung erreicht werden, wenn dies mit bestimmten Inputs verbunden ist, wie es z.B. im Mobilfunk hinsichtlich der Frequenzen der Fall ist. Bisher werden mit einer Mobilfunklizenz in der Regel bestimmte Frequenzen zugeteilt, die insofern grundsätzlich die Angebotsmenge begrenzen.[3]

Wenngleich für die Regulierung von Wettbewerbsmärkten die qualitative Lizenzierung den häufigsten Fall darstellt, interessiert für den Mobilfunk vor allem die härtere Intervention der quantitativen Lizenzierung. Wir werden uns für das Folgende auf diese beschränken, so daß mit Lizenzierung jetzt immer eine quantitative Lizenzierung gemeint ist. Hierbei ist insbesondere die Frage relevant, wieviele Lizenzen vergeben werden, wovon dies abhängt und nach welchen Kriterien die Lizenzierung konkret erfolgt.

Bei quantitativer Lizenzierung sind vor allem zwei Fragen von Interesse. Erstens die Festlegung der Lizenzzahl, was im folgenden noch ausführlicher erörtert wird. Es geht hier aber grundsätzlich nur um wenige Lizenzen. Zweitens die Auswahl der Lizenznehmer, bei der zwischen diskriminierender und nicht-diskriminierender Vergabe zu unterscheiden ist (vgl. 4.5).

Nicht-diskriminierende Vergabe bedeutet, daß alle Bewerber prinzipiell gleiche Chancen haben, d.h. nicht aufgrund individueller Identität bevorzugt oder benachteiligt werden. Die Vergabe kann (a) pretial erfolgen, d.h in einer Auktionsform, oder (b) nicht-pretial, d.h. entweder nach bestimmten qualitativen Kriterien oder in Form einer Lotterie.

Eine diskriminierende Vergabe bedeutet, daß einige Bewerber aufgrund ihrer Identität Vor- oder Nachteile haben. Hier ist zu unterscheiden zwischen einer Prädesignierung, was in der Praxis beim Mobilfunk meistens

---

dards für Autos oder Häuser) oder Qualifikationsanforderungen an bestimmte Anbieter (z.B. Ärzte oder Rechtsanwälte).

3 Vgl. zur Problematisierung dieser Aussage und allgemein zur Rolle der Frequenzen als Kapazitätsbegrenzung Kapitel 5.

bedeutet, daß das etablierte Monopolunternehmen eine Lizenz erhält, und einer Vergabe nach intransparenten oder subjektiven Kriterien, nach politischer Opportunität oder ähnlichem.

Grundsätzlich stellt sich die Frage, ob es überhaupt Gründe für Lizenzierung beim Mobilfunk gibt, oder ob es nicht besser wäre, man würde freien Markteintritt zulassen. Dies ist insofern eine Teilfrage des allgemeineren Problems, ob im Mobilfunk ein staatlicher Regulierungsbedarf besteht. Der Regulierungsbedarf wird zunächst (4.2) für den klassischen Fall des Monopols untersucht, der eine Reihe von Konstrukten, die auch für die Wettbewerbslizenzierung relevant sind, deutlich werden läßt, und später (4.6) für den Mobilfunk. Der Abschnitt 4.3 behandelt (auch empirisch) das Lizenzierungsargument der Scale Economies.[4] Die Abschnitte 4.4 und 4.5 befassen sich mit den Fragen, wieviele Lizenzen vergeben werden und auf welche Weise dies geschehen sollte.

4.2 Natürliches Monopol und Lizenzierung

4.2.1 Natürliches Monopol, Subadditivität und Effizienz

Das Natürliche Monopol ist eine klassische Regulierungsbegründung. Die inhaltlichen Kernelemente finden sich bereits bei Mill und Chadwick.[5] Diese und viele nachfolgende Autoren verwenden das Konzept ausdrücklich ordnungspolitisch zur Begründung der Notwendigkeit staatlicher Regulierung, und zwar zunächst in der Gas- und Wasserversorgung, bei Eisenbahnen und später bei Telegraphen- und Elektrizitäts-Unternehmen. Zusätzlich zu diesen werden heute noch Kabelfernsehen und Telefon (im Ortsnetz), Briefzustellung, Müllabfuhr, Kanalisation, U-Bahnen etc. zu den Natürlichen Monopolen gezählt und mit diesem Argument reguliert.

---

4 Das für den Lizenzierungsbedarf zentrale Argument der Frequenzvergabe wird dagegen erst in Kap. 5 im Kontext anderer Frequenzprobleme analysiert.

5 Vgl. MILL (1848), CHADWICK (1859) und für weitere Hinweise KRUSE (1985), S. 19ff.

Die relevanten normativen und ordnungspolitischen Fragen bezüglich des Natürlichen Monopols lauten: Gibt es ökonomische Effizienzgründe, warum ein bestimmter Sektor monopolistisch strukturiert sein sollte? Und wenn das der Fall ist, folgt daraus ein Regulierungsbedarf?

In der ökonomischen Theorie wird ein Natürliches Monopol definiert durch das Vorhandensein von Subadditivität in der Kostenstruktur. Die Subadditivität der Totalkosten ist dann gegeben, wenn ein bestimmter Output von einem einzelnen Unternehmen zu geringeren Totalkosten produziert werden kann als von irgendeiner größeren Zahl von Unternehmen.[6] Es handelt sich dabei um einen hypothetischen Vergleich zwischen den Minimalkosten bei monopolistischer Produktion und denjenigen bei nicht-monopolistischer Produktion.

Formal kann die Definition für den Einprodukt-Fall so geschrieben werden: Es seien X die gesamte Produktionsmenge und x_i die Produktionsmenge des i-ten Betriebes (i=1...n), wobei

$X = x_1 + ... + x_i + ... + x_n$ gilt.

Subadditivität ist dann gegeben, wenn bei *jeder* denkbaren Aufteilung der Gesamtproduktion für die Totalkosten TK gilt:

$$TK(x_1 + ... + x_n) < TK(x_1) + ... + TK(x_n).$$

bzw. $$TK(X) < TK(x_1) + ... + TK(x_n).$$

Entsprechend lautet es für den einfachen und den allgemeinen Mehrprodukt-Fall: Für zwei verschiedene Produkte X und Y ist Sudadditivität gegeben, wenn

$$TK(X,Y) < TK(X) + TK(Y)$$

gilt (Economies of Scope). Für viele Produkte A, B... bis Z mit Einzelmengen (z.B.) $A = a_1 + .. + a_i + .. + a_n$ besteht Subadditivität, wenn für *jede* mögliche Aufteilung der Gesamtproduktion (A,B...Z) auf zwei oder mehr Betriebe gilt:

$$TK(A,B...Z) < TK(a_1,..,z_1) + ... + TK(a_n,.., z_n)$$

---

6 Vgl. BAUMOL/PANZAR/WILLIG (1982), Kap. 7, SHARKEY (1982), Kap. 4.

Anders ausgedrückt: Subadditivität der Totalkosten, und damit ein Natürliches Monopol, ist immer dann gegeben, wenn keine Aufteilung der Gesamtproduktion auf zwei oder mehr Betriebe existiert, die nicht zu höheren Gesamtkosten führt als bei Produktion in einem Betrieb.

Bei Subadditivität wäre die Produktion des Output durch konkurrierende Unternehmen also eine volkswirtschaftliche Ressourcenverschwendung - vorausgesetzt, daß die anderen Kosteneinflußgrößen nicht durch die Monopolstellung systematisch beeinflußt werden.

Der Begriff des Natürlichen Monopols ist unabhängig davon, ob die Marktform eines Monopols tatsächlich besteht oder nicht und kennzeichnet lediglich eine bestimmte Konstellation von Kosten- und Nachfragefunktionen. Seine Relevanz für einen Sektor kann dementsprechend mit einer Veränderung dieser Funktionen im Zeitablauf (technischer Fortschritt, Nachfragewachstum) obsolet werden .

Der ökonomische Kern des Phänomens Natürlicher Monopole sind die Economies of Scale. Es ist zwar gezeigt worden, daß durchgängige Scale Economies - wenngleich eine hinreichende - so doch keine notwendige Bedingung für Subadditivität sind.[7] Der Unterschied ist allerdings mehr von theoretischer, als von empirischer oder wirtschaftspolitischer Relevanz. Für wirtschaftspolitische Argumentationen wird das Natürliche Monopol durch das traditionelle Konzept weitreichender Scale Economies (vgl. 4.3.1) ausreichend erfaßt.

Eine gesicherte Monopolstellung eines unregulierten Unternehmens läßt verschiedene Ineffizienzen erwarten (vgl. 3.2). Die gewinnmaximalen Preise sind höher und die Mengen geringer als die allokativ effizienten Preise und Mengen. Der fehlende Konkurrenzdruck ermöglicht den Monopolunternehmen im Laufe der Zeit das Entstehen von technischen Ineffizienzen und Insiderrenten, die sich unter anderem in höheren Faktorentgelten, Personalbeständen, Repräsentationsaufwand etc. ausdrücken können. Außerdem haben Monopolisten weniger Anreize als wettbewerb-

---

7 Vgl. BAUMOL (1977), BAUMOL/PANZAR/WILLIG (1982), Kap. 7.

liche Unternehmen, die Präferenzen der Kunden zu evaluieren und die Produktionsentscheidungen an diesen zu orientieren, was qualitative Ineffizienzen erwarten läßt.

Die allokative Ineffizienz von Monopolstellungen ist das zentrale Argument für eine Preisregulierung, die in der Praxis meistens mit einer Marktzugangsregulierung verbunden wird. Die Monopolregulierung kann jedoch nicht vermeiden, ihrerseits Ineffizienzen zu verursachen, da sie die Preise nach Maßgabe der tatsächlichen Kosten der Unternehmen festlegt. Dies reduziert die Kostendisziplin der Unternehmen und führt im Laufe der Zeit zu immer größeren technischen Ineffizienzen.

Der entscheidende Aspekt ist hierbei die Unangefochtenheit der Monopolstellung durch institutionelle Markteintrittsbarrieren (Monopolvorbehalt). Welche Folgen wären zu erwarten, wenn diese aufgehoben würden, das heißt wenn die quantitative Lizenzierung abgeschafft würde?

4.2.2 Potentielle Konkurrenz, Bestreitbarkeit und Substitutions-Konkurrenz

Marktversagensargumente beziehen sich in der Regel auf eine vorgegebene Monopolstellung. Dies vernachlässigt, daß auch die potentielle Konkurrenz disziplinierende Wirkungen auf das etablierte Unternehmen entfalten kann. Ohne Schutz durch Marktbarrieren müßte das Monopolunternehmen fürchten, durch Newcomer unter Konkurrenzdruck gesetzt zu werden, was die Erlöse aufgrund von Mengen- und Preiseffekten deutlich reduziert. Das Unternehmen weiß, daß es die Markteintrittsdrohung umso weniger fürchten muß, je effizienter es produziert.

Die Folge dieser potentiellen Konkurrenz zeigt sich in Abb. 4.1 darin, daß der Punkt C in Richtung auf E verschoben wird (vgl. Punkt L) und zwar c.p. umso stärker, je geringer die Markteintrittsbarrieren sind. Je näher der Punkt L durch die Markteintrittsdrohung an E heranrückt, desto geringer ist nicht nur die allokative Ineffizienz, sondern auch der Spielraum für technische Ineffizienzen.

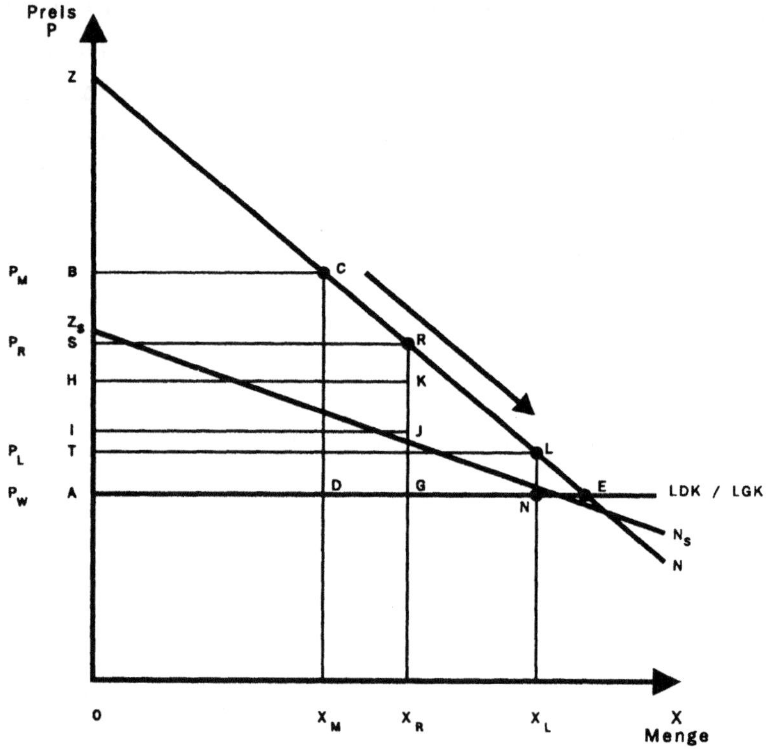

Abb. 4.1 : Potentielle und Substitutions-Konkurrenz im regulierten Monopol

Die potentielle Konkurrenz kann unter bestimmten Umständen ähnliche Effizienzwirkungen entfalten wie die aktuelle Konkurrenz. Wenn Markteintritt leicht möglich ist, wird auch ein Monopolist zu effizienter Produktion gezwungen. Überlegungen dieser Art sind im theoretischen Modell der "bestreitbaren Märkte"[8] formalisiert worden. Ein bestreitbarer Markt ist durch eine Reihe idealisierter Struktur- und Verhaltensprämissen definiert, vor allem durch vollkommen freien und kostenlosen Marktein- und -austritt. Es kann theoretisch gezeigt werden, daß unter den radikalen Bedingungen eines vollkommen bestreitbaren Marktes auch ein natürliches Monopolunternehmen technisch und allokativ effizient produzieren muß.

Die Erwartung, daß bei Subadditivität als Reaktion auf monopolistische Ineffizienzen ein Newcomer in den Markt eintritt, das etablierte Unternehmen im Preis unterbietet, die Marktnachfrage an sich zieht und dabei noch Gewinne macht, ist nur dann plausibel, wenn das etablierte Monopol auf wettbewerbliche Preissenkungsreaktionen verzichtet[9] und aus dem Markt austritt. Wie wir gleich sehen werden, ist ein solches Verhalten jedoch irrational, wenn seine Kostenstruktur wesentliche Irreversibilitäten aufweist.

Eine etwas andere Art des Effizienzdrucks geht von der Substitutionskonkurrenz bzw. von der intermodalen Konkurrenz aus. Angenommen, das Monopol bekäme Substitutionskonkurrenz von einer anderen Branche oder intermodale Konkurrenz von benachbarten Produkten. Dann würde die Nachfragefunktion, die beim Monopol mit der Preisabsatzfunktion des Monopolunternehmens identisch ist, elastischer werden, z.B. von N nach N_S in Abb. 4.1.

Dadurch werden sowohl im regulierten wie im unregulierten Monopol die Spielräume für Ineffizienzen, Produzenten- und Insiderrenten reduziert. Deshalb versuchen Monopolunternehmen und Regulierungsbehörden nach Möglichkeit, die Entstehung von Substitutionskonkurrenz zu verhindern bzw. sie in die Regulierung einzubeziehen.

---

8 "Bestreitbarer Markt" ist der deutsche Terminus für "contestable market". Vgl. BAUMOL/PANZAR/WILLIG (1982) und für weitere Hinweise KOLBE (1992).

9 Die Autoren der Contestable-Markets-Theorie unterstellen explizit, daß der Newcomer die Annahme unveränderter Preise der Etablierten macht.

4.2.3 Markteintrittsbarrieren, Irreversibilität und Monopolresistenz

Die Effizienzerwartung der potentiellen Konkurrenz ist nur in dem Maße relevant, wie Newcomereintritt nicht durch hohe Markteintrittsbarrieren verhindert bzw. unwahrscheinlich gemacht wird. Unter Markteintrittsbarrieren werden solche Faktoren verstanden, die den Eintritt eines potentiellen Newcomers erschweren oder ausschließen und damit das Weiterbestehen von Ineffizienzen ermöglichen.[10] Es sind drei Arten zu unterscheiden, nämlich institutionelle, strukturelle und strategische Markteintrittsbarrieren.

Institutionelle Markteintrittsbarrieren sind solche, die auf institutionellen Gegebenheiten, Gesetzen etc. beruhen. Hierzu gehören insbesondere alle regulierungsbedingten Markteintrittsbarrieren und die Lizenzierung. Strukturelle (bzw. natürliche)[11] Markteintrittsbarrieren beruhen auf solchen Nachfrage- und/oder Kostenbedingungen, die für das konkrete Markteintrittskalkül asymmetrische Bedingungen zwischen Etablierten und Newcomern erzeugen und die markteintrittserschwerend wirken. Strategische Markteintrittsbarrieren bestehen in besonderen Verhaltensweisen der etablierten Unternehmen bzw. deren glaubwürdiger Androhung[12] und dienen direkt dem Zweck, Newcomer vom Markteintritt abzuschrecken bzw. wieder zu verdrängen.

Eine strukturelle Markteintrittsbarriere entsteht gegebenenfalls durch die Irreversibilität. Die Irreversibilität ist ein wesentliches Element der unternehmerischen Kostenstrukturen, das deren kurzfristige Angebotsfunktio-

---

10 Vgl. zum Begriff der Markteintrittsbarrieren VON WEIZSÄCKER (1980), BAUMOL/PANZAR/WILLIG (1982), und für weitere Hinweise KOLBE (1992).

11 Der Begriff der natürlichen Markteintrittsbarrieren weist darauf hin, daß es sich dabei um normale Gegebenheiten realer Märkte handelt. Neben den Irreversibilitäten ist ein typisches Beispiel hierfür das habituelle Verhalten der Kunden, die etablierten Unternehmen gegenüber Newcomern auch bei objektiv gleichen Produkten und Preisen den Vorzug geben.

12 Entscheidend ist die Glaubwürdigkeit der Androhung, die gegebenenfalls durch besondere Commitments in Form irreversibler Investitionen erzeugt wird.

nen entscheidend determiniert.[13] Sie entsteht als Folge des verwendungsspezifischen Charakters mehrperiodig[14] zu nutzender Produktionsfaktoren (Investitionsobjekte).[15] Derartige Investitionsobjekte weisen in jeder anderen als der spezifischen Verwendung einen signifikant geringeren Wert auf.[16]

Die Höhe der Irreversibilität ist bestimmt durch die Differenz PW-LW, d.h. durch den Wertunterschied des Investitionsobjektes zwischen der geplanten (PW) und der "besten alternativen Verwendung" (LW) nach der Festlegung für den Fall, daß die geplante Verwendung ausfällt. In vielen Fällen wird LW nahe bei PW liegen, so daß keine nennenswerten Irreversibilitäten vorhanden sind. In anderen ist dagegen die Differenz PW-LW groß und damit die Irreversibilität hoch.

Die Relevanz der Irreversibilität als Markt*ein*trittsbarriere basiert auf ihrer Wirkung als Markt*aus*trittsbarriere, und zwar sowohl diejenige des Etablierten wie diejenige des Newcomers. Betrachten wir Abb. 4.2. Der etablierte Monopolist habe eine Kapazität K_1 installiert, von der wir annehmen, daß sie der MOS-Größe entspricht. Für die Kosten bei technisch effizienter Produktion (DK_E auf der LDK), wird unterstellt, daß sie zur Hälfte aus reversiblen (hier variablen) und zur anderen Hälfte aus irreversiblen (in der Abbildung gerastert) Kosten bestehen. Die Marktnachfragefunktion sei N_1.

---

13 Die Begriffe irreversible (oder versunkene) Investitionen bzw. Kosten umfassen im Kern die gleichen Sachverhalte, die in der angelsächsischen Literatur anhand der Begriffe sunk investments, sunk costs, sunk capital, asset specificity, quasi-Rents etc. erörtert werden. Vgl. KRUSE (1988), KANTZENBACH/KRUSE (1989).

14 Es wird im folgenden generell unterstellt, daß es sich dabei um langlebige Produktionsfaktoren handelt.

15 Der klassische Fall für eine irreversible Investition ist diejenige in eine spezialisierte Produktionsanlage. Daneben können jedoch auch viele andere Arten von Investitionen irreversibel sein, z.B. Aufwendungen für Forschung und Entwicklung, Humankapital, Goodwill, Werbekampagnen etc., also unabhägig davon, ob sie bilanzierbare Aktiva darstellen oder nicht.

16 Dies hängt von der tatsächlichen, alternativen Verwendbarkeit der Investitionsobjekte ab, so daß der Begriff der Irreversibilität jeweils zu differenzieren ist. Die hier relevante Marktirreversibilität ist gegeben, wenn alle "werterhaltenden" Verwendungen innerhalb des betrachteten relevanten Marktes liegen.

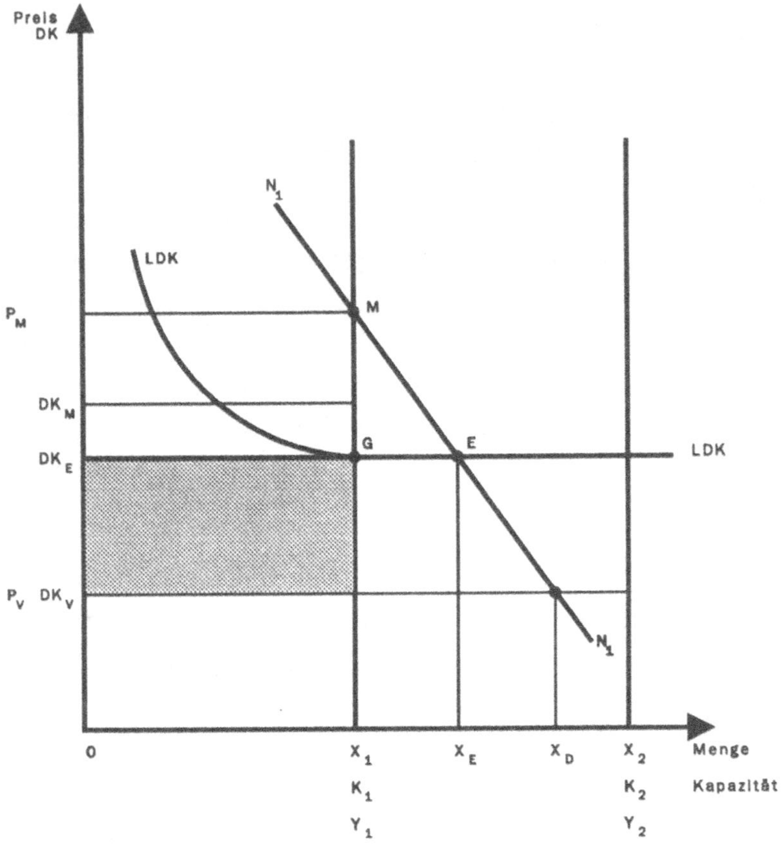

Abb. 4.2 : Markteintrittsresistenz im Monopol

Für das etablierte Monopolunternehmen wird angenommen, daß die tatsächlichen Durchschnittskosten DK_M betragen, d.h. es produziert technisch ineffizient (im Umfang $x_1 \cdot (DK_M - DK_E)$). Es gilt der Preis p_M, so daß eine Produzentenrente im Umfang $(p_M - DK_M) \cdot x_1$ entsteht. Der ökonomisch effiziente Punkt ist E und der Allokationsverlust entspricht dem Dreieck GME. Das Unternehmen produziert also technisch und allokativ ineffizient, was normalerweise Newcomer-Markteintritt ermöglichen müßte.

Der potentielle Newcomer geht davon aus, technisch effizient produzieren zu können. Dazu ist eine ausgelastete Kapazität von mindestens K_1 (MOS) erforderlich. Würde er mit einer solchen Kapazität in den Markt eintreten, würde sich die Marktangebotskapazität auf K_2 vergrößern.

Für das etablierte Unternehmen wäre die gewinnmaximale Reaktion die Unterbietung des Newcomerpreises, wenn wir davon ausgehen können, daß es nicht durch die Regulierung an einer Preissenkung gehindert wird. Solange der Preis noch oberhalb seiner variablen (reversiblen) Kosten DK_V liegt, erwirtschaftet er einen Deckungsbeitrag zu den ohnehin verausgabten irreversiblen Kosten. Auf diese Weise würde der Preis auf p_V fallen, d.h. es werden keine Deckungsbeiträge erwirtschaftet. Dennoch erfolgt kein Marktaustritt, da dies die buchmäßigen Verluste nicht reduzieren würde.

Der Newcomer wird diese Situation antizipieren und deshalb nicht in den Markt eintreten, da der Etablierte wegen seiner Irreversibilitäten nicht austreten wird.[17] Die Markt*aus*trittsbarriere des Etablierten durch dessen Irreversibilität bildet hier eine hohe Markt*ein*trittsbarriere für den Newcomer. Seine eigene Irreversibilität, die beim Markteintritt entstehen würde, hindert ihn daran, etwaig auftretende, kurzfristige Marktchancen wahrzunehmen, da er ebenfalls nicht ohne Verluste austreten könnte.

Irreversibilitäten bewirken generell in allen Märkten eine asymmetrische Entscheidungssituation zwischen Etablierten und Newcomern. Der Effekt als Markteintrittsbarriere ist aber nirgends so wirksam wie bei Subadditivität. Wenn derartige Barrieren Markteintritt verhindern, sprechen wir von der "Resistenz" des etablierten Unternehmens. Die Resistenz ist also umso größer, je höher die Irreversibilitäten sind. In dem Maße ist dann die potentielle Konkurrenz wirkungslos. Als Folge mangelnder wettbewerblicher Sanktionsmöglichkeiten sind bei Monopolresistenz dann die verschiedenen Arten von Ineffizienzen zu erwarten.

---

17 Dieser Effekt gilt für die ökonomische Lebensdauer der betreffenden Produktionsfaktoren und endet mit der Notwendigkeit einer Reinvestition.

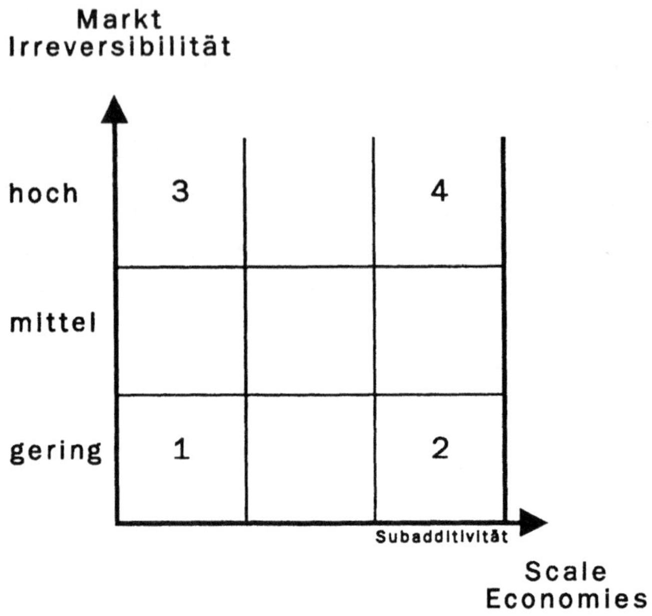

Abb. 4.3 : Marktirreversibilität und Subaddivität als ordnungspolitische Problemfaktoren

Die Abb. 4.3 skizziert den Zusammenhang der ordnungspolitischen Problemfaktoren. Die Abszisse zeigt nach rechts ansteigende Skaleneffekte mit dem gekennzeichneten Bereich der Subadditivität. Die Ordinate beinhaltet den Umfang der Marktirreversibilität. Die Felder 1 und 3 repräsentieren den Normalfall funktionierenden Wettbewerbs, wobei die Märkte in Feld 3 durch ein höheres Investitionsrisiko der Unternehmen gekennzeichnet sind, stärkere Preisreaktionen auf Nachfrageveränderungen zeigen und eventuell kurzfristige Anpassungsfriktionen aufweisen. Feld 2 umfaßt Natürliche Monopole, bei denen die Irreversibilität gering ist. Dies bedeutet, daß die potentielle Konkurrenz entsprechende Disziplinierungswirkungen auf die Effizienz des Angebots entfaltet. Solche Märkte lassen ebenfalls keine dauerhaften Funktionsmängel erwarten. Das Feld 4

(Kombination von hoher Marktirreversibilität und Subadditivität) kennzeichnet also den ordnungspolitischen Kern des Monopolproblems.

Dies bedarf noch einiger Relativierungen. Je heterogener und differenzierter die Präferenzen der Kunden sind,[18] umso wahrscheinlicher ist es, daß ein Newcomer eine alternative Produktpolitik findet, die einen profitablen Markteintritt ermöglicht, so daß der Resistenzbereich kleiner wird. Die Resistenz ist außerdem tendenziell umso geringer, je schneller der technische Fortschritt ist und je mehr sich die Präferenzen der Kunden im Zeitablauf verändern. In Sektoren, die sich in einer dynamischen Entwicklungsphase befinden (wie gegenwärtig z.B. die Telekommunikation), muß der etablierte Monopolist eher damit rechnen, daß irreversible Investitionen durch technischen Fortschritt oder Nachfrageänderungen entwertet werden und daß Newcomer in Erwartung *zukünftiger* Nachfrage- und Kostenbedingungen in den Markt eintreten.

Zusätzlich können weitere Markteintrittsbarrieren bestehen, namentlich Produktdifferenzierungs- und Lernkurven-Effekte. Außerdem wird jedes Monopolunternehmen selbst bestrebt sein, die eigene Resistenz zu sichern. Hierzu eignen sich neben effizienter Produktion verschiedene Strategien der Eintrittsabschreckung, z.B. mittels gezielter Überkapazität, interner Subventionierung der eintrittsgefährdeten Bereiche oder Monopolisierung von Inputfaktoren (z.B. Frequenzen). Strategische Markteintrittsbarrieren sind für die Deregulierungspolitik in Telekommunikationssektoren von eminenter Bedeutung.

---

18 Von heterogenen Präferenzen wird gesprochen, wenn sich die Präferenzen der Kunden untereinander signifikant unterscheiden. Differenzierte Präferenzen sind gegeben, wenn die qualitativen Unterschiede der Produkte starke Nutzenunterschiede für die einzelnen Kunden zur Folge haben. Dies bedeutet in aller Regel auch, daß die Höhe der Zahlungsbereitschaft stark von den Qualitätsmerkmalen abhängt.

4.2.4 Regulierungsbedarf im Monopol ?

Kann nun aus der vorangegangenen Analyse ein Regulierungsbedarf abgeleitet werden, und wenn ja, für welche Instrumente ? Betrachten wir dies direkt für die Lizenzierung und indirekt über die Preisregulierung.

Lizenzierung als institutioneller Monopolvorbehalt. Ein Standardargument lautet, man müsse bei Subaddivität durch institutionelle Markteintrittsbarrieren dafür sorgen, daß auch tatsächlich nur ein Unternehmen anbietet, da Produktion durch zwei Unternehmen ineffizient wäre. Der entscheidende Punkt ist, ob bei Subadditivität und effizienter Produktion für einen Newcomer überhaupt ein Anreiz besteht, in den Markt einzutreten. Für alle praktisch relevanten Fälle ist die Antwort nein.

Wenn ein Newcomer in einen monopolistischen Markt eintritt, zeigt dies entweder, (1) daß das Monopolunternehmen technisch ineffizient produziert, qualitativ ineffiziente Produktpolitik betreibt und/oder allokativ ineffiziente Preisstrukturen aufweist oder (2) daß keine Subaddivität besteht. Unter theoretisch restriktiven Bedingungen kann man zeigen, daß auch ein effizient produzierendes Monopolunternehmen bei Subaddivität nicht immer vor Marktzutritt gefeit ist.[19] Dies setzt jedoch unrealistische Annahmen über die Kostenstruktur voraus. Außerdem ist das Argument schon dann nicht mehr relevant, wenn nur geringe Irreversibilitäten vorhanden sind. Die in der wirtschaftspolitischen Diskussion häufig befürchteten "Doppelinvestitionen" sind bei Existenz von Irreversibilitäten nicht zu erwarten - und ohne solche nicht ineffizient, da jederzeit liquidierbar. Das Unsustainability-Argument ist deshalb ordnungspolitisch irrelevant.

Die zweite Begründung verwendet den Vorwurf, daß Newcomer "Rosinenpicken" betreiben, das heißt nur in profitable Marktsegmente eintreten. Grundsätzlich ist dieses Verhalten durchaus effizient, da die Existenz von profitablen Marktlücken für Newcomer auf eine allokativ, technisch oder qualitativ ineffiziente Angebotsstruktur des Etablierten hinweist.

---

19 Vgl. BAUMOL/PANZAR/WILLIG (1982), Kap. 8; SHARKEY (1982), Kap. 5.

Wenn das bisherige Monopolunternehmen mittels interner Subventionierung gemeinwirtschaftliche Aufgaben erfüllt,[20] die bei Newcomereintritt wegen der Austrocknung der Subventionsquelle in Gefahr geraten würden, gibt es Möglichkeiten der direkten Verfolgung der Ziele mit anderen wirtschaftspolitischen Mitteln. Eine ökonomische Begründung für institutionelle Markteintrittsbarrieren läßt sich daraus jedenfalls nicht ableiten.

Preisregulierung. In Monopolmärkten, die ohne institutionelle Markteintrittsbarrieren dauerhaft resistent sind, kann durch die Preisregulierung die allokative Effizienz erhöht werden. Auch wenn für eine Reihe von Märkten, die aktuell monopolpreisreguliert werden, gilt, daß die regulierungs-induzierten Ineffizienzen die ursprünglichen kompensieren oder gar übersteigen, so bleiben dennoch zahlreiche Märkte, in denen Handlungsbedarf für Monopolpreiskontrolle besteht. Dies ist indes vor allem eine Frage der Art der Preisregulierung, d.h. einer solchen, die die Anreize zu effizienter Produktion erhält.

An dieser Stelle interessiert lediglich die Frage, ob die Anwendung einer Preisregulierung erfordert, auch den Markteintritt zu kontrollieren, wie vielfach argumentiert wird. Prinzipiell ist ein solches Erfordernis nicht zu erkennen, wenn wir davon ausgehen, daß die Monopolregulierung nur eine Obergrenze für die Preise setzt. Es besteht offenbar die Befürchtung, ein bisher preisreguliertes Monopol sei mit einem effizienten Newcomer nicht konkurrenzfähig. Falls dies im Einzelfall zutrifft, ist es eher eine Folge der Regulierung und insbesondere der institutionellen Markteintrittsbarrieren, die die Entstehung der Ineffizienzen gefördert haben. Ein reguliertes Monopol, das unter potentiellem Wettbewerbsdruck bei offenem Marktzugang steht, wird ebenso wie ein unreguliertes Monopol zu effizienter Produktion angehalten.

Relevant sind in diesem Zusammenhang eher die gegenteiligen Befürchtungen, erstens die Möglichkeit, daß das etablierte Unternehmen aus der deep pocket früherer Monopolgewinne predatory pricing gegen den New-

---

20 Die Problematik anderer wirtschaftspolitischer Ziele durch Lizenzierung wird später im Kontext der Flächendeckung erörtert. Vgl. 6.2.

comer betreibt, indem es kurzfristig die Preise stark senkt. Dies wäre durch ein regulatorisches Preissenkungsverbot zwar behebbar. Die längerfristige Aufrechterhaltung einer solchen Restruktion wäre aber sowohl unfair als auch ineffizient.

Das zweite Problem bezieht sich auf den Teilmarkteintritt eines Newcomers. Die Preisregulierung könnte dann nur für den jetzt wettbewerblichen Teilmarkt aufgehoben werden, nicht jedoch für die anderen Teilmärkte des Monopolisten, die mit diesen eventuell kostenmäßig verbunden sind. Dies erhöht die Anforderung an die Kostenzurechnungskontrolle der Regulierungsbehörde, um eine Quersubventionierung des Wettbewerbs- aus dem Monopolbereich zu verhindern.

Als Fazit können wir feststellen, daß es - selbst wenn ein wirtschaftspolitischer Handlungsbedarf für Preisregulierung besteht - keine stichhaltige ökonomische Begründung für eine Lizenzierung als institutionelle Markteintrittsbarriere gibt. Daraus wäre also zu folgern, ganz auf eine quantitative Lizenzierung zu verzichten.

4.2.5 Politökonomische Probleme einer Markteintritts-Liberalisierung

Wenn es keine überzeugenden ökonomischen Argumente für institutionelle Monopolvorbehalte gibt, stellt sich die Frage, warum diese nicht umgehend aufgehoben werden, die Marktzugänge zu diesen Märkten also nicht liberalisiert werden. Die Erklärung liegt in den politökonomischen Implikationen einer Markteintrittsliberalisierung, insbesondere, wenn die bisherigen Monopole öffentliche Unternehmen sind.

Unterstellen wir, daß das vor Markteintritt geschützte Monopolunternehmen den Punkt R in der Abb. 4.1 (vgl. 4.2.2) realisiert und bei freiem Markteintritt der Punkt L realisiert würde. Bei Markteintrittsliberalisierung würde dann nicht nur die allokative Ineffizienz von GRE auf NLE sinken und damit einen Nettowohlfahrtsgewinn GRLN erzeugen, sondern auch einen Umverteilungseffekt zwischen den Kunden und den Insidern im weiteren Sinne zur Folge haben.

Die Konsumentenrente steigt von SZR auf TZL. Das Rechteck ASRG setzt sich zusammen aus 1. der "alten Produzentenrente" HSRK (vgl. 3.2), die bei öffentlichen Monopolunternehmen entweder fiskalischen Zwecken dient oder zur offenen Quersubventionierung anderer Produkte und insofern als Politikrente bezeichnet werden könnte. 2. Die Fläche IHKJ umfaßt sämtliche Insiderrenten, d.h. alle Vorteile von Unternehmensinsidern, die auf der Monopolregulierung beruhen. 3. Das verbleibende Rechteck AIJG ist die technische Ineffizienz im engeren Sinne (reine Ressourcenvergeudung).[21]

Das Rechteck ASRG sinkt bei der Liberalisierung auf ATLN. Damit sinken auch die Spielräume für die genannten Renten und Ineffizienzen. Wenn Markteintritt erfolgt, gerät das Unternehmen in einen direkten Leistungsvergleich mit dem Newcomer, was sich auf die technische und qualitative Effizienz förderlich auswirkt und die Spielräume für Gehaltssteigerungen, Overstaffing etc. und die Nutzung des Marktes als Quersubventionierungsquelle begrenzt.

Ob tatsächlich Newcomer eintreten, ist allerdings fraglich und hängt von der Höhe der anderen Markteintrittsbarrieren und der Effizienz des Monopolunternehmens ab. In vielen Fällen nicht-prohibitiver struktureller Marktbarrieren erzeugt jedoch schon die bloße Möglichkeit eines Markteintritts die gewünschte Wirkung auf das Monopolunternehmen.

Aktuelle und potentielle Konkurrenz, die durch die Liberalisierung überhaupt erst möglich gemacht werden, reduzieren also die Insiderrenten. Vom Standpunkt der Unternehmensinsider ist es deshalb verständlich, daß sie aus Eigeninteresse eine Markteintrittsliberalisierung ablehnen werden. Da ihre Vorteile aus der Regulierung jedoch kleiner sind als die entsprechenden Nachteile der Kunden (ausweislich des Effizienzverlustes

21 Als Ressourcenvergeudung werden die regulierungsbedingten Mehrkosten bezeichnet, die nicht zu Insidervorteilen führen. Die technischen Ineffizienzen im weiteren

GRE), ist es allerdings erklärungsbedürftig, warum diese Interessen sich durchsetzen.[22] Der erste Grund (a) liegt in der unterschiedlichen Organisationsfähigkeit der Interessen und der zweite (b) in den Interessenlagen der politischen Entscheidungsträger.

(a) Die Insider sind praktisch immer gut organisiert, nämlich die Unternehmensleitungen in Branchenverbänden und die Arbeitnehmer in den entsprechenden Gewerkschaften. Die einzelnen Insider haben eine hohe Interessendichte bezüglich des betrachteten Entscheidungsfeldes und sie wissen, daß ein wesentlicher Teil ihrer Interessen von der Regulierungspolitik abhängt.[23] Sie haben deshalb ein großes Interesse an der Bildung entsprechender Verbände und der Stärkung von deren Einfluß. Diese Interessen sind im Zeitablauf relativ stabil, so daß sich entsprechende Verbandsorganisationen mit hauptamtlichen Funktionären, Lobbyisten und "nahestehenden Politikern" herausbilden können. Die Insider haben in der Regel großes feldspezifisches Knowhow, d.h. fachliche Kompetenz bezüglich der regulierungsrelevanten Sachverhalte. Die Interessen der Arbeitnehmer und Arbeitgeber sind bezüglich der Liberalisierung keineswegs (wie etwa bei Tarifverhandlungen) antinomisch, sondern gleichgerichtet.

Demgegenüber sind die Kunden in aller Regel schlecht organisiert und von geringem (oder gar keinem) Einfluß auf die Regulierungsentscheidungen. Dies liegt an der geringen Interessendichte der Kunden (insbesondere Haushalte und gewerbliche Kunden mit geringem Nachfragevolumen), ihrem relativ geringen fachlichen Knowhow und ihrem geringen Organisationsinteresse, so daß die Verbandsbildung schwierig ist. Falls es derartige Verbände überhaupt gibt, verfügen diese über wenig

Sinne umfassen natürlich alle Mehrkosten (AHKG). Die ausgewiesenen Kosten können natürlich ihrerseits versteckte Quersubventionierung anderer Bereiche enthalten.

22 Bei Effizienz wären die Insider theoretisch aus den Kundenvorteilen partiell kompensierbar.

23 Man kann deshalb auch sagen, daß der Staat selbst die Interessengruppen fördert, indem er einen Bereich dem Marktmechanismus entzieht und politischen Entscheidungen überantwortet.

Einfluß und Konfliktpotential und kaum über effektive Verbandsorganisationen, Lobbyisten etc.

Außerdem sind die Interessen der verschiedenen Kundengruppen in der Regel nicht so homogen wie diejenigen auf der Insiderseite, da sie verschiedene Produkte, Mengen etc. nachfragen, und von einer Markteintrittsliberalisierung unterschiedlich tangiert wären. Die regulierten Unternehmen und die Regulierungsbehörden fördern diesen Interessengegensatz (insbesondere zwischen privaten und Kleinkunden einerseits und gewerblichen Großkunden andererseits) durch Preisstrukturen, die eine Quersubventionierung der ersteren durch letztere beinhaltet. Dies ermöglicht es den an der Aufrechterhaltung der Regulierung Interessierten, bei den meisten Kunden den Eindruck zu vermitteln, sie würden zu den Verlierern einer Liberalisierung gehören und eine solche läge nur im Interesse von Großunternehmen.

(b) Die Interessenlage der politischen Entscheidungsträger bezüglich einer Liberalisierung wird in hohem Maße von der Machtposition und dem Konfliktpotential der einschlägigen Verbände bestimmt. Eine Marktöffnung muß deshalb immer mit lautstarken Protesten von Partialinteressen rechnen. Da diese durch die besonderen Mechanismen der Medien lauter in Erscheinung treten als Zustimmung, wird den weniger Sachkundigen der Eindruck vermittelt, es handele sich dabei um gefährliche Pläne.

Außerdem bedeutet eine Liberalisierung einen Machtverlust für die Politiker. Sie müßten sich quasi selbst überflüssig machen. Zusätzlich sind weitere Politiker- und Parteiinteressen dadurch involviert, daß in zahlreichen politisch besetzten Gremien im Umfeld der Regulierung Gehälter, Spesen, Zuwendungen an parteinahe Institutionen etc. gezahlt, Versorgungspositionen geschaffen werden können etc., die bei einer Liberalisierung in Gefahr geraten.

Eine Liberalisierung bisher abgeschotteter Märkte ist typischerweise mit Risiken für die politischen Entscheidungsträger verbunden. Da die neuen marktlichen Strukturen sich erst herausbilden müssen, können sich kurzfristig unerwünschte Begleiterscheinungen zeigen. Dies gilt insbesondere für hochregulierte Monopolbereiche. Der relativ kurze Zeithorizont politischer Amtsinhaber führt deshalb zu einer systematischen Unterbewertung längerfristiger Vorteile.

Eine Markteintrittsliberalisierung erschwert die Verfolgung anderer wirtschaftspolitischer Ziele mittels interner Subventionierung im Monopol bzw. macht dies in einzelnen Fällen unmöglich. Die Ziele werden zwar in praktisch allen Fällen durch andere Instrumente mit weniger Effizienzverlusten zu erreichen sein als durch Monopolvorbehalte. In einigen Fällen wären dann jedoch andere Teilbereiche der Politik (insb. die Steuer- und Sozialpolitik) oder eine andere föderale Ebene für die Instrumente zuständig, was diverse politikimmanente Probleme mit sich bringen kann.

Derartige politökonomische Zusammenhänge erklären die großen Diskrepanzen zwischen den Liberalisierungsgeboten in der Telekommunikation und den nur zögerlichen Reformen in vielen Ländern. Gleichwohl gehört der Mobilfunk zu den wenigen Feldern der Telekommunikation, wo einige Monopolmärkte für Wettbewerb geöffnet werden. Warum gerade der Mobilfunk? Dieser ist ein relativ neuer Bereich, in dem noch nicht so viele etablierte Interessen vorhanden sind. Aber auch hier gibt es ängstliche Befürchtungen, die Konkurrenz könnte etablierte Positionen und Denkweisen in Gefahr bringen.

4.3 Skaleneffekte im Mobilfunk

Gehen wir nun über den Monopolfall hinaus und betrachten einen Bereich, für den vorher festgelegt wurde, daß zwei oder mehr Anbieter am Markt sein sollen. Die Frage ist dann, ob die Zahl der Lizenzen vorgegeben sein sollte, und wenn ja, in welcher Größe.

Ein wesentliches Argument, die Zahl der Lizenzen auf ganz wenige zu begrenzen, sind gerade im Mobilfunk die Skaleneffekte. Es wird argumentiert, man müsse durch Lizenzierung die Zahl der Anbieter begrenzen, da anderenfalls zu viele und zu kleine Unternehmen am Markt anbieten würden, die damit unterhalb der mindestoptimalen Betriebsgröße operierten und sich eventuell einen ruinösen Wettbewerb lieferten.[24] Dies ist gegenwärtig in der Bundesrepublik und anderen Ländern neben der allgemeinen Frequenzproblematik das zentrale Argument, beim Mobilfunk den Markteintritt zu beschränken und nur 2 Lizenzen zu vergeben.

4.3.1 Skaleneffekte als Lizenzierungsargument

Unter dem Begriff Skaleneffekte werden Größenvorteile in den langfristigen Kostenfunktionen verstanden.[25] Der einfachste und meistgenannte Fall, auf den wir uns im folgenden beschränken, sind die Economies of Scale, d.h. daß mit zunehmender Betriebsgröße (Kapazität) die Durchschnittskosten sinken. Die langfristige Durchschnittskostenkurve (LDK) (vgl. Abb. 4.4) zeigt bis zur mindestoptimalen Betriebsgröße (MOS) sinkende, und ab MOS konstante Durchschnittskosten, d.h. es existieren Scale Economies bis zur MOS-Kapazität.

Für die praktischen Auswirkungen der Scale Economies ist von Bedeutung, wie groß die MOS in Relation zum Marktumfang ist und welche Stückkostennachteile aufgrund von suboptimalen Betriebsgrößen entstehen. Betrachten wir als Beispiel den Marktumfang 100, der durch die Nachfragefunktion N_1 bestimmt wird. Unter der Annahme gleicher Marktanteile wären bei zwei Anbietern gleiche Stückkosten wie im Monopol zu erwarten. Bei drei Anbietern treten Kostennachteile im Umfang von DK_3-DK_1 gegenüber einem MOS-Unternehmen auf.

Bei Wettbewerb von Unternehmen mit verschiedenen Betriebsgrößen (ein U_3 bei DK_3, ein anderes U_1 bei DK_1) würde diese Kostendifferenz auf einem homogenen Markt in der Regel wettbewerbsentscheidend sein und zum Ausscheiden von U_3 führen, während auf stark heterogenen Märkten

---

24 In diesem Abschnitt werden derartige Argumente genannt und gefragt, ob Skaleneffekte beim Mobilfunkt relevant sind. Wie weit die Argumente ordnungspolitisch tragen und eventuell für die Lizenzierung relevant sind, wird in 4.4 und 4.6 diskutiert.

25 Es geht hier also nicht um kurzfristige Kostendegressionen bei wachsender Menge (z.B. Erhöhung der Kapazitätsauslastung). Vgl. zu Skaleneffekten 4.2.1.

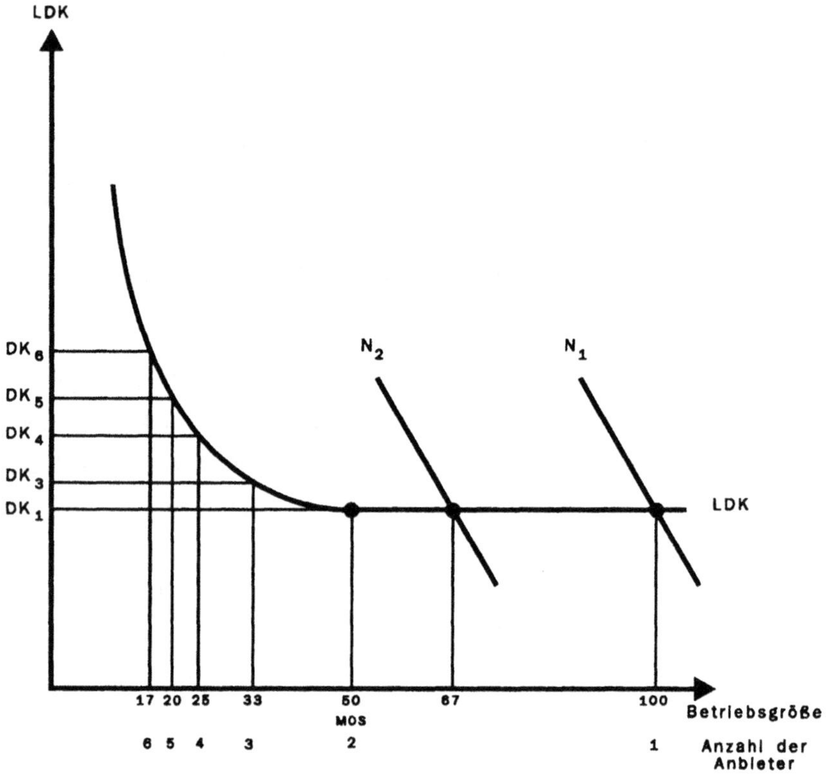

Abb. 4.4 : Skaleneffekte und Lizenzierung

der gleiche Kostenunterschied eventuell schon irrelevant ist, da er durch Qualitätsdifferenzen überkompensiert wird.

Die Abbildung zeigt außerdem, daß sich die Skaleneffekte und die relative MOS direkt mit der Nachfragemenge ändern. Bei N_2 würden entsprechend schon zwei Anbieter zur Nichtausschöpfung von Economies of Scale führen. Hier wäre ein Natürliches Monopol (Subadditivität) gegeben. Umgekehrt wären bei größerem Marktumfang durchschnittlich mehr Anbieter möglich, ohne daß Skalenineffizienzen aufträten.

Bezüglich der Argumente für die Lizenzierung können wir (1) das statische Wohlfahrtsargument und (2) das Argument des ruinösen Wettbewerbs unterscheiden. Das statische Wohlfahrtsargument ist direkt aus Abb. 4.4 ableitbar. Angenommen, man würde bei N_1 drei Lizenzen (oder bei N_2 zwei Lizenzen) vergeben. Dann würde aufgrund unausgeschöpfter Skaleneffekte eine technische Ineffizienz im Umfang $(DK_3\text{-}DK_1)\cdot x$ entstehen. Je heterogener allerdings die Präferenzen sind, desto eher besteht die Möglichkeit, daß diese technische Ineffizienz durch die höhere qualitative Effizienz (differenziertere Befriedigung der Konsumentenpräferenzen) kompensiert wird.

Das Wettbewerbsargument läßt sich am einfachsten darstellen, wenn man zunächst davon ausgeht, die Unternehmen befänden sich links von der MOS-Schwelle, hätten also suboptimale Kapazitäten. Angenommen, vier Unternehmen produzieren jeweils 25% des Marktumfangs 100 und haben Durchschnittskosten DK_4. Wenn nun eines der Unternehmen (U_1) seine Kapazität ausweitet (z.B. auf 50), sinken längerfristig seine Durchschnittskosten. Es kann durch Senkung des Preises unter die Durchschnittskosten der anderen seine Kapazität auslasten, womit diese Verluste machen.

Gleichzeitig besteht jetzt im Markt eine Überkapazität. Der dadurch sinkende Marktpreis kann je nach der Preiselastizität der Nachfrage und dem Ausmaß der erzielten Scale Economies auch unterhalb des für U_1 kostendeckenden Niveaus liegen (vgl. 4.2.3). Die Verluste werden so lange anhalten, bis einige der Unternehmen aus dem Markt ausgeschieden sind und damit die Marktkapazität reduziert worden ist.[26] Die angenommene Situation impliziert also einen Verdrängungswettbewerb zwischen den Anbietern, die wissen, daß unter den Kostenbedingungen und bei konstanter Marktgröße nur zwei Unternehmen überlebensfähig sind.

---

26 Die Verluste können durchaus längere Zeit anhalten, da Marktaustritt nicht erfolgt, solange der Preis noch die reversiblen Durchschnittskosten deckt. Je höher der Anteil der irreversiblen Kosten ist und je weiter die Reinvestitionszeitpunkte noch entfernt sind, umso wirksamer sind die Marktaustrittsbarrieren.

Ein Argument für eine Begrenzung der Lizenzzahl könnte also darin bestehen, durch wenige Lizenzen (hier zwei) den Unternehmen derartige, verlustbringende Wettbewerbssituationen, die von ihnen als "ruinöse" Konkurrenz empfunden werden, zu ersparen. Denn im Ergebnis würde der geschilderte Prozeß ebenfalls zu nur wenigen Anbietern führen. Über die einzelwirtschaftlichen Verluste der Unternehmen hinaus wäre gesamtwirtschaftlich von Relevanz, daß das Ausscheiden der Unternehmen im Umfang ihrer marktirreversiblen Investitionen, die nicht von einem verbleibenden Betreiber übernommen werden, einen realen Ressourcenverlust zur Folge hat, der bei nur zwei Lizenzen nicht entstünde.[27]

Wie bedeutsam ist die geschilderte Situation des ruinösen Verdrängungswettbewerbs beim Mobilfunk? Unter den Bedingungen administrativer Frequenzvergabe ist sie nicht sehr relevant, da die Kapazitätsgrenze durch die zugeteilten Frequenzen weitgehend bestimmt und Zellteilung teuer ist und die Marktaustrittsbarrieren hoch sind. Außerdem hängt die Anbieterzahl von der Entscheidung der Regulierungsbehörde ab, wer nach einem Ausscheiden die frei werdenden Frequenzen erhält (vgl. 3.4.4). Unter einem pretialen Frequenzallokations-Regime, das laufende Neuverteilungen der Frequenzen ermöglicht, ist bei unausgeschöpften Skaleneffekten ein Verdrängungswettbewerb allerdings zu erwarten.

Ob derartige Effekte ordnungspolitische Implikationen für die Lizenzierung haben, wird später weiter erörtert. Zunächst betrachten wir hier die empirische Frage, ob überhaupt Skaleneffekte beim Mobilfunk relevant sind.

4.3.2 Empirische Probleme

Die empirische Untersuchung, ob in einem Produktionsbereich nennenswerte Skaleneffekte vorhanden sind, konzentriert sich in der Regel auf die Fragen nach der MOS-Größe und nach den Mehrkosten bei suboptimaler

---

27 Ein anderes Argument in diesem Kontext basiert auf der Befürchtung, die Unternehmen könnten in Antizipation der ruinösen Konkurrenzsituation allzu vorsichtig investieren und damit die Marktentwicklung hemmen.

Betriebsgröße. Im folgenden ist vor allem letzteres von Interesse. Zur Schätzung der Scale Economies für verschiedene Branchen werden mehrere Methoden verwendet, die jeweils eigene Reliabilitätsprobleme aufweisen. Diese sind in der Regel umso größer, je stärker der technische Fortschritt ist. Einigermaßen stabile Ergebnisse sind nur bei Produkten und Produktionsverfahren zu erwarten, die seit längerer Zeit praktiziert werden.

Besonders schwierig sind derartige Schätzungen bei Produkten und Produktionsverfahren, die gerade erst im Praxisbetrieb eingeführt wurden, so daß noch keine realen Marktdaten vorliegen. Genau dies ist beim GSM-System der Fall, das noch nirgendwo unter Vollast arbeitet. Bei PCN sind Schätzungen noch weit unsicherer, da es sich in einem noch früheren Entwicklungsstadium befindet. Aus diesem Grunde beruhen die meisten der gelegentlich genannten Zahlen weniger auf analytisch und methodisch seriösen Kostenstudien, sondern eher auf Daumenpeilung, die gelegentlich noch durch eigene Interessenpositionen beeinflußt gewesen sein dürfte.

So hat z.B. AT&T (American Telephone and Telegraph Company) 1981 in ihrer Antwort auf eine lizenzierungsbezogene FCC-Anfrage[28] eine eigene Schätzung des Vergleichs der relativen Kosten von analogen Mobilfunksystemen mit 20, 30 oder 40 MHz Frequenzverfügbarkeit vorgelegt. Danach betrugen die Mehrkosten gegenüber einem 40-MHz-System damals für 30 MHz 17% und für 20 MHz 50%. Als Mehrkosten bei 20 gegenüber 30 MHz wurden 28% genannt. Die Ursache ist darin zu sehen, daß bei geringerer Frequenzausstattung früher Zellteilungen erforderlich werden. AT&T gab weiterhin an, daß die Kosten bei zwei Betreibern in einem Markt 30% höher liegen würden als bei monopolistischem Angebot.[29] Bei diesen Zahlen ist jedoch zu berücksichtigen, daß AT&T das konkrete Inter-

---

28 Vgl. FCC (1981), Paragraph 13. Die FCC (Federal Communications Commission) ist die Telekommunikations-Regulierungsbehörde der Vereinigten Staaten in Washington.

29 Vgl. EILFELD (1992), S.204. Auch die anderen Angaben zur AT&T-Stellungnahme verdanke ich einem Hinweis von S. Eilfeld.

esse hatte, daß die FCC - wenn schon kein AT&T-Monopol zu erreichen war - möglichst wenig Lizenzen vergeben würde und daß AT&T möglichst viele Frequenzen selbst erhalten wollte.

Die gegenwärtig einzige, zugängliche, neutrale Studie, die sich mit den Skaleneffekten im Mobilfunk explizit und fundiert auseinandersetzt, stammt von der australischen Telekommunikations-Regulierungsbehörde AUSTEL und wurde auf der Basis von diversen Vorstudien und Modellrechnungen erstellt.[30] Diese Studie wurde den folgenden Darstellungen zugrunde gelegt. Der Grund dafür ist nicht, daß die australischen Ergebnisse quantitativ direkt auf die Bundesrepublik übertragbar wären. Daran sind einige Zweifel angebracht. Die Studie zeigt jedoch die Größenordnung verschiedener Einflußfaktoren auf, wie z.B. der verwendete Systemstandard, das verfügbare Frequenzspektrum, die Zellsektorisierung und die Blockierrate. Analysiert werden diese Effekte im Vergleich von Märkten mit ein, zwei, drei oder vier Anbietern.

Im Vordergrund steht zunächst die klassische Frage der erhöhten Netzinvestitionen bei unterschiedlicher Zahl von Betreibern. Anschließend wird der daraus im Kontext anderer Kostengrößen (Betriebskosten, Leitungskosten etc.) resultierende Gesamtkosten-Effekt betrachtet. Drittens wird untersucht, in welchem Umfang bei mehr Betreibern die Frequenz-Effizienz tangiert wird.

4.3.3 Infrastruktur-Investitionen

Das klassische Argument etablierter, regulierter Unternehmen gegen die Zulassung weiterer Wettbewerber ist der Hinweis auf ineffiziente Doppelinvestitionen in die Infrastruktur. In der Tat kann man in zahlreichen Verkehrs-, Versorgungs- und Kommunikations-Sektoren - wenngleich quantitativ unterschiedlich und empirisch mehr oder weniger gut abgesichert - grundsätzlich davon ausgehen, daß die parallele Erstellung mehrerer In-

30 Vgl. AUSTEL (1990).

frastrukturen insgesamt zu höheren Investitionen führt als bei Bedienung aller Kunden durch nur eine Infrastruktur. Da diese nur einen (quantitativ unterschiedlichen) Teil der preisrelevanten Gesamtkosten ausmachen, die von anderen Kosteneinflußfaktoren kompensiert werden *können*, insbesondere wenn wettbewerbliche mit monopolistischen Märkten verglichen werden, sind daraus unmittelbar noch keine ordnungspolitischen Schlußfolgerungen ableitbar.

Wenn in wettbewerblichen Mobilfunkmärkten jeder Betreiber eine eigene Funkabdeckung und dazugehörige Leitungs-, Vermittlungs- und Rechner-Infrastruktur erstellen muß, stellt sich die Frage, in welchem Maße eine steigende Anbieterzahl höhere Investitionen erfordert, die insgesamt wachsende Produktionskosten zur Folge haben können und somit zur Nichtausschöpfung von Skaleneffekten führen würden. In welchem quantitativen Umfang ist dies beim Mobilfunk zu erwarten?

Die australische Telekommunikationsbehörde Austel hat hierzu umfangreiche Studien und Modellrechungen für analoge (AMPS) und GSM-Technologie durchgeführt. Dabei handelt es sich um einen theoretischen Vergleich zwischen optimal agierenden Wettbewerbs-Unternehmen einerseits und einem optimal, das heißt technisch effizient produzierenden Monopolisten andererseits. Es wird unterstellt, daß die Infrastrukturkosten (Abschreibung und Verzinsung) 25% der Gesamtkosten ausmachen.[31] Es handelt sich dabei aufgrund bestimmter Annahmen, die noch erläutert werden, um ein Worst-Case-Szenario, das heißt die Ergebnisse liefern i.d.R. die Obergrenzen der Kostennachteile.

Es werden die Jahre von 1990 bis 2000 unter der Annahme modelliert, daß die Gesamtnachfrage nach Funktelefondiensten laufend ansteigt und die Betreiber ihre Kapazitäten entsprechend anpassen. Bezüglich der Kosten der Kapazitätserweiterung bei Anpassung an eine wachsende Nachfrage besteht ein wesentlicher Unterschied zwischen normalen Leitungsnetzen und Funktelefonnetzen. Bei ersteren sind nachträgliche Kapazi-

---

31 Diese Annahme basiert auf einer Austel-Untersuchung über die tatsächliche Kostenstruktur des australischen Netzbetreibers MobileNet.

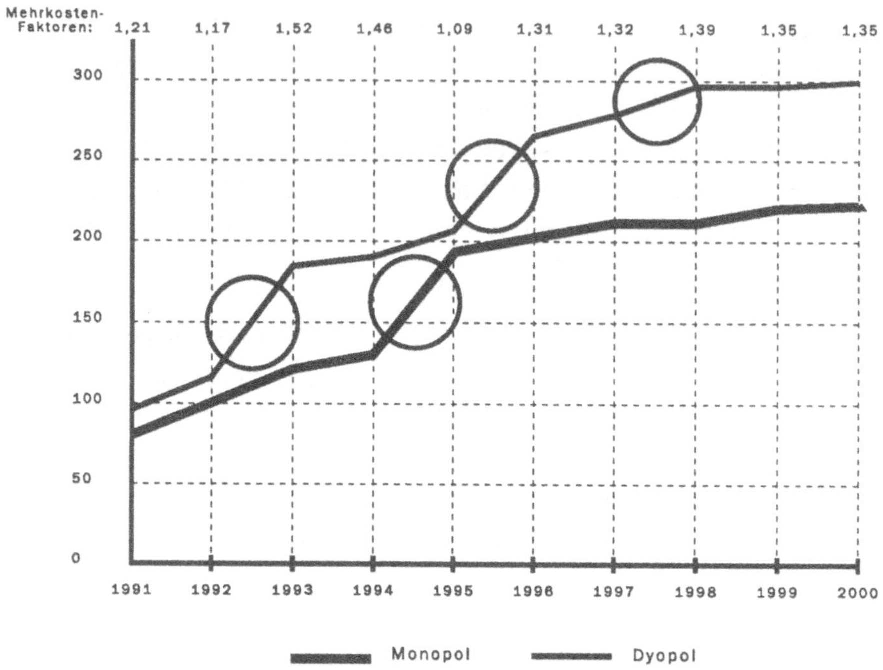

Abb. 4.5 : Kumulierte Infrastruktur-Investitionen bei analogen AMPS-Netzen im Monopol und Dyopol

tätserweiterungen relativ teuer. Als Folge dessen wird ein Betreiber anfangs Überkapazitäten installieren, in die die Nachfrage langsam hineinwächst.

Bei Mobilfunknetzen ist eine Kapazitätserweiterung weitgehend inkremental möglich. Deshalb halten die Betreiber nur so viel Kapazität wie nötig vor und passen ihre Infrastruktur quantitativ der wachsenden Nachfrage im Zeitablauf an.[32] Das heißt, daß die Investitionen stärker über die

32 AUSTEL (1990), S.246ff.

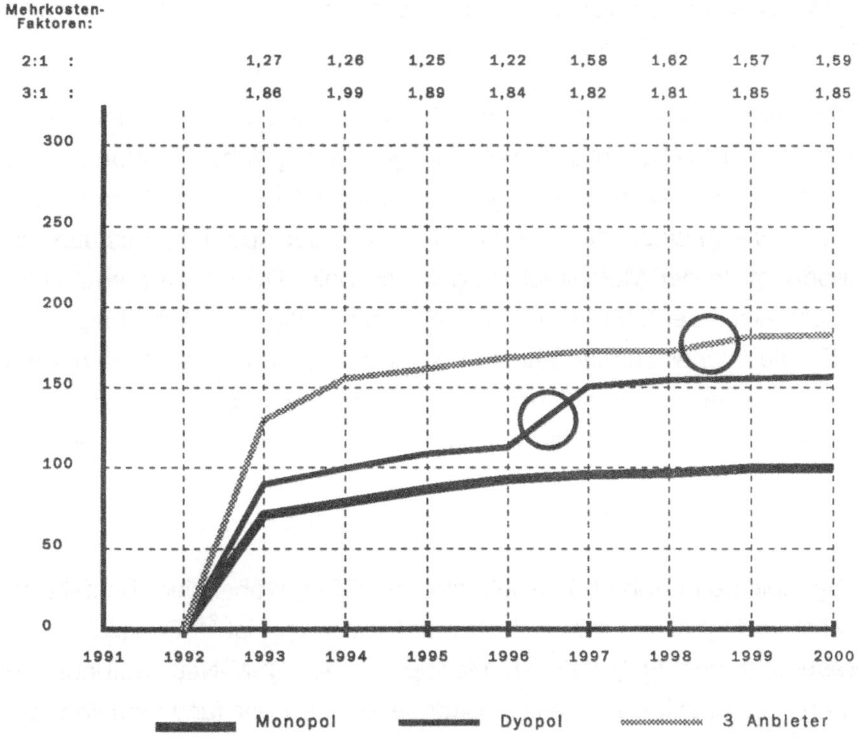

Abb. 4.6 : Kumulierte GSM-Infrastruktur-Investitionen bei einem, zwei und drei konkurrierenden Netzen

Zeit verteilt sind. Aus diesem Grunde erfaßt die Studie jeweils die gesamten Infrastrukturausbau-Pfade über 10 Jahre.

Die fettgezeichnete Linie in Abb. 4.5 zeigt die absoluten,[33] kumulierten Investitionen über die 90er Jahre für ein Monopolunternehmen mit einem analogen AMPS-System bei 20 MHz Frequenzspektrum in Ballungsgebieten. Das Nachfragewachstum stößt ca. 1995 an die Frequenzgrenzen,

33 Die Absolutbeträge auf der Ordinate der Abbildungen sind in Mio Australische Dollar aufgeführt und gelten natürlich nur für den zugrundegelegten Fall in Australien.

so daß Zellteilung erforderlich wird, was einen entsprechenden Investitionsschub erforderlich macht.

Die dünnere Linie darüber zeigt den Dyopolfall mit zwei Unternehmen, die jeweils über 10 MHz Frequenzen verfügen und gleiche Marktanteile haben. Die Gesamtinvestitionen liegen durchweg höher als im Monopol, und zwar um einen Faktor, der in der oberen Zeile der Abb. für jedes Jahr angegeben ist. In der Modellrechnung wären beim Dyopol im betrachteten Zeitraum also drei Schübe von Zellteilungen nötig. Die Abbildung zeigt, daß für die Investitions-Mehrkosten recht unterschiedliche Werte herauskommen, je nachdem, welchen Zeitraum man betrachtet. Während der Faktor für die ganzen 10 Jahre 1,35 beträgt, liegt er für 2 Jahre bei 1,52 und für 4 Jahre bei 1,09. Ein effizientes Dyopol führt also über 10 Jahre zu 35% höheren Infrastrukturkosten als ein effizientes Monopol.

Die Darstellung in Abb. 4.6 bezieht sich auf GSM, wobei hier ebenfalls nur 20 MHz verfügbares Frequenzspektrum unterstellt ist.[34] Die dicke Linie repräsentiert den Fall, daß ein Monopolist ein GSM-Netz aufbaut. Die dünnere Linie stellt die Investitionskonsequenzen der für Australien relevanten Situation dar, daß ein zweiter Betreiber ein GSM-Netz aufbaut und der bisherige Monopolist (MobileNet) vollständig von analog zu digital (GSM) übergeht. Aufgrund der systembedingt höheren Kapazität eines GSM-Systems wäre hier auch bei einem Dyopol beim unterstellten Nachfragewachstum nur eine Zellteilungsphase 1996 erforderlich. Vorher liegen die Investitionsmehrkosten um den Faktor 1,25 und danach um 1,6. Die gestrichelte Linie darüber zeigt die Gesamtinvestitionen bei drei GSM-Netzen, die durchgängig um etwa den Faktor 1,85 über den Monopolinvestitionen liegen.

Ein Vergleich der absoluten GSM-Infrastrukturinvestitionen mit denen für AMPS in Abb. 4.5 zeigt, daß sowohl zwei als auch drei GSM-Netze zur Bedienung der gleichen Nachfrage weniger Infrastrukturkosten verursachen würden als ein einziges AMPS-Netz.

---

34 Bei den tatsächlich verfügbaren 25 MHz GSM-Frequenzen wären die Investitions-Mehrkosten geringer.

Die Darstellungen für GSM und AMPS machen deutlich, daß die Zellteilungen bei Erreichen der Frequenz-Kapazitätsgrenze jeweils einen Investitionsschub erfordern. Derartige Effekte beziehen sich primär auf Ballungsgebiete, für die die Modellrechnungen gelten.[35] Eine geringere Konzentration der Nachfrage auf die Ballungsgebiete würde dies entsprechend reduzieren.

Anderseits sind die Infrastruktur-Mehrkosten in dünner besiedelten Gebieten gravierender und zudem stark von der jeweiligen Penetrationsrate abhängig. Bei 2% Penetrationsrate sind die Infrastrukturkosten beim Dyopol ca. 60% höher als beim Monopol und bei noch geringerer Verbreitung praktisch verdoppelt.[36]

Austel hat für den australischen Gesamtmarkt, also unter Einbeziehung von Ballungs- und ländlichen Gebieten geschätzt, daß bei der analogen AMPS-Technik die Infrastruktur-Kosten beim Dyopol etwa 30%-50% höher sind als beim Monopol, abhängig von der Penetrationsrate und den Marktanteilen der beiden Dyopolisten.

Abb. 4.7 zeigt die Infrastruktur-Investitionen für 1 bis 4 Netze bzw. Anbieter bei AMPS und GSM unter (a) der Annahme gleicher Marktanteile und (b) der Annahme, daß der Marktführer einen dominierenden Marktanteil hat. Zusammenfassend kann man sagen, daß die Infrastruktur-Mehraufwendungen für mehrere konkurrierende Netze sowohl bei AMPS als auch bei GSM beträchtlich sind.[37]

Auf der anderen Seite muß man davon ausgehen, daß die Infrastruktur-Mehrinvestitionen deutlich höher liegen würden, wenn jedes der konkurrierenden Netze auch dünnbesiedelte Gebiete versorgen würde. Dies ist

---

35 Dies korrespondiert insofern mit dem ansteigenden Ast der RDK_G-Kurve (Bereich IV) in der Abb. 6.6 im Abschnitt 6.2.3 über die regionalen Kostenstrukturen.

36 Vgl. AUSTEL (1990), S. 252.

37 Für GSM gilt allerdings, daß die Infrastruktur-Mehrkosten etwas zu hoch geschätzt sind, da aus Gründen der Vergleichbarkeit mit AMPS nur 20 statt 25 MHz zugrundegelegt wurden.

System Standard	AMPS				GSM			
Zahl der Betreiber	1	2	3	4	1	2	3	4
Infrastruktur-Investitions-kosten in % (Monopol = 100 %)								
alle gleicher Markt-anteil	100	132	175	220	100	142	185	272
Marktführer mit dominantem Marktanteil	100	-	-	-	100	-	191	211

Abb. 4.7 : Infrastruktur-Investitionen bei ein, zwei, drei und vier AMPS- und GSM-Netzen

allerdings auch regulatorisch nicht erforderlich.[38] Die Zahl der konkurrierenden Netze könnte dort kleiner sein als in Ballungsgebieten, z.B. aufgrund von Roaming-Verträgen oder Infrastructure-sharing.

4.3.4 Betriebs- und Gesamtkosten

Um die Auswirkungen auf die Stückkosten und die Skaleneffekte abschätzen zu können, müssen die Infrastrukturinvestitionen zunächst in den Kontext der Gesamtkosten gestellt werden. Dies ist für GSM in Abb. 4.8 zusammenfassend gezeigt.

Austel kommt unter Auswertung diverser australischer und internationaler Quellen zu einer Modellkostenstruktur, die bei Abschreibungen über 6 bis 7 Jahre zu einem Kostenanteil der Abschreibungen von 14% und der Zinsen von 11% (also Infrastrukturkosten von 25%), der Festnetzgebühren von 36% und der sonstigen Betriebskosten von 39% führt.

---

38 Vgl. zu Flächendeckungs-Auflagen Abschnitt 6.2.5

	Anteil an den Gesamt-kosten	Anzahl der GSM-Netze / Anbieter			
		1	2	3	4
Infrastruktur-Abschreibung und Zinsen	25 %	100	142	185	272
Gebühren an das Festnetz	36 %	100	100	100	100
sonstige Betriebskosten	39 %	100	103	106	108
Gesamtkosten	100 %	100	112	124	146

Abb. 4.8 : Skalenverluste bei mehreren GSM-Betreibern

Für die Kostenelemente ist der Fall des vollkommen effizienten Monopols jeweils gleich 100 gesetzt. Die Zahlen für die Infrastrukturkosten sind der Abb. 4.7 entnommen. Die aufgeführten Betriebskosten-Relationen sind ebenfalls das Ergebnis von Modellrechnungen. Dabei schätzt Austel, daß diese für 2 Anbieter 3%, für 3 Anbieter 6% und für 4 Anbieter 8% höher sind als im Monopolfall, wenn man von gleichen Marktanteilen ausgeht.

Bei Gewichtung mit den Kostenanteilen ergibt sich die anbieterzahl-abhängige Gesamtkostenstruktur in der letzten Zeile. Wenn die Mengen für die Vergleiche konstant gehalten werden, folgen daraus direkt die Skaleneffekte. Gegenüber einem effizienten Monopol hätten 2 Anbieter einen Durchschnittskosten-Nachteil von 12%, 3 Anbieter einen von 24% und 4 Anbieter von 46%.

Wenn man davon ausgehen müßte, daß diese minimalen Stückkosten direkt preisbestimmend wären (also Wettbewerbs-Effekte auf die Preise vernachlässigte), dürfen die Skalennachteile noch als unterschätzt gelten, da höhere Preise absatzmindernd wirken. Auf der anderen Seite sind die Mehrkosten etwas zu hoch geschätzt wegen der Annahme von nur 20 MHz statt der tatsächlichen 25 MHz für GSM.

Zu beachten ist außerdem, daß die Ergebnisse stark von der regionalen Nachfragestruktur abhängen. Wäre diese wesentlich gleichmäßiger, wären die Infrastruktur- und damit auch die Gesamtkosten-Nachteile geringer. Bei starken regionalen Disparitäten hängen die Ergebnisse erheblich davon ab, wieviele Netze eine wie hohe Flächendeckung erzielen bzw. von der Regulierung dazu veranlaßt werden.

Vor allem aber muß betont werden, daß dies theoretische Modellrechnungen unter der Annahme sind, daß jeweils (also auch im Monopol) technisch und allokativ effizient produziert und angeboten wird, der Wettbewerb also keine wesentlichen Effekte auf die Kosten und die Preise hat. Dies wird in Abschnitt 4.4 noch problematisiert.

4.3.5 Frequenzeffizienz

Der Terminus Frequenzeffizienz (auch als Frequenzökonomie bezeichnet) ist trotz seines Wortlautes kein wirtschaftlicher Begriff, sondern ist eine rein technische Relation, die die Zahl der Nutzkanäle pro Frequenzeinheit angibt, das heißt die Effizienz der Frequenznutzung. Bezogen auf unser Thema bedeutet dies: Wie gut (d.h. zu wieviel Nutzverkehr) wird das verfügbare Frequenzspektrum bei unterschiedlichen Marktstrukturen genutzt?

Grundsätzlich kann man davon ausgehen, daß das jeweilige Gesamtspektrum eines Dienstes bei Zuteilung auf ein Unternehmen besser ausgenutzt werden kann als bei Aufteilung auf mehrere Nutzer. Wenn die Zahl der Betreiber steigt, die sich eine gegebene Frequenzmenge teilen müssen, steigt die Zahl der erforderlichen Signalisierungskanäle und wächst durchschnittlich die Zahl der Nutzungsbeschränkungen an Frequenzgrenzen aufgrund topografischer Gegebenheiten, so daß die Zahl der effektiv für den Telekommunikationsverkehr nutzbaren Kanäle sinkt. Außerdem gibt es statistische Warteschlangen-Effekte, die die faktische Kanalverfügbarkeit bei größeren Kanalbündeln eines Betreibers günstiger gestalten als bei kleineren Bündeln. Wir können derartige Zusammenhänge, die dem Gesetz der großen Zahl entsprechen, insgesamt auch als technische Frequenzineffizienz bezeichnen.

Die australische Telekommunikationsbehörde hat dazu einerseits Stellungnahmen verschiedener Institutionen und Firmen eingeholt[39] und andererseits umfangreiche eigene Berechnungen durchgeführt. Die Modellberechnungen der Austel für die maximalen technischen Frequenzineffizienzen wurden für das analoge AMPS-System mit 19 und 24 MHz und für das digitale GSM mit 25 MHz durchgeführt und gelten für vollausgelastete Zellen zu Spitzenzeiten.

Annahmen und Ergebnisse sind in den Abbildungen 4.9 und 4.10 aufgelistet. Diese unterscheiden sich durch den zugrundegelegten Standard und die verfügbaren Frequenzen (Zeile A), die zusammen mit der Zahl der angenommenen Betreiber bzw. parallelen Netze (Zeile B) die Kanäle pro Betreiber (Zeile C) bestimmen. Zeile D enthält die zugrundegelegten Wiederholmuster der Zellstruktur, 7 bei AMPS und 4 bei GSM.

Es werden dann jeweils zwei Fälle unterschieden, und zwar entweder omnidirektionale Funkabstrahlungen der Basisstationen oder eine 120°-Sektorisierung der Abstrahlung, woraus sich dann 3 Sektoren pro Basisstation ergeben (Zeile E). Daraus folgen jeweils die Gesamtzahl der Zellen (Zeile F) und (gegebenenfalls unter Abzug eines Signalisierungskanals) die Nutzkanäle pro Zelle pro Betreiber (Zeile G). Der Nutzverkehr wird in Erlang pro Zelle gemessen und ist in Zeile H durchgängig für eine Bloc-

---

39 Die von den Befragten angegebenen Frequenzineffizienzen für zwei Betreiber gegenüber einem Monopol liegen in der Mehrzahl zwischen 5% und 15%. Vgl. AUSTEL (1990), S. 265.

Standard / Frequenzen	A	AMPS / 19 MHz							
Zahl der Betreiber	B	1		2		3		4	
Kanäle pro Betreiber	C	632		316		210		158	
Wiederholmuster	D	7		7		7		7	
Sektoren	E	1	3	1	3	1	3	1	3
Gesamtzahl der Zellen	F	7	21	7	21	7	21	7	21
Nutzkanäle pro Zelle pro Betreiber	G	89	29	44	14	29	9	21	6
Erlang pro Zelle bei 5 % Blocking Rate	H	84,0	23,8	77,2	19,5	71,4	16,1	64,8	11,8
maximaler Frequenz-Effizienz-verlust in %	I			8	18	15	32	23	50

Standard / Frequenzen	A	AMPS / 24 MHz							
Zahl der Betreiber	B	1		2		3		4	
Kanäle pro Betreiber	C	800		400		266		200	
Wiederholmuster	D	7		7		7		7	
Sektoren	E	1	3	1	3	1	3	1	3
Gesamtzahl der Zellen	F	7	21	7	21	7	21	7	21
Nutzkanäle pro Zelle pro Betreiber	G	113	37	56	18	37	11	27	8
Erlang pro Zelle bei 5 % Blocking Rate	H	108,5	31,6	101,0	26,8	94,8	21,2	87,6	18,2
maximaler Frequenz-Effizienz-verlust in %	I			7	15	13	33	19	43

Abb. 4.9 : Maximaler Frequenzeffizienzverlust bei AMPS mit 19 und 24 MHz für 2 bis 4 Anbieter gegenüber einem Monopol

Standard / Frequenzen	A	GSM / 25 MHz							
Zahl der Betreiber	B	1		2		3		4	
Kanäle pro Betreiber	C	1000		500		333		250	
Wiederholmuster	D	4		4		4		4	
Sektoren	E	1	3	1	3	1	3	1	3
Gesamtzahl der Zellen	F	4	12	4	12	4	12	4	12
Nutzkanäle pro Zelle pro Betreiber	G	250	83	125	41	83	27	62	20
Erlang pro Zelle bei 5 % Blocking Rate	H	250,5	77,9	241,8	71,2	233,7	65,7	226,4	60,8
maximaler Frequenz-Effizienz-verlust in %	I			3	9	7	16	10	22

Abb. 4.10 : Maximaler Frequenzeffizienzverlust bei GSM für 2 bis 4 Anbieter gegenüber einem Monopol

king Rate von 5% angegeben.[40] Die Zeilen I enthalten die entscheidenden Größen, nämlich die maximale Frequenzineffizienz bei mehreren parallelen gegenüber nur einem Betreiber, die in Abb. 4.11 noch einmal gegenübergestellt sind.

Die maximale Frequenzineffizienz ist in allen Fällen bei einer 3er-Sektorisierung mehr als doppelt so hoch wie bei omnidirektionaler Funkabstrahlung. Sie sinkt außerdem wie zu erwarten mit zunehmender Größe des Frequenzspektrums. Nicht aus der Tabelle ablesbar ist, daß die maximale Frequenzineffizienz bei einer Blocking Rate von 2% höher ist als bei 5%.

40 Die Blocking Rate (Blockierrate) ist definiert als Anteil der erfolglosen Belegungsversuche zu Spitzenzeiten. Eine niedrige Blockierrate stellt ein wichtiges Qualitätskriterium für ein Netz dar.

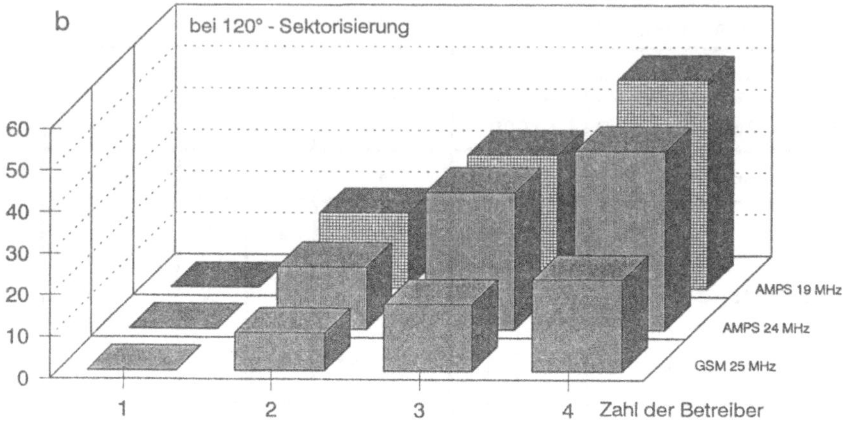

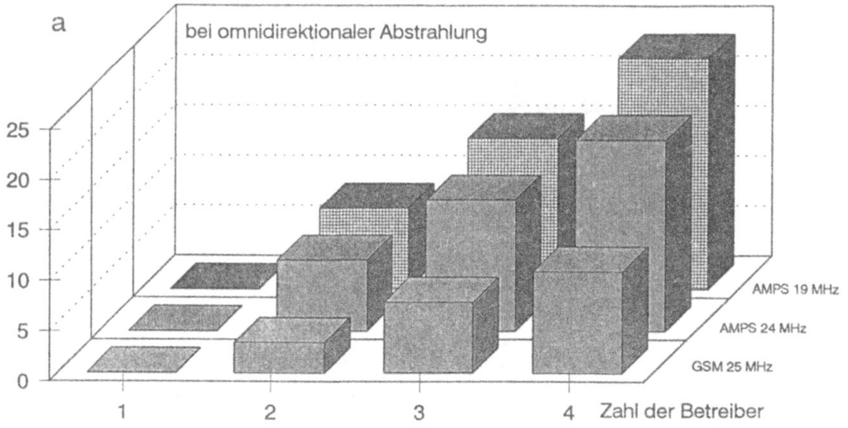

Abb. 4.11 : Maximaler Frequenzeffizienzverlust durch mehrere Anbieter für AMPS und GSM bei omnidirektionaler und sektorisierter Abstrahlung

Sie beträgt im AMPS-Dyopol bei 19 MHz 10% statt 8% (bzw. 22% statt 18%) und bei 24 MHz 9% statt 7% (bzw. 19% statt 15%).[41]

41 Vgl. AUSTEL (1990), S.267.

Abb. 4.11 zeigt die betreiberzahl-bedingten, maximalen, technischen Frequenzineffizienzen gegenüber dem Monopol. Sie betragen im Dyopol (je nach System und MHz) zwischen 3% und 8% (bzw. 9% und 18% bei Sektorisierung). Diese Werte verdoppeln sich ungefähr bei Übergang von zwei zu drei Betreibern und sie verdreifachen sich fast von zwei zu vier Betreibern bzw. Netzen. Im Vergleich von AMPS und GSM mit fast gleicher Frequenzausstattung (25 bzw. 24 MHz) fällt auf, daß die marktstrukturbedingten Frequenzineffizienzen bei GSM nur ca. halb so groß sind wie bei AMPS.

Ein erster Punkt der Relativierung dieser Ergebnisse bezieht sich darauf, daß es sich (wie schon bei den Kostenstudien oben) um einen theoretischen Vergleich zwischen optimal agierenden Wettbewerbsunternehmen einerseits und einem optimal produzierenden Monopolisten andererseits handelt. Ob und in welchem Maße der Verlust tatsächlich eintritt, hängt also auch davon ab, in welchem Maße diese Annahme in der Praxis bei fehlendem Wettbewerb noch erfüllt ist.

Die Frequenzeffizienz wird außerdem davon abhängen, auf welche Weise die Frequenzen vergeben werden. Wenn sie ohne wertadäquate Preise und erfolgsunabhängig administrativ zugeteilt werden, sind weniger Anreize vorhanden, sie effizient zu nutzen. Dies bezieht sich auch auf die Minimalkostenkombination zwischen Frequenzen und Infrastruktur (Zellteilung, vgl. 5.2.2). Beide Faktoren kommen bei den etablierten staatlichen Monopolunternehmen zusammen, so daß man davon ausgehen kann, daß die Vergleichsgröße der gezeigten Rechnungen, das effiziente Monopol, praktisch ziemlich irrelevant ist.

Ein zweiter, für die Frequenzeffizienz-Rechnungen spezifischer Punkt ist vielleicht noch gravierender: Bei den Modellrechnungen ist zu allererst zu berücksichtigen, daß sie nur für die jeweilige Kapazitätsgrenze gelten, das heißt für vollausgelastete Zellen (in der Regel in Ballungsgebieten) zu Spitzenlastzeiten. Zu Schwachlastzeiten und bei nicht an der Kapazitätsgrenze operierenden Zellen, was vor allem außerhalb der Ballungsgebiete gilt, tritt überhaupt keine relevante Nutzungseinschränkung auf, da dann entsprechende Kapazitätsreserven vorhanden sind.

Somit sind die angegebenen maximalen Frequenzineffizienzen eher theoretische Extremfälle als repräsentative Vergleichswerte. Sie sind zwar langfristig grundsätzlich relevant, da sich die Netzverfügbarkeit (Blocking-Rate), die durch die Frequenzeffizienz entscheidend bestimmt wird, vor allem zu Spitzenzeiten in Ballungsgebieten erweisen muß.

Ob derartige Frequenzineffizienzen aber überhaupt praktisch bedeutsam werden, hängt vom quantitativen Verhältnis zwischen der Mobilfunknachfrage und dem zugeteilten Frequenzumfang ab. Wenn dieser entweder systemspezifisch reichlich bemessen ist oder die Funktelefonkunden auch über andere Frequenzbereiche bedient werden können, werden derartige Ineffizienzen in der Realität irrelevant sein. Man kann erwarten, daß dies für die Bundesrepublik der Fall ist, wenn die 1800-MHz-Frequenzen weiteren Mobilfunkbetreibern (PCN) zeitgerecht zugeteilt werden.

4.4 Wieviele Lizenzen ?

4.4.1 Problem

In Kapitel 3 und im vorangegangenen Abschnitt 4.3 wurden zwei wesentliche ökonomische Bausteine für die Lizenzierung in Wettbewerbsmärkten geliefert. Welche generellen ordnungspolitischen Folgerungen und welche Implikationen für die konkreten Lizenzierungsaufgaben ergeben sich daraus?

Für diesen Abschnitt wird von der Prämisse ausgegangen, daß bereits über eine Lizenzpflicht entschieden wurde[42] und sich jetzt die Frage stellt, wieviele Lizenzen vergeben werden sollen. Dies wird zunächst für ein in-

---

42 Die grundsätzliche Frage, ob überhaupt eine Lizenzpflicht bestehen sollte, wird dann in Abschnitt 4.6 diskutiert.

tramodales Lizenzierungsproblem betrachtet. Die intermodale Wettbewerbssituation wird in Abschnitt 4.4.4 einbezogen.

Die konkrete Aufgabe der Regulierungsbehörde besteht also in der Bestimmung der optimalen Zahl von Lizenzen. Fraglich ist, ob es eine solche überhaupt gibt. Die Folgerung aus Kap. 3 war, daß bei nur sehr wenigen Anbietern speziell unter den institutionellen und strukturellen Bedingungen des Mobilfunks Kollusion zu befürchten ist. Die Vergabe sehr weniger Lizenzen würde eine solche Marktstruktur erzeugen. Die Folgerung aus Abschnitt 4.3 war, daß Skalenineffizienzen zu befürchten sind, wenn zu viele Anbieter mit jeweils zu kleiner Betriebsgröße vorhanden sind. Dies würde durch Vergabe weniger Lizenzen vermieden.

Unterstellen wir für den Anfang, daß der Regulierungsbehörde bekannt ist, daß die relevante LDK den in Abb. 4.12 gezeigten Verlauf hat. Es bestehen bis zum relevanten Marktvolumen X_V Economies of Scale, d.h. es handelt sich hier um ein Natürliches Monopol. Kann man aus der Subadditivität der Kosten dann für die Praxis schließen, daß das Monopol die effizienteste Marktstruktur wäre? Sicher nicht! Die Annahme vollkommen effizienter Monopole, die auch der Austel-Modellrechnung zugrunde lag, ist vor allem dann unrealistisch, wenn das Monopolunternehmen dauerhaft vor Wettbewerb geschützt ist.

Wenn wir für die Kostenvergleiche jeweils gleiche Marktanteile für zwei, drei bzw. vier Anbieter unterstellen, zeigt die LDK bei 1/2, 1/3 und 1/4 X_V die zugehörigen minimalen Stückkosten und somit die Kostendifferenz zum Monopolfall unter der Prämisse, daß mit Ausnahme der gezeigten Skalen- keinerlei weitere technische Ineffizienzen bestehen. In der Praxis müssen wir jedoch davon ausgehen, daß die technischen Ineffizienzen umso größer sind, je geringer der Wettbewerbsdruck ist, am höchsten also im preisregulierten Monopol. Diese Zusammenhänge zwischen der Marktstruktur und der technischen Ineffizienz sind stark schematisiert in Abb. 4.12 durch unterschiedlich hohe Abstände TI_j ($TI_j = DK_j - LDK_j$, $j = 1..4$)

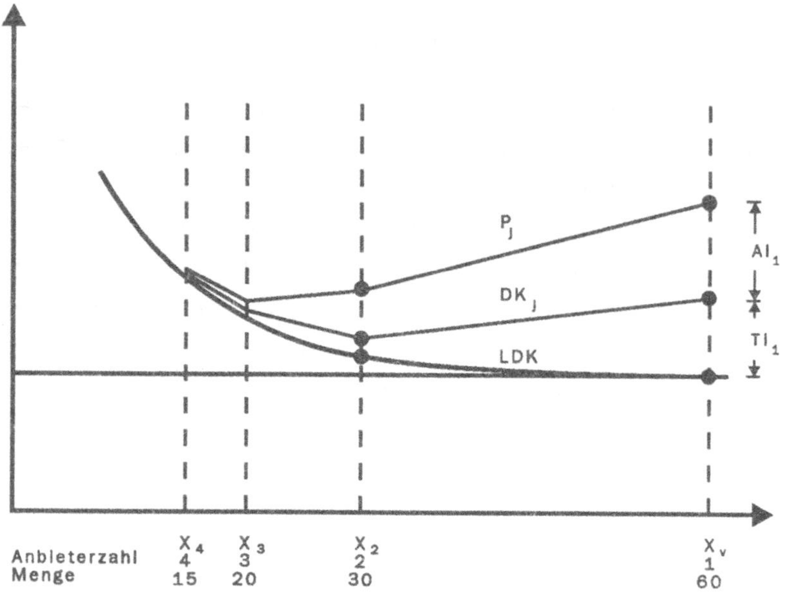

Abb. 4.12 : Skalen-, technische und allokative Ineffizienzen

mit $TI_1 > TI_2 > TI_3 > TI_4$ veranschaulicht,[43] d.h. TI_1 ist die technische Ineffizienz im Monopol.

Außerdem kann man im Mobilfunk (bei hohen institutionellen Markteintrittsbarrieren etc.) davon ausgehen, daß die Möglichkeiten, durch Kollusion etc. die Preise deutlich über das Kostenniveau anzuheben, ebenfalls umso größer werden, je weniger Konkurrenten vorhanden sind. Dies ist analog durch die Abstände AI_j ($AI_j = P_j - DK_j$) mit $AI_1 > AI_2 > AI_3 > AI_4$ gezeigt.

Man kann davon ausgehen, daß bezüglich der Effizienz der Marktergebnisse zwischen der zu erwartenden Wettbewerbsintensität und der Nut-

43 Die Linien zwischen den Punkten für die Fälle mit 1, 2, 3 und 4 Anbietern sind nicht inhaltlich interpretierbar, sondern dienen hier nur der grafischen Veranschaulichung der Bezüge.

zung der Economies of Scale ein Tradeoff besteht. In der Abb. 4.12, die lediglich das Prinzip darstellt, aber keine inhaltliche Aussage über das quantitative Ausmaß der AI und TI bei diversen Marktstrukturen machen soll, wäre also der Preis bei 3 Anbietern niedriger als im Dyopol und Monopol, obwohl die LDK für 2 und 3 Anbieter Skalenineffizienzen anzeigt.

Hinzu kommt, daß unter intensiverem Wettbewerb auch die Anreize und der Druck für die Unternehmen zu kundenorientierter Qualität, Service etc. höher sind als bei Kollusion oder gar im Monopol. Das gleiche gilt grundsätzlich auch für Produkt- und Prozeßinnovationen. Bei mehr Anbietern steigt die Wahrscheinlichkeit, daß mögliche Innovationen auch tatsächlich realisiert werden.

Grundsätzlich gilt für die Entscheidungen der Regulierungsbehörde, daß - abweichend von der Annahme der Abb. 4.12 - für die relevanten Variablen keine verläßlichen quantitativen Werte vorhanden sind. Außerdem verändern sich diese im Zeitablauf. Da die Lizenzentscheidung in der Regel erfolgt, bevor Markterfahrungen vorliegen, besteht das Kernproblem darin, daß die Schätzung der relevanten Funktionen hohe Prognose-Unsicherheiten beinhaltet. Dies gilt nicht nur für die Kostengrößen, die in der Praxis zudem von der Nachfrageentwicklung abhängen, sondern auch für die qualitativen Merkmale, die Innovationen und die tatsächlichen Wettbewerbsintensitäten, die in der Praxis von einer Reihe weiterer Faktoren abhängen.

Die Regulierungsbehörde trifft deshalb immer eine Entscheidung unter hoher Unsicherheit. Die Aufgabe der Bestimmung einer optimalen Lizenzzahl erscheint schwierig, wenn nicht gar unlösbar. Hinzu kommen generelle Einwände, daß die Lizenzzahl weniger gravierend ist als z.B. die Markteintrittsbarrieren, die Frequenzallokation etc. Außerdem gilt das grundsätzliche Argument, daß eine solche Vorgehensweise im Kern strukturdirigistisch ist.

Unterstellen wir aber dennoch einmal für die folgenden Überlegungen, es gäbe eine optimale Lizenzzahl L_O, die jedoch aufgrund der vorher genannten Probleme der Regulierungsbehörde nicht bekannt ist. Wenn die

Regulierungsbehörde sich dennoch für eine Anzahl L_R entscheiden muß, kann sie bei ihrer Entscheidung unter Unsicherheit zwei Arten von Fehlern machen, Fehler I ($L_R > L_O$, zu viele Lizenzen) und Fehler II ($L_R < L_O$, zu wenige Lizenzen). Wie gravierend sind die Fehler in die eine und in die andere Richtung ? Betrachten wir im folgenden zuerst, welcher Fehler volkswirtschaftlich schwerwiegender ist, und anschließend, welcher unter Berücksichtigung der politischen Rahmenbedingungen tendenziell eher gemacht wird.

Festzuhalten ist dabei, daß die Lizenzzahl lediglich die Obergrenze für die Anbieterzahl determiniert. Wenn man davon ausgeht, daß mit der Lizenzvergabe auch die verfügbaren Frequenzen verteilt werden, gilt dies gegebenenfalls für längere Zeiträume. Es besagt allerdings noch nicht, daß auch für jede angebotene Lizenz ein interessiertes Unternehmen als Lizenznehmer vorhanden ist, das heißt die Anbieterzahl kann kleiner sein als die Zahl der Lizenzen.

4.4.2 Volkswirtschaftliche Fehlerrisiken

Betrachten wir zunächst den Fehler I ($L_R > L_O$), das heißt, daß zu viele Lizenzen vergeben werden. Die Entscheidung eines Unternehmens, eine entsprechende Lizenz nachzufragen, ist grundsätzlich mit einer normalen Markteintrittsentscheidung zu vergleichen, die Unternehmen in allen Märkten der Volkswirtschaft treffen und bei denen sie die unternehmerischen Chancen und Risiken abwägen.[44] Falls zu viele Lizenzen von der Regulierungsbehörde angeboten werden, obliegt es also immer noch der Investitions-Entscheidung der einzelnen Unternehmen, welche Folgen daraus resultieren.

Bei "zu vielen" Lizenzen (z.B. 4 statt 3) besteht erstens die Möglichkeit, daß die Unternehmen nach Maßgabe ihrer Investitionskalküle zu dem Ergebnis kommen, daß nur bei maximal 3 Anbietern hinreichende Gewinn-

---

44 Wir gehen davon aus, daß die Lizenzkonditionen so gestaltet sind, daß keine Anreize bestehen, Lizenzen zu horten, ohne echte Betreiberinteressen zu haben.

erwartungen bestehen. In diesem Fall würden nur 3 Unternehmen einen Netzaufbau vornehmen, das heißt nur 3 Lizenzen würden effektiv nachgefragt.

Wenn tatsächlich 4 Lizenzen vergeben werden, alle Lizenznehmer in ihre Infrastruktur investieren und sich die Größenvorteile als gravierend herausstellen, wird es unter den herrschenden Bedingungen in der Regel zum Selektionswettbewerb kommen. Die Marktpreise fallen auf ein Niveau,[45] das keine Gesamtkostendeckung erlaubt und ein weniger effizienter Anbieter wird aus dem Markt ausscheiden. Letzteres könnte auch über eine Fusion erfolgen, sofern dies unter Wettbewerbsgesichtspunkten von der Regulierungs- und der Wettbewerbsbehörde für akzeptabel gehalten wird. Auf welche Weise die Reduzierung der Anbieterzahl konkret erfolgt, hängt im wesentlichen von den institutionellen Regeln der Reallokation der freiwerdenden Frequenzen ab.

In volkswirtschaftlicher Bewertung sind Marktausscheiden und Konkurs normale Unternehmerrisiken. Ein etwaiger Anspruch der etablierten Unternehmen, durch restriktive Lizenzierung Gewinne quasi "garantiert" zu bekommen, wäre schon vom Ansatz her verfehlt.

Auch die Entwertung der irreversiblen Investitionen des ausgeschiedenen Anbieters ist ein normales Risiko wettbewerblicher Prozesse und keine Besonderheit der Lizenzierung. Dies ist gesamtwirtschaftlich quasi der Preis dafür, daß durch die Selektion die effizientesten Anbieter am Markt verbleiben und dies entsprechende Anreizwirkungen erzeugt.

Die wettbewerbliche Selektion ist noch in anderer Hinsicht von Bedeutung. Da es bei diskretionärer Lizenzvergabe sehr wohl möglich ist, daß die Regulierungsbehörde sich in einem Kandidaten irrt und eine Lizenz an ein Unternehmen vergibt, das sich der Aufgabe nicht gewachsen zeigt,

---

45 Grundsätzlich wäre es indessen auch möglich, daß die Unternehmen es durch Kollusion schaffen, den Preis auf einem kostendeckenden Niveau zu stabilisieren (vgl. Kap. 3) und damit den Selektionswettbewerb und die Erreichung einer effizienten Angebotsstruktur zu verhindern. Dies hängt im wesentlichen von der Art der Frequenzallokation ab.

wäre Marktausscheiden die systemkonforme und effiziente Lösung. Hinter diesen Wettbewerbsvorteilen treten die anderen Probleme zurück. Der mögliche Fehler, zu viele Lizenzen zu vergeben, ist als volkswirtschaftlich nicht sehr gravierend zu betrachten.

Beim anderen möglichen Fehler, daß nämlich zu wenige Lizenzen vergeben werden, besteht die Gefahr in der kollusiven Wettbewerbsbeschränkung, insbesondere wenn es nur zwei oder drei Anbieter bei hohen Markteintrittsbarrieren sind. Letzteres ist gegeben, wenn nicht-eliminierbare, institutionelle Markteintrittsbarrieren bestehen, z.B. weil alle zugehörigen Frequenzen verteilt wurden oder die Regulierungsbehörde angekündigt hatte, nur eine bestimmte Zahl von Lizenzen zu vergeben.

Bei Fehler II ($L_R < L_O$) besteht also eine regulatorisch bedingte, enge Marktstruktur, die nicht durch entsprechende Skaleneffekte zu begründen ist. Außerdem könnten Unternehmen lizenziert worden sein, die sich als ineffizient erweisen. Während dies bei Existenz einer Mehrzahl von Konkurrenten volkswirtschaftlich unproblematisch ist, da nach Ausscheiden der "failing firm" noch funktionierender Wettbewerb verbleiben wird, ist es in sehr engen Märkten gravierender. Das Marktergebnis wird nicht nur durch das betreffende Unternehmen selbst beeinträchtigt. Auch der Wettbewerbsdruck auf die verbleibenden Anbieter wird deutlich geringer, und zwar schon im Vorfeld.

Grundsätzlich könnte die Regulierungsbehörde sich Nachsteuerungs-Möglichkeiten vorbehalten, um später gegebenenfalls weitere Lizenzen vergeben zu können. Dies erfordert, daß auch die entsprechenden Frequenzen für spätere Lizenzvergaben reserviert werden, bzw. daß die Art der Frequenzallokation eine spätere Revision ermöglicht. Gleichwohl bestünden auch in diesem Fall erhöhte Markteintrittsbarrieren für spätere Newcomer.

Als Fazit gilt, daß es im Mobilfunk volkswirtschaftlich problematischer wäre, den Fehler II zu machen als den Fehler I. Etwas überzogen kann man sagen, daß die Regulierungsbehörde - vom gesamtwirtschaftlichen Standpunkt - praktisch keinen Fehler der Vergabe "zu vieler" Lizenzen machen kann. Die Unternehmen stellen ein normales Investitionskalkül an und müssen sich auf Wettbewerbsmärkten bewähren. Eine Vergabe sehr vieler Lizenzen wirkt praktisch wie die Abwesenheit jeder Lizenzpflicht.

Wenn die Expertenschätzungen hinsichtlich der optimalen Anbieterzahl sehr weit streuen, besteht für die Regulierungsbehörde die Möglichkeit, sich durch ein mehrstufiges Ausschreibungsverfahren an die optimale Lizenzzahl von oben anzunähern. Sie könnte in einem ersten Schritt eine hohe Zahl von n Lizenzen anbieten. Wenn die Nachfrage danach zu gering ist, werden anschließend n-1 Lizenzen ausgeschrieben etc. bis die Zahl so klein ist, daß die Lizenzen von den Unternehmen für profitabel gehalten werden. Dies könnte entweder auf jeder Stufe "ein neues Spiel" sein, oder - was vorzuziehen wäre - daß alle Unternehmen, die schon auf einer vorherigen Stufe eine Lizenz nachgefragt haben, diese auch zugeteilt bekommen. Die Kollusionsmöglichkeit ist bei einem solchen Vergabeverfahren geringer als bei bestehenden Marktkonstellationen.

Im Lichte der vorherigen Überlegungen kann man sich nun fragen, warum bei der PCN-Lizenzierung in der Bundesrepublik so restriktiv vorgegangen wurde. Warum wurde nur eine E-Lizenz vergeben, wenn doch frequenzmäßig für mehrere Lizenzen "Platz wäre". Angenommen, man hätte 3 Lizenzen für neue Funktelefon-Betreiber angeboten. Wenn für alle 3 Lizenzen Interessenten vorhanden sind, wäre damit offensichtlich das Problem der kompetitiven Marktstrukturen auf einen Schlag gelöst. Falls die Marktchancen nicht für so viele Betreiber ausreichen, würden entsprechend weniger Netze errichtet.

Wenn die Regulierungsbehörde also Lizenzen zurückhält, ohne die Nachfrage nach Lizenzen erprobt zu haben, sollte es hierfür gute Gründe geben.[46] Die Begründungen bestehen in diesem Fall (1) in der (nicht getesteten) Befürchtung, daß sich dann keinerlei Interessenten fänden, (2) in der nicht von der Hand zu weisenden Erwartung, daß die PCN-Anbieter noch mehr Nachteile gegenüber den GSM-Netzen hätten, sowie (3) in Er-

46 Vgl. KRUSE (1992d), S. 15f.

wartungen über zukünftige technische und regulatorische Entwicklungen, die nicht blockiert werden sollen.

4.4.3 Politische Entscheidungstendenzen

Eine Regulierungsbehörde, die keinen unabhängigen Status hat, sondern - wie das Bundesministerium für Post und Telekommunikation in der Bundesrepublik - ein Teil der allgemeinen Politik ist, wird bei ihren Entscheidungen die Interessenlagen politisch relevanter Gruppen (Unternehmen, Verbände, Parteien etc.) und die Akzeptanz in der Öffentlichkeit (Medien) ins Kalkül ziehen.

Wenn eine Regulierungsbehörde den Fehler I (zu viele Lizenzen) macht, würde dies gegebenenfalls in Form von Unternehmenspleiten und/oder Fusionen in der Öffentlichkeit deutlich sichtbar und vermutlich der Regulierungsbehörde als Versagen angekreidet werden. Schon im Vorwege würden die Unternehmen sich über "ruinöse Konkurrenz" beklagen und argumentieren, bei so vielen Anbietern wäre die Investitionsbereitschaft gering.

Speziell für die Bundesrepublik kommt hinzu, daß gerade die ersten Schritte zur Liberalisierung gemacht werden und Teile der Öffentlichkeit und der politischen Klasse noch stark in traditionellen Vorstellungen von der Telekommunikation als öffentlicher oder gar hoheitlicher Aufgabe verhaftet sind und das staatliche Monopol für die Normalität halten. Es ist deshalb ziemlich unwahrscheinlich, daß die Regulierungsbehörde den Fehler I macht.

Wenn die Regulierungsbehörde zu wenig Lizenzen vergibt, wird ein solcher Fehler vermutlich in der Öffentlichkeit gar nicht in Erscheinung treten. Die Unternehmen selbst werden sich wegen ihrer höheren Gewinnmöglichkeiten nicht beklagen. Eine Kollusion wird in der Regel nicht konkret festgestellt werden können. Wettbewerbsadäquate Preise ließen sich allenfalls von wenigen Experten mit Insider-Kenntnissen abschätzen. Bei technologisch innovativen Märkten wäre selbst dies zweifelhaft. Hohe Gewinne der Betreiber würden nicht ausgewiesen, sondern z.B. in Abschreibungssätzen versteckt, zu Quersubventionierung verwendet etc. Und falls die Kunden dennoch Evidenz für Kollusion sähen, hätten sie keine adäquate Lobby, dies politisch umzusetzen.

Die Regulierungsbehörde wird es in der Regel für den politisch risikominimierenden Weg halten, zunächst weniger Lizenzen zu vergeben als vielleicht möglich. Dies gilt speziell für die Bundesrepublik, wo das Dyopol als erster Schritt zu einer weitergehenden Liberalisierung interpretiert werden kann. Der Zuwachs an Wettbewerbsintensität ist beim Übergang vom Monopol zum Dyopol größer als bei dem Schritt zu drei Anbietern. Außerdem wird die Regulierungsbehörde darauf verweisen, daß auch in anderen Ländern, in denen der Mobilfunk liberalisiert wurde (insb. Vereinigte Staaten und Großbritannien), je zwei Lizenzen vergeben wurden. Es ist zu erwarten, daß die Regulierungsbehörde zum Fehler II tendiert.

4.4.4 Lizenzierung bei intermodalem Wettbewerb

Bisher haben wir in Abschnitt 4.4 rein intramodal argumentiert. Dies gilt sowohl für die Skaleneffekte, die auch in der Austel-Studie nur innerhalb des gleichen Systems erörtert wurden, als auch für die Wettbewerbsintensität. Es existieren jedoch Wettbewerbsbeziehungen über ein System hinaus, und es könnten auch Skaleneffekte zwischen verschiedenen Systemen bestehen.

Unter intermodalem Wettbewerb werden hier Konkurrenzbeziehungen im engeren Sinne zwischen Betreibern verschiedener Mobilfunksysteme verstanden. Danach wäre also auch ein Wettbewerb zwischen C-450 und GSM oder zwischen GSM und DCS-1800 intermodaler Wettbewerb. In einem weiteren Sinne gehört dazu außerdem der Wettbewerb zu Bündelfunk, Telepoint etc., soweit dies relevant ist.

Wenn zwei oder mehr Systeme ökonomisch so nahe beieinanderliegen, daß die Dienste für die meisten Kunden und Verwendungen direkt austauschbar sind, dann sind die Lizenzzahlen für die einzelnen Systeme unter Wettbewerbsaspekten von nur geringer Bedeutung. Hier wäre von vorn herein nur die Gesamtheit aller Lizenzen, deren Inhaber auf dem gleichen relevanten Markt anbieten, zu betrachten.

In qualitativ differenzierbaren Produktbereichen entstehen typischerweise verschiedene Marktsegmente, *zwischen* denen effektive Substitutionsbeziehungen vorhanden sind. Auch die C-, D- und E-Netze stehen zueinander potentiell in intensiver Konkurrenz und bilden insgesamt *einen* relevanten Markt. Allerdings unterscheiden sich einige qualitative Merkmale. Die Anbieter bewirken eine zusätzliche Marktsegmentierung, indem sie ihr Marketing auf bestimmte Zielgruppen und Nutzungsprofile ausrichten. Dabei ist zu betonen, daß die tatsächlichen Substitutionslücken bei weitem nicht so groß sind, wie man bei Betrachtung der Marketingstrategien glauben könnte.

In dem Maße, wie intermodale Konkurrenz besteht, wird die Befürchtung reduziert, daß eine systemspezifische restriktive Lizenzierung zur Kollusion führt. Auch ein lizenzierungsbedingtes, *intra*modales Dyopol, das z.B. durch Frequenzknappheit oder starke Skaleneffekte begründet wird, wäre vom Wettbewerbsstandpunkt unproblematisch, wenn effektive Wettbewerbsbeziehungen zu Betreibern anderer Systeme bestehen.

Für die Lizenzierung bedeutet dies aber gleichzeitig, daß die substitutiven Mobilfunksysteme durch unterschiedliche Unternehmen zu betreiben sind. Mit anderen Worten: Bei der Lizenzierung eines neuen Systems scheiden solche Unternehmen als Lizenznehmer aus, die bereits mit anderen Netzen am Markt sind. Diesem Postulat wird jedoch in der Praxis sehr häufig nicht entsprochen.[47]

---

47 Dies gilt auch für die GSM-Einführung in der BRD, bei der dem C-Netz-Monopolisten Telekom von vornherein die D1-Lizenz zugewiesen wurde. Auf diese Weise wurde eine Chance vertan, auf dem deutschen Funktelefon-Markt frühzeitig eine kompetitive Anbieterstruktur zu installieren.

Als Kostenargumente dafür, einem Unternehmen Lizenzen für mehrere Systeme zu geben, kommen Economies of Scope (vgl. 4.2.1) in Frage, also reale Ressourcenersparnisse eines gemeinsamen gegenüber dem separaten Betrieb von Netzen. Für das Argument ist es jedoch erforderlich, daß die betreffenden Kosteneinsparungen nicht auch durch vertragliche Vereinbarungen möglich sind. Dies wird jedoch in der Mehrzahl der Fälle gegeben sein, z.B. in Form der entgeltlichen Mitnutzung von Sendetürmen oder anderen Infrastrukturelementen.

In lizenzfreien, unregulierten Märkten wird eine solche Vereinbarung in manchen Fällen an strategischen Überlegungen des etablierten Unternehmens scheitern, das dem Newcomer den Markteintritt nicht erleichtern möchte. Im Telekommunikationssektor bedürfte es hierzu jedoch nur einer entsprechenden Vorschrift der Regulierungsbehörde, den anderen Betreibern die nicht-diskriminierende Nutzung entsprechender Anlagen zu gestatten, oder eine vertikale Desintegration vorzunehmen, so daß alle Betreiber mit einem Dritt-Unternehmen kontrahieren.

4.5 Bestimmung der Lizenznehmer

Wir gehen für diesen Abschnitt von der Prämisse aus, daß die Zahl der Lizenzen ex ante festgelegt wurde und betrachten die Modalitäten zur Auswahl der Lizenznehmer. Dabei wird zwischen pretialen (Lizenzauktion) und nicht-pretialen Verfahren (wertende Auswahl, Prädesignierung, Lotterie) unterschieden.

4.5.1 Pretiales Verfahren: Lizenzauktion

Bei einem pretialen Verfahren wird die Lizenz über einen wettbewerblichen Preismechanismus vergeben. Dies können wir hier mit einer Lizenz-Auktion (Lizenz-Versteigerung)[48] gleichsetzen. Dabei bietet die Regulierungs-

48 Die Begriffe Auktion und Versteigerung werden im folgenden synonym verwendet.

behörde eine oder mehrere gleichartige Lizenzen an,[49] die nach Umfang, Laufzeit und eventuellen Auflagen inhaltlich definiert sind. Die Bewerber mit den höchsten Geboten erhalten den Zuschlag. Eine Vergabe der Lizenzen nach pekuniären Höchstgeboten ist das einfachste und ökonomisch plausibelste, aber nicht das einzig mögliche Verfahren. Es könnten auch z.B. höchste Prozentsätze vom Umsatz als Lizenzgebühr, einzelne Qualitätskriterien oder eine Kombination solcher Kriterien verwendet werden.[50]

Bei der Vergabe einer Monopollizenz, bei der anders als in unserem Fall der Lizenzinhaber anschließend Monopolist auf dem Markt ist, ist es häufig adäquat, den minimalen Marktpreis für die Kunden als Kriterium für die Lizenzvergabe zu verwenden. Dies ist bei Lizenzen für Wettbewerbsmärkte nicht akzeptabel, da es eine Preisbindung via Lizenzvertrag für die Betreiber implizierte, was die Vorteile des Wettbewerbs konterkarieren würde. Im folgenden wird zur Vereinfachung unterstellt, daß das Höchstgebot für die Lizenz das alleinige Zuschlagskriterium ist.

Für die institutionelle Ausgestaltung einer Auktion werden grundsätzlich vier Verfahren unterschieden,[51] die Englische Auktion, die Holländische Auktion, die verdeckte Auktion zum Preis des jeweiligen Gebotes und die verdeckte Auktion zum Preis des nächsthöchsten Gebotes. Wir gehen davon aus, daß aus einer Reihe von Gründen (u.a. der Vermeidung von wettbewerbsbeschränkender Submissionskollusion und der Praktikabilität

---

49 Es wird auch für den Fall der Vergabe nur einer einzigen Lizenz davon ausgegangen, daß der Betreiber auf dem Markt in Wettbewerb zu anderen stehen wird, die ihre Lizenz eventuell auf eine andere Weise (z.B. D1 in der BRD) erhalten haben. Vgl. die analoge Situation bei der Frequenzversteigerung in Abschnitt 5.4.

50 Eine Kombination von Preis- und Qualitäts-Kriterien wurde zum Beispiel bei der Vergabe der britischen TV-Lizenzen verwendet, wenngleich dort die Qualitätskriterien nicht transparent waren. Vgl. IRELAND (1992).

51 Vgl. für eine Beschreibung und für Literaturhinweise 5.4.2 im Kontext der Frequenzauktionen.

bei der Vergabe mehrerer Lizenzen)[52] eine verdeckte Auktion vorzuziehen ist.

Die Vergabe der Lizenz zum Preis des jeweiligen Gebotes hat offenbar eine gewisse Apriori-Plausibilität. Allerdings beinhaltet dies bei mehreren versteigerten Lizenzen für die Konkurrenz der Unternehmen auf dem Mobilfunkmarkt eine Wettbewerbsverzerrung zu Lasten der höheren Bieter.[53] Bei der Lizenzvergabe zu einem für alle Lizenznehmer gleichen Preis auf dem Niveau des nächsthöchsten Gebotes ist dies nicht der Fall. Dieser Preis wird bestimmt durch das höchste nicht zum Zuge gekommene Gebot und entspricht damit den Opportunitätskosten einer Lizenz. Aufgrund der damit verbundenen allokativen Attraktivität und hohen Anreize zu wertadäquaten Geboten gehen wir im folgenden davon aus, daß bei der Lizenzvergabe der Preis des nächsthöchsten Gebotes realisiert wird.

Die ökonomische Logik eines Auktionsverfahrens besteht in der Erwartung, daß das effizienteste Unternehmen, das die relativ höchste Gewinnerwartung hat, auch die größte Zahlungsbereitschaft für die Lizenz aufweist. Soweit diese Erwartung zutreffend ist, führt das Höchstgebotskriterium der Lizenzauktion also zur Auswahl des effizientesten Unternehmens als Anbieter. Eine distributive Begründung der Versteigerung basiert darauf, daß die als Folge der staatlichen Lizenzpflicht entstehende Rente nicht an den Lizenznehmer geht, sondern in Form der Erlöse aus den Lizenzgebühren dem Staat verbleibt.

Eine Lizenzauktion ist eine marktanaloge Vergabeform, die hohe ökonomische Plausibilität hat und als Auswahlmethode grundsätzlich gut ge-

---

52 Dies würde es auch (anders als hier angenommen) leichter ermöglichen, allgemeine oder bewerberspezifische Qualitäts- oder Ausschlußkriterien anzuwenden.

53 Für die Lizenznehmer ist die Frequenzgebühr eine irreversible Investition. Höhere Gebote führen dann unabhängig von der Ertragslage im Kostenkalkül der Perioden zu höheren Fixkosten. Allerdings wird hierdurch nicht das allokativ relevante Outputkalkül verändert.

eignet erscheint.[54] Im folgenden werden einige Probleme einer Lizenzauktion aufgeführt. Diese stellen jedoch bei adäquater institutioneller Gestaltung der Auktion deren ökonomische Eignung nicht grundsätzlich in Frage.[55]

4.5.2 Praktische Probleme von Lizenzauktionen

Ein gravierendes einzelwirtschaftliches Problem der Unternehmen besteht in dem hohen Risiko, das aus den Unsicherheiten der Marktentwicklung während der für dynamische Märkte langen Lizenzdauer resultiert.[56] Schon in der ersten Phase müssen hohe Investitionen getätigt werden. Die Erlöse hängen bezüglich Umfang und zeitlicher Struktur von der Entwicklung der Nachfrage ab, deren Schätzungen noch weit auseinanderliegen. Das gleiche gilt grundsätzlich auch für die Kosten bei neuen Technologien sowie für die Intensität des Wettbewerbs mit substitutiven Diensten und Netzen, die eventuell erst während der Cash-Phase der Lizenznehmer an den Markt kommen.

Das Kalkül eines Auktionsgebotes, das den wirtschaftlichen Wert adäquat reflektiert, ist für die interessierten Unternehmen deshalb mit großen Risiken verbunden. Je unsicherer die relevanten Faktoren sind, desto mehr ähnelt die individuelle Bietsumme einem Vabanquespiel. Das resultierende Phänomen ist als "Winners Curse" (Fluch des Siegers) bekannt, was fol-

---

54 Beim Mobilfunk sind Lizenzauktionen in Westeuropa zuerst bei den kürzlichen GSM-Lizenzen in Griechenland durchgeführt worden, außerdem z.B. in Venezuela und Polen (vgl. FinTech Nr. 106, S.5) In Griechenland wurden zwei Lizenzen angeboten, auf die sich nach einer qualitativen Vorauswahl 6 Konsortien bewarben. Das Verfahren wurde als verdeckte Auktion zum Gebotspreis durchgeführt, wobei jedoch anschließend der zweithöchste Bieter aufgefordert wurde, in das höchste Gebot einzusteigen. Da eine Lizenzauktion äquivalent zu einer Frequenzauktion ist, bei der feste Frequenzpakete versteigert werden, kann auch Neuseeland hier einbezogen werden. Vgl. dazu JACKSON/FOSTER (1989), NERA (1988), MUELLER (1991).

55 In dieser Studie wird allerdings in Kapitel 5 argumentiert, daß eine Frequenzauktion einer Lizenzauktion vorzuziehen ist. Dies basiert im Kern auf der höheren Differenziertheit der ökonomischen Anreize, die bei einer Frequenz- gegenüber einer Lizenzauktion möglich sind.

56 Dies sind bisher in der Regel 10 bis 15 Jahre. Vgl. zur Lizenzlaufzeit 6.4.3

gendes beinhaltet: Wenn der "wahre Wert" der Lizenz, der sich erst sehr viel später herausstellt, unbekannt ist und mehrere Bieter diesen unter Auktionsbedingungen zu schätzen versuchen und der Höchstbieter den Zuschlag erhält,[57] ist die Wahrscheinlichkeit groß, daß der Sieger den Wert überschätzt hat. Dies kann man natürlich grundsätzlich als normales, unternehmerisches Risiko einer Auktion bewerten. Die entscheidende Frage ist, ob dies auch volkswirtschaftliche Effizienzrisiken beinhaltet.

Unter den genannten Bedingungen wird tendenziell das risikofreudigste Unternehmen die Lizenz erhalten. Dies muß nicht unbedingt das effizienteste sein. Man könnte eher bei so komplexen Aufgaben wie der Errichtung und dem Betrieb von Funktelefonnetzen vermuten, daß ein Unternehmen, das sich mit den betreffenden Techniken und Märkten schon länger professionell beschäftigt, die Risiken besser kennt und in seinem Gebot eine adäquate Risikovorsorge vornimmt. Dieses würde dann nicht zum Zuge kommen, wenn fachlich weniger kompetente, vom "Goldrausch-Fieber" angelockte Unternehmen mehr bieten.

Auch wenn man dies bedauerlich findet, wäre dennoch tendenziell zu erwarten, daß der Lizenzgewinner die verfügbaren Ressourcen (insb. qualifiziertes Personal) zu einem erheblichen Teil für sich akquirieren kann und damit den Knowhow-Rückstand aufholt, während das reine Winners-Curse-Vermögensrisiko von den Aktionären des Sieger-Unternehmens getragen wird.

Angenommen, es stellt sich später heraus, daß ein Lizenzinhaber die Gewinne zu optimistisch eingeschätzt und somit einen zu hohen Preis geboten hat. Der Lizenzpreis und die meisten der bis dahin getätigten Investitionen in Netz, Marketing, Anlaufverluste etc. sind dann für das Unternehmen irreversible Kosten. Aber auch nach einer Enttäuschung über die Marktentwicklung hätte das Unternehmen wirksame Anreize zu effizienter Produktion. Selbst ein Bankrott würde zunächst nur in einer Übernahme

---

57 Vgl. hierzu die empirischen Beispiele zu Ölbohrrechten in den USA, die stark unterschiedliche Gebote ergeben haben in RASMUSEN (1989), S.253f, sowie die Gebote für die britischen TV-Lizenzen.

der Aktiva durch ein anderes Unternehmen zum Zwecke der Weiterführung des Betriebes resultieren.[58] Je größer die Differenz zwischen den noch nicht amortisierten Gesamtinvestitionen und dem erzielbaren Liquidationswert ist, der die realistischere, neue Gewinnerwartung reflektiert, desto höher ist der einzelwirtschaftliche Verlust.

Volkswirtschaftlich derart unproblematisch wäre es allerdings nur, wenn es sich um einen Markt mit hinreichend vielen Anbietern handelt, so daß das Versagen eines Betreibers die Wettbewerblichkeit nicht in Frage stellen würde. In einem Dyopol allerdings würde eine solche Entwicklung erhebliche Einschränkungen der Wettbewerbsintensität und der Effizienz nicht nur für das betroffene, sondern auch für das Konkurrenzunternehmen mit sich bringen, da der Konkurrenzdruck für die anderen Betreiber vermindert wird. Je mehr Anbieter existieren, desto eher ist das Bietrisiko in der Tat nur ein einzelwirtschaftliches Problem.

Ein größeres gesamtwirtschaftliches Problem resultiert allerdings aus der Tatsache, daß die Erlösmöglichkeiten während der Lizenzlaufzeit erheblich von der zukünftigen Lizenzierungspolitik bezüglich zusätzlicher Anbieter beeinflußt wird.[59] Die Prognose der Regulierungspolitik (bzw. der Bereitstellung zusätzlicher Frequenzbereiche) hat für die Unternehmen eine andere Qualität als diejenige der wirtschaftlichen Bedingungen, da es sich um diskretionäre Entscheidungen handelt. Diese könnten von den politischen Instanzen grundsätzlich in einer Weise gehandhabt werden, die entweder von den Unternehmen als opportunistische Ausbeutung ihrer irreversiblen Investitionen empfunden oder als staatliche Geschenke wirken könnten.

Die adäquate Strategie für die Regulierungsbehörde besteht darin, keinerlei Zusagen zu machen, sondern für die Zukunft weitere Lizenzen zu

---

58 Dies setzt lediglich voraus, daß die reversiblen Kosten (Betriebskosten) durch die Erlöse gedeckt werden können, was hier unterstellt werden kann.

59 Z.B. hätte bei einer GSM-Lizenzauktion das Bieterproblem in einer möglichen Lizenzierung eines PCN-Anbieters bestanden, wobei Konzeption, Regulierungspolitik und Markteinführungszeitpunkt, die die Erlöse jedes D-Netzbetreibers erheblich beeinflussen, noch unbekannt war.

avisieren, sobald die wirtschaftlichen Voraussetzungen gegeben sind. Gleichwohl wäre dadurch das Problem nicht gelöst, zumal eine Regulierungsbehörde als Teil der allgemeinen Politik ihre Nachfolger unter veränderten Machtverhältnissen nicht binden kann. Problematisch wird es insbesondere dann, wenn bei den Unternehmen eine Erwartung auf die lobbyistische Beeinflußbarkeit der künftigen Regulierungspolitik in die Gebote einfließt.

Ein gravierendes Problem besteht im Zusammenhang mit anderen politischen bzw. administrativen Entscheidungen in der Zukunft. Es ist eine Erfahrung vieler Regulierungsprozesse, daß die staatlichen Instanzen wirtschaftliche Schwierigkeiten der von ihnen "betreuten" Unternehmen nicht für opportun halten und diesen dementsprechende Regulierungserleichterungen, Reduzierungen von Lizenzgebühren etc. gewähren. Eine Antizipation dieser Nachgiebigkeit schafft Anreize für spekulative Gebote. Auf diese Weise würde tendenziell derjenige Bewerber den Zuschlag erhalten, der auf jenen Effekt am unverfrorensten spekuliert bzw. der sich für später die besten Einflußmöglichkeiten auf der politischen Ebene zutraut. Solche Effekte würden die ökonomische Funktionsfähigkeit der Versteigerung drastisch reduzieren.

Da dies jedoch von der Regulierungsbehörde selbst und der Rechtsverbindlichkeit des Lizenzvertrages abhängt, stellt es kein grundsätzliches Argument gegen eine Lizenzauktion dar. Bei entsprechender institutioneller Ausgestaltung sind diese Probleme lösbar, und zwar um so eher, je unabhängiger, politikferner und regelgebundener die Regulierungsbehörde ist.

Schon für die GSM-Entscheidung ist vor dem Hintergrund, daß damals die D2-Lizenz in der Presse gelegentlich als "Lizenz zum Gelddrucken" bezeichnet wurde, eine Auktion der D2-Lizenz vorgeschlagen worden. Für diesen konkreten Fall wäre ein schwerwiegendes Problem aus der Tatsache entstanden, daß der Lizenzgewinner im Dyopol mit der Telekom konkurriert, die nicht an einer Auktion teilnehmen mußte, sondern als D1-Betreiberin prädesigniert wurde. Das Prinzip gleicher Wettbewerbschancen würde es jedoch mindestens erfordern, daß D1 und D2 den gleichen Lizenzgebühren-Regelungen unterliegen.

Wenn man dies als Forderung nach einer gleichhohen Lizenzgebühr für beide interpretiert, stellt sich zuerst die Frage nach deren adäquater Höhe. Es wäre problematisch, der Telekom ebenfalls einen Betrag im Umfang des D2-Auktionspreises abzuverlangen, da dieses spekulativ überhöht sein kann. Dennoch wäre hierfür sicher eine pragmatische Lösung denkbar, die die für beide Betreiber gleichermaßen geltende Lizenzgebühr als Funktion verschiedener Gebote errechnet.[60] Falls die Telekom jedoch aus rechtlichen Gründen nicht zur Zahlung einer Lizenzgebühr für D1 verpflichtet werden kann, entstünde bei Versteigerung der D2-Lizenz eine deutliche Asymmetrie auf dem GSM-Markt. D2 betrachtet die Lizenzgebühr als Kosten, die D1 nicht zu tragen hat, was mit dem Prinzip der Gleichbehandlung nicht kompatibel wäre.

Ohne die Prädesignierung der Telekom als D1-Betreiberin könnte eine Gleichbehandlung so interpretiert werden, daß die Telekom wie ein normaler Bewerber an der Lizenzauktion teilnehmen könnte. Diese formale Gleichberechtigung beim Lizenzerwerb täuscht allerdings über die Tatsache hinweg, daß die Telekom als öffentliches Unternehmen keinem Konkursrisiko unterliegt und zahlreiche Möglichkeiten der Quersubventionierung aus dem Monopolbereich hat. Da solche Vorteile gegenwärtig nicht effektiv kontrolliert werden könnten, wäre die Auktionsteilnahme also keine adäquate Lösung gewesen. Die Hauptprobleme einer Versteigerung der D2-Lizenz hingen also im wesentlichen mit der bevorzugten Rolle der Telekom zusammen.

Abgesehen von den genannten Problemen ist eine Auktion von Mobilfunk-Lizenzen grundsätzlich eine ökonomisch akzeptable Lösung. Die Hauptprobleme einer adäquaten Realisierung liegen eher auf der politischen Ebene. Ihre ökonomischen Vorzüge werden allerdings übertroffen von ei-

---

60 Eine für beide Betreiber gleichermaßen geltende Lizenzgebühr könnte z.B. als Durchschnitt einer Anzahl n von höchsten Geboten errechnet werden. Damit würden die Probleme allerdings nicht gelöst, sondern nur abgemildert.

ner Versteigerung der zugehörigen Frequenzen, da diese den eigentlichen ordnungspolitischen Grund für besondere Regelungen darstellen. Dies wird in Kapitel 5 erörtert.

4.5.3 Wertendes Auswahlverfahren, Prädesignierung und Lotterie

Als pretial werden alle Verfahren bezeichnet, bei denen die Vergabe über einen Preismechanismus realisiert wird. Diese sind vom Grundsatz her nicht-diskriminierend in dem Sinne, daß kein Bewerber aufgrund seiner Identität bevorzugt oder benachteiligt wird. Gleichwohl können natürlich auch bei Lizenzauktionen bestimmte Unternehmen aufgrund anderer Überlegungen (z.B. wettbewerbspolitischer Art) von der Versteigerung ausgeschlossen werden. Der Begriff "diskriminierend" hat also keine abwertende Komponente, sondern kennzeichnet lediglich, ob bewerberindividuelle Kriterien eine Rolle spielen oder nicht.

Als nicht-pretiale Vergabeverfahren werden diejenigen bezeichnet, bei denen die Vergabe nicht über einen Preismechanismus erfolgt. Nicht-pretiale Verfahren können diskriminierend sein oder auch nicht. Eine Lotterie ist grundsätzlich nicht-diskriminierend, eine Prädesignierung in jedem Fall diskriminierend. Bei wertenden Auswahlverfahren hängt es von den einzelnen Wertungskriterien und deren Gewicht ab, inwieweit die Vergabe diskriminierenden Charakter hat.

Unter Prädesignierung eines Lizenzinhabers wird verstanden, daß einem bestimmten Unternehmen eine Lizenz zugeteilt wird, bevor oder ohne daß ein Auswahlverfahren stattfindet. Der Begriff kennzeichnet, daß die Entscheidung ex ante erfolgte und nicht von inhaltlichen Kriterien oder Vergleichen abhängig gemacht wurde. Die etablierten Telekommunikations-Unternehmen sind in der Vergangenheit in den verschiedenen Ländern praktisch immer derart bevorzugt worden. Insofern ist die Prädesignierung bei den Mobilfunklizenzen bisher das meistverwendete Vergabeverfahren gewesen.

Dabei ist es zweckmäßig, zwischen Monopol- und Wettbewerbs-Lizenzen zu unterscheiden.[61] Soweit im Mobilfunk Monopollizenzen vergeben wurden, ist in technologisch fortgeschrittenen Ländern praktisch immer das etablierte Monopol prädesigniert worden. Dies gilt für die analogen Netze in Skandinavien, der Bundesrepublik, Frankreich etc. Lediglich in einigen Ländern, die selbst keine hinreichende technologische Basis für ein Mobilfunknetz hatten, sind Lizenzen auf andere Weise vergeben worden, um das technologische Knowhow von Unternehmen aus dem Ausland nutzen zu können.

Auch bei einer ganzen Reihe von Wettbewerbsmärkten wurde eine der Lizenzen durch Prädesignierung vergeben. Dies gilt für die zahlreichen regionalen Einzelmärkte in den USA, in denen jeweils die etablierte Telefongesellschaft (wireline carrier) eine der beiden Lizenzen erhielt. Das gleiche trifft für die GSM-Lizenzierung in der Bundesrepublik zu, wo die D1-Lizenz von vorn herein für die Telekom reserviert wurde. Ähnliches gilt für Großbritannien im analogen Bereich, wo Cellnet als Tochter von British Telecom bedacht wurde.

Die Prädesignierung macht nicht einmal den Versuch, Effizienzkriterien (direkt oder indirekt) einzubeziehen. Die Prädesignierung kann als Relikt aus den Zeiten bezeichnet werden, wo die Telekommunikation nicht primär als Marktbereich, sondern als hoheitliche bzw. politische Sphäre betrachtet wurde.

Ein wertendes Auswahlverfahren besteht darin, daß ein Auswahlgremium durch Anwendung einer Reihe von Kriterien den geeignetsten Anbieter zu ermitteln sucht. Derartige Verfahren sind gegenwärtig der durchgängige Normalfall in den meisten Ländern der Welt, wo nicht das etablierte Telekommunikations-Unternehmen prädesigniert wird. Letztlich hängt die ökonomische Beurteilung des Verfahrens von den zugrundegelegten Kri-

---

61 Unter Monopollizenz wird hier lediglich verstanden, daß der Lizenzinhaber auf dem Markt Monopolist ist. Entsprechend sind Wettbewerbslizenzen solche, bei denen der oder die Lizenzinhaber auf Wettbewerbsmärkten anbieten, egal ob die Konkurrenten ebenfalls lizenziert wurden oder nicht.

terien und ihrer adäquaten Gewichtung im einzelnen ab. Wir können diesbezüglich diskriminierende und nicht-diskriminierende unterscheiden.

Zu den nicht-diskriminierenden gehören insbesondere solche, die die Qualität des Angebots und die professionelle Kompetenz der Bewerber betreffen, ihre Verfügung über nicht-fungible Ressourcen und den Nachweis hinreichend intensiver und professioneller Vorarbeit für die konkrete Aufgabe, für die die Lizenz erteilt wird.[62] Grundsätzlich stellt ein solches Verfahren den Versuch dar, aus Input-Kriterien auf die Output-Performance zu schließen. Obwohl dies immer etwas problematisch ist, beinhaltet es doch den Versuch, effizienzbestimmende Faktoren zu erfassen. Die prüffähigen Kriterien haben natürlich sehr unterschiedliche Verbindlichkeiten und Prognosewerte in Hinblick auf das Ziel der Auswahl des "geeignetsten Anbieters".

Diskriminierende Kriterien beziehen sich insbesondere auf die wettbewerblichen Auswirkungen. Deren Berechtigung wird am Extremfall deutlich: Wenn 2 Lizenzen vergeben werden, wäre es ökonomisch unakzeptabel, wenn beide Lizenzinhaber konzernmäßig verflochten wären. In den üblicherweise engen Märkten des Mobilfunks ist es eine vorrangige Aufgabe der Lizenzierung, darauf zu achten, daß Lizenzen nicht an Unternehmen vergeben werden, die die Wettbewerblichkeit gefährden. Insofern ist z.B. die negative Diskriminierung der Telekom bei der D2-Lizenz und der Telekom und Mannesmann bei der E1-Lizenz nicht nur akzeptabel, sondern aus Wettbewerbsgründen dringend geboten.

Daneben kann es diskriminierende Kriterien geben, die unter Effizienzgesichtspunkten unakzeptabel sind. Dazu gehören insbesondere industriepolitische Motive, für die politikabhängige Regulierungsbehörden unter dem Einfluß der heimischen Lobby häufig empfänglich sind. Noch kriti-

---

62 Bei der D2- und der E1-Entscheidung in der BRD bezogen sich die Kriterien auf die einschlägige Fachkompetenz und die bisherigen Leistungen der Bewerber, auf die Verfügbarkeit der erforderlichen Ressourcen, auf die vorgelegte technische und geschäftliche Planung von Netzaufbau und Geschäftsbetrieb sowie auf bestimmte im Lizenzvertrag zuzusichernde Qualitäts-Merkmale des Netzes und mögliche wettbewerbsgefährdende Aspekte.

scher ist es zu sehen, wenn Bewertungsaspekte einfließen, die die Lizenzvergabe tendenziell zum Instrument politischer Tauschprozesse und parteipolitischem Opportunismus machen.

Wertende Auswahlverfahren stellen einen gravierenden, positiven Qualitätssprung gegenüber einer Prädesignierung dar. Eine besondere Bedeutung gewinnen sie dadurch, daß pretiale Verfahren häufig von den Regulierungsbehörden als politisch bzw. juristisch (noch) nicht machbar angesehen werden. Unter den Second-Best-Lösungen stellen wertende Auswahlverfahren die beste Alternative dar, wenn sie institutionell adäquat realisiert werden. Mit anderen Worten, es hängt von den angewendeten Kriterien und der fachlichen Kompetenz und Neutralität der Bewerter ab.

Die Vergabe von Lizenzen durch eine Lotterie (Zufallsprozeß) ist ein nichtdiskriminierendes Verfahren und hat insofern eine gewisse Apriori-Plausibilität. Dies ist aber schon ihr einziger Vorzug. Eine Lotterie verzichtet auf jegliche Anwendung effizienzbezogener Kriterien. Wenn vor Ablauf der Bewerbungsfrist bekannt ist, daß die Vergabe per Lotterie erfolgt, ist dies geradezu eine Einladung an mobilfunkferne und fachlich inkompetente Bewerber, sich zu beteiligen, wenn die Lizenzen handelbar sind. Genau dies ist in den USA bei der Lizenzvergabe für die Märkte unterhalb der 30 größten passiert.[63]

Eine Zufallsauswahl erscheint allenfalls dann akzeptabel, wenn nach Anwendung von fachlichen Kriterien mit genügend hoher Selektionskraft eine Anzahl von Bewerbern übrigbleibt, die als gleichwertig gelten müssen. Aber selbst in dem Falle hätte es eine höhere ökonomische Rationalität, pretiale Aspekte einzuführen. Dies kann zum Beispiel in Form von unterschiedlich weitgehenden Qualitäts- oder Flächendeckungs-Zusagen erfolgen.[64]

---

63 Vgl. zu den USA EILFELD (1992).

64 Diese können schon vorher oder erst nach einer Vorbewertung eingeholt werden. Die Verwendung von Qualitätsmerkmalen als wertungsrelevante Gebotsbestandteile werden in 6.3.2 erörtert und dort relativ kritisch betrachtet.

Beide nicht-pretiale Verfahren (wertende Auswahl und Lotterie) haben außerdem unter Knappheitsbedingungen den Nachteil der Gewährung einer Frequenzrente an die Lizenznehmer. Bei einer Lotterie ließe sich dies nicht einmal durch einen tendenziell effizienzorientierten "Wettbewerb um die Lizenz" begründen.

4.6 Lizenzierung und freier Markteintritt

4.6.1 Warum überhaupt Lizenzierung?

Warum legt die Regulierungsbehörde überhaupt die Zahl der Lizenzen fest, statt den Markteintritt frei zu lassen? Letzteres würde jedem kompetenten Unternehmen erlauben, in den Mobilfunkmarkt einzutreten, wenn es dort Gewinnmöglichkeiten sieht. Die generelle Erwartung an eine Marktöffnung besteht darin, daß die Wettbewerbs- und Marktein- und -austritts-Prozesse eine Selektion der effizientesten Unternehmen bewirken würden. Kollusionen stünden dauernd unter der Sanktionsdrohung der potentiellen Konkurrenz und wären damit instabil.

Markteintrittsmöglichkeiten sind insbesondere dann von praktischer Bedeutung, wenn die geltenden Marktpreise überhöht sind, die etablierten Unternehmen technisch ineffizient produzieren, wesentliche Teile der Präferenzen der Kunden unbeachtet gelassen oder ihre Veränderung nicht erkannt haben, technischen Fortschritt nicht realisiert haben etc.

In vielen Fällen wird durch das erfolgreiche Auftreten von Newcomern überhaupt erst sichtbar, daß die bisherigen Preise überhöht waren. Erst die gelungene Markteinführung veränderter Produkte zeigt an, daß entsprechende Präferenzen vorhanden sind, und erst die erfolgte Prozeßinnovation kann die Kostenüberlegenheit neuer Technologien demonstrieren. Freier Markteintritt offenbart tendenziell auch das tatsächliche Ausmaß der Economies of Scale.

Neue Konkurrenten würden eventuelle Kollusionsgewinne beseitigen, den Wettbewerb intensivieren und die Effizienz steigern. Derartige Effekte können schon antizipatorisch durch die latente Drohung von Newcomer-Eintritten erzeugt werden (potentielle Konkurrenz). Ob diese Erwartungen im konkreten Fall gerechtfertigt sind, hängt von der Höhe der anderen Markteintrittsbarrieren ab.

Dieses liberale Szenario abstrahiert jedoch nicht nur von dem Frequenzverteilungs-Erfordernis, sondern auch von der Existenz struktureller und strategischer Markteintrittsbarrieren. Jeder potentielle Newcomer, der später in einen bereits etablierten Mobilfunkmarkt eintreten will, hätte erstens die strukturellen Markteintrittsbarrieren zu überwinden. Solche bestehen eventuell in first-mover-advantages oder exklusiver Ressourcennutzung (z.B. Senderstandorte), in der Zeitdauer des Netzaufbaus, in Produktdifferenzierungs-Nachteilen und Lernkurven-Effekten.[65]

Ein potentieller Newcomer würde wegen der Irreversibilitäten nicht eintreten, wenn tatsächlich große Scale Economies im relevanten Mengenbereich bestehen und/oder die etablierten Netzbetreiber effizient produzieren. Wenn letzteres jedoch nicht der Fall ist, kann man davon ausgehen, daß die strukturellen Markteintrittsbarrieren von einem kompetenten Newcomer überwunden würden. Aber auch wenn kein neuer Betreiber effektiv eintritt, hätte die potentielle Konkurrenz erhebliche Effizienzwirkungen.

Strategische Markteintrittsbarrieren sind gezielte Verhaltensweisen der Etablierten zur Abschreckung von Newcomern durch z.B. predatory pricing, excess capacity, strategische Ressourcenmonopolisierung etc. Die etablierten Anbieter wissen natürlich, daß ein weiterer Konkurrent den Wettbewerb intensivieren und ihre Erlöse erheblich senken würde. Sie werden deshalb ein großes Interesse daran haben, Markteintritt zu verhindern.[66] Insbesondere bei profitabler Kollusion der Etablierten muß der Newcomer damit rechnen, daß diese zur Verteidigung ihrer Vorteile ge-

65 Produktdifferenzierungsvorteile, d.h. Nachfragevorteile der Etablierten entstehen durch eingeführte Markennamen, träge Nachfragerreaktion, etablierte Kundenbeziehungen etc. Lernkurven-Effekte entstehen daraus, daß die Stückkosten mit zunehmender Zeit und wachsendem Produktionsvolumen sinken.

zielte Verdrängungsstrategien anwenden. Schon deren Möglichkeit erhöht die Risiken für die Newcomer und senkt die Eintrittsbereitschaft.

Trotz bestehender Markteintrittsbarrieren wäre die bloße Möglichkeit für Markteintritte eine Sanktionsdrohung gegen Kollusion und andere Ineffizienzen. Damit kommen wir zum Ergebnis, daß es auch unter der Prämisse einer dyopolistischen Ausgangssituation vorteilhaft wäre, die Möglichkeit für Markteintritte weiterer Anbieter offen zu lassen. Dies gilt auch dann, wenn bei den gegenwärtig angenommenen Kostenstrukturen und bei funktionierendem Wettbewerb ein tatsächlicher Markteintritt nicht sehr wahrscheinlich ist.

Allerdings müßten die Frequenzen in jedem Fall unter konkurrierenden Bewerbern verteilt werden. Solange dies weiterhin administrativ erfolgt, verlagert sich bei lizenzfreiem Markteintritt die ordnungspolitische Problematik vollständig auf die Art der Frequenzvergabe. Jede Frequenzverteilung beinhaltet dann ebenfalls einen Strukturdirigismus. Dies wird schon deutlich, wenn wir den Fall betrachten, daß von Anfang an lizenzfreier Markteintritt erfolgen kann. Die Menge der Frequenzen, die jedem Anbieter zugeteilt wird, determiniert gleichzeitig die Zahl der Netzbetreiber. Wenn die Anzahl der in der Ausgangslage pro Anbieter zugeteilten Frequenzen klein ist, wird damit ebenso die Nichtausschöpfung von Scale Economies in Kauf genommen wie bei Vergabe vieler Lizenzen.

Den Markteintritt frei zu lassen wäre nur dann eine erwägenswerte ordnungspolitische Alternative, wenn die Frequenzallokation ökonomisch adäquat erfolgen würde.

---

66 Beim Mobilfunk besteht eine naheliegende Möglichkeit für strategische Markteintrittsbarrieren insbesondere im Blockieren des Frequenzerwerbs durch entsprechend aggressives Bietverhalten in der Versteigerung. Vgl. 5.4.

4.6.2 Kompensatorische Regulierung im Liberalisierungsprozeß

Angenommen, die Frequenzallokation wäre so gelöst, daß Frequenzen als normaler Inputfaktor betrachtet werden können. Sollte man dann die bestehende Mobilfunk-Lizenzierung sofort abschaffen? Es gibt ein Argument, diese für eine begrenzte Übergangszeit aufrechtzuerhalten, um die Herausbildung kompetitiver Marktstrukturen zu erleichtern. Dies hängt mit der Tatsache zusammen, daß die Abschaffung institutioneller Markteintrittsbarrieren für eine Wettbewerbsintensivierung zwar notwendig, aber nicht hinreichend ist.

Nehmen wir an, ein bisher monopolistischer Sektor sei nicht subadditiv oder das Nachfragewachstum sei so stark, daß dies für die Zukunft erwartet wird. Beides könnte Markteintritte erwarten lassen, wenn die institutionellen Schranken fallen. Diese erfolgen jedoch nicht automatisch, sondern hängen u.a. von der Höhe der andern (strukturellen und strategischen) Markteintrittsbarrieren ab. Das etablierte Monopolunternehmen wird versuchen, die dominante Marktstellung zu verteidigen. Markteintritt wird umso schwieriger und unwahrscheinlicher sein, je mehr institutionelle Vorteile dieses nutzen kann, je leichter die Errichtung strategischer Markteintrittsbarrieren ist und je effizienter es produziert.

Bei genügend hohen Markteintrittsbarrieren werden dominante Strukturen weiterbestehen und Newcomer (wenn überhaupt) ein Nischendasein fristen. Eine solche Problemlage ist unter den Bedingungen normaler Märkte ordnungspolitisch weitgehend irrelevant, da (außer allgemein kartellrechtlichen) meist keine Instrumente zur Verfügung stehen, die effizienter sind als die Ausgangssituation. Denn natürlich läßt sich hiermit keine Neueinführung einer Lizenzierung rechtfertigen. Auch bei vorhandener Lizenzierung fehlen nicht selten die ordnungskonformen Mittel.

Beim Mobilfunk bestünde im Liberalisierungsprozeß die Möglichkeit, durch temporäre Aufrechterhaltung der Lizenzierung (in Verbindung mit der Frequenzvergabe) die Entstehung kompetitiver Märkte zu erleichtern. Wenn ein neuer Frequenzbereich zur Verteilung ansteht, werden Frequenzen nur an Newcomer vergeben. Dies ist prinzipiell unabhängig davon, ob die intramodale Frequenzvergabe administrativ oder per Auktion erfolgt. Bei genereller Frequenzauktion hätten die etablierten Unternehmen c.p. eine höhere Zahlungsbereitschaft als die Newcomer, da sie via Frequenzerwerb ihre Quasirenten verteidigen (vgl. 5.3.2).

Zwar stellt dies eine im Kern strukturdirigistische Empfehlung dar. Es ist allerdings eine, die durch die ordnungspolitische Übergangssituation im Paradigmenwechsel und längerfristig durch Wettbewerbsintensität und Effizienz gerechtfertigt werden kann. Klar ist, daß dies nur für die erste Phase der Liberalisierung gilt.

4.6.3 Schrittweise Lizenzierung

Wenn die Regulierungsbehörde die längerfristige Vergabe einer größeren Anzahl von Lizenzen für möglich hält und die dazugehörigen Frequenzen verfügbar sind, dies aber kurzfristig für politisch schwer realisierbar hält, besteht die Möglichkeit der schrittweisen Vergabe von Lizenzen. Dies würde darin bestehen, zuerst weniger Frequenzen zu vergeben, aber die spätere Vergabe weiterer Lizenzen nach bestimmten Karenzzeiträumen anzukündigen. Dies hätte für die Regulierungsbehörde eine Reihe von Vorteilen gegenüber der kurzfristigen Offerierung einer größeren Zahl von Lizenzen.

Die kurzfristig geringere Anbieterzahl ermöglicht den Betreibern einen Infrastrukturaufbau mit geringeren Investitionsrisiken. Das verminderte Konkursrisiko der Unternehmen reduziert das politische Akzeptanzrisiko für die Regulierungsbehörde bzw. vermeidet, unter Lobby-Druck regulatorisch nachsteuern zu müssen. Bei weniger günstiger Marktentwicklung könnte die Regulierungsbehörde die Vergabe der nächsten Lizenz hinausschieben. Es besteht die Möglichkeit, daß im Laufe der Zeit technische Innovationen stattfinden, so daß die jeweils nächsten Anbieter die jeweils neueste Technologie anwenden können. Bei Übergangsprozessen von hoheitlich-monopolistischen zu liberalen Telekommunikationsstrukturen und Regulierungspolitiken könnten später Möglichkeiten für marktnähere, wettbewerbsorientierte Vergabeverfahren bestehen, die kurzfristig als noch nicht machbar eingeschätzt werden.

Dem stehen eine Reihe von Problemen gegenüber. Grundsätzlich beinhalten die genannten Spielräume der Regulierungsbehörde zu den jeweiligen Zeitpunkten die üblichen Gefahren diskretionärer politischer Entscheidungen, einschließlich der daraus resultierenden Prognoseunsicherheiten für die Unternehmen. In jedem Fall wird sich die Regulierungsbehörde starkem Druck der am Markt bereits etablierten Unternehmen ausgesetzt sehen, die nächste Lizenzierung hinauszuschieben oder in einer Form zu realisieren, die den zusätzlichen Wettbewerbsdruck durch den Newcomer reduziert. Hierzu gehört insbesondere das Argument, daß bei weiterem Abwarten eine noch fortgeschrittenere technologische Konzeption möglich würde.

Eine zwangsläufige Folge einer schrittweisen Lizenzierung ist, daß der jeweilige Newcomer auf bereits etablierte Anbieter trifft, deren Netze aufgebaut sind, deren Diensteangebot bei den Kunden eingeführt ist etc. und die ihre Marktpositionen gegebenenfalls auch durch strategische Markteintrittsbarrieren verteidigen werden. Das bedeutet, daß die jeweils späteren Lizenznehmer höhere Risiken tragen müssen als die vorhergehenden. Es ist zu erwarten, daß unter diesen Bedingungen neue Anbieter später nur dann erfolgreich in den Markt eintreten können, wenn entweder deutliche Technologieschritte in Richtung auf Kostensenkungen oder Qualitätssteigerungen erfolgt sind oder ihre Regulierungsauflagen abgesenkt werden.

Kapitel 5

Frequenzen

Es wurde in den ersten Kapiteln verschiedlich darauf hingewiesen, daß die Frequenzallokation das eigentliche ordnungspolitische Kernproblem des Mobilfunks darstellt, da sie staatlichen Handlungsbedarf impliziert. Deren Realisierung hat in der Praxis allerdings die Tendenz, mehr marktstrukturelle Effekte zu erzeugen als erforderlich wäre. Die Betreiber der einzelnen Dienste bekommen den von ihnen zu nutzenden Ausschnitt des Frequenzspektrums von der zuständigen Regulierungsbehörde (in der Bundesrepublik das Bundesministerium für Post und Telekommunikation) zugewiesen. Damit sind in hohem Maße bereits die Potentiale für deren Marktanteile vorweggenommen sowie Markteintrittsbarrieren gegen potentielle Konkurrenten errichtet.

Falls man die Frequenzvergabe in einem adäquaten, wettbewerblichen Verfahren organisieren könnte, würden die Frequenzen für die Mobilfunkbetreiber zu einem normalen Inputfaktor. Erst danach würde die völlige Liberalisierung des Mobilfunks zu einer ordnungspolitisch realistischen Option. Die Effizienz solcher liberalisierter Mobilfunkmärkte hängt dann von der Funktionsfähigkeit der zugehörigen Frequenzmärkte ab. Im folgenden werden die diesbezüglichen Möglichkeiten betrachtet und die verbleibenden Wettbewerbsprobleme erörtert.

5.1 Ökonomische Merkmale von Frequenzen

5.1.1 Frequenzen

Zahlreiche Dienste der Individual- und Massenkommunikation, private und staatliche, zivile und militärische, benötigen Frequenzen zur Realisierung ihrer Übertragungsaufgabe. Diese stellen für sie insofern wesentliche Inputfaktoren (Ressourcen) dar, um die sie grundsätzlich miteinander konkurrieren. Jeder Mobilfunkbetreiber benötigt Frequenzen zur Abwicklung des Funkverkehrs zwischen seinen Basisstationen und den Mobileinheiten seiner Kunden.

Eine einzelne Frequenz ist ein kleiner Ausschnitt aus einem riesigen Spektrum, das aus einem Kontinuum unterschiedlicher elektrischer Schwingungsintensitäten gebildet wird. Wie groß dieser Ausschnitt ist (d.h. wieviel Hertz er umfaßt), hängt von den technischen Erfordernissen der einzelnen Nutzungsarten für einen separierbaren Übertragungsvorgang ab. Dies ist zwischen den verschiedenen Nutzungsarten (Kommunikationstechniken) sehr unterschiedlich und in den zugehörigen Standards festgelegt. Bei GSM sind dies 200 KHz, wobei auf einer solchen Frequenz simultan acht Kommunikationsvorgänge realisiert werden können.

Die technische Standardisierung von Nutzungsarten, mit denen bestimmte Dienste realisiert werden, ist nötig, um verschiedene Sende- und Empfangsgeräte miteinander kompatibel zu machen (vgl. 6.4). Standards umfassen im Mobilfunk neben Elementen der Netzarchitektur, diverser Schnittstellenparameter, Übertragungsmodi etc. auch die Kanalmittenfrequenzen, die Störabstände und die Lage im Gesamtspektrum. Letzteres erfordert, daß die Standardisierung und die Frequenzzuteilung in Übereinstimmung miteinander erfolgen.

Die Zuteilung einzelner Frequenzbereiche auf bestimmte Nutzungsarten bzw. Funkdienste (z.B. GSM-Funktelefon, Bündelfunk, TV, Hörfunk etc.), wird als *inter*modale Frequenzallokation bezeichnet. Wenn einer bestimmten Nutzungsart also ein bestimmter Spektrumsbereich zugewiesen wird, ist damit gleichzeitig auch die Zahl der insgesamt nutzbaren Kanäle definiert.[1]

---

1 Z.B. sind bei GSM 124 Duplexkanäle im Bereich 890-915 MHz (Mobil- zu Basisstation) und 935-960 MHz (Basis- zu Mobilstation) verfügbar.

Die Verteilung der Frequenzen eines für einen bestimmten Dienst designierten Spektralbereichs auf verschiedene Anbieter bzw. Nutzer solcher Dienste wird als *intra*modale Frequenzallokation bezeichnet. Dies steht im folgenden im Mittelpunkt.

Während Massenkommunikationsdienste so gut wie immer eine Einwegkommunikation beinhalten und insofern für die typischen Kommunikationsvorgänge (z.B. von der TV-Sendestation zum Empfangshaushalt) jeweils nur eine Einzelfrequenz benötigen, handelt es sich beim Mobilfunk um Zweiwegkommunikation, d.h. beide Teilnehmer können bei einem Gespräch technisch gleichzeitig sprechen und hören. Dazu sind entsprechend zwei Kanäle erforderlich, was im Begriff Duplexkanal erfaßt wird. Die bei einem Kommunikationsvorgang benötigten beiden Trägerfrequenzen haben dabei in der Regel einen konstanten Duplexabstand (bei GSM 45 Megahertz). Ungeachtet dieser typischen Duplexstruktur der Kommunikation wird im folgenden immer einfach nur von "Frequenzen" die Rede sein.

5.1.2 Ordnungstheoretische Charakteristika der Frequenz-Nutzung

Nicht die Frequenz selbst ist im ökonomischen Sinne ein Gut (bzw. ein Inputfaktor), sondern das Recht, auf ihr senden zu dürfen. Dieser Unterschied ist ökonomisch allerdings kleiner als es scheint, da auch in anderen Bereichen bei genauerer Betrachtung eigentlich Rechte gehandelt werden, deren Umfang durch die jeweilige Rechtsordnung und die geschlossenen Verträge spezifiziert ist.

Wegen der noch zu erläuternden Art der Opportunitätskosten ist es zweckmäßig, eine Frequenznutzung nur von den Senderechten (und nicht auch von den Empfangsrechten) her zu definieren. Unter den "Nutzern" einer Frequenz werden im folgenden generell die jeweiligen Netzbetreiber verstanden, unabhängig davon, wer letztlich der Konsument der damit erzeugten Telekommunikationsleistung ist. Die Nutzung einer Frequenz ist also das Senden auf ihr. Die Senderechte sind nach (1) Spektralposition, (2) Ort und (3) Zeit zu differenzieren.

(1) Mit der Spektralposition ist der schon genannte Bereich des elektromagnetischen Spektrums gemeint. Die Frequenzmitte und Schutzabstände sind in Mega- bzw. Kilohertz definiert. Es wird unterstellt, daß benachbarte Frequenzen unabhängig voneinander genutzt werden können.

(2) Die Nutzungsrechte beziehen sich auf einen bestimmten geographischen Bereich. Während dies bei großer Funkabdeckung (z.B. kann es bei Satelliten ganz Europa umfassen) eher sekundär ist, stellt es bei kleinräumiger Funkverbreitung wie beim zellularen Mobilfunk eine durchaus bedeutsame Differenzierung dar. Es ist dann möglich, einen bestimmten Megahertz-Bereich in unterschiedlichen Regionen verschiedenen Nutzern zuzuteilen. Dies ist in der Bundesrepublik z.B. beim Bündelfunk auch der Fall, nicht jedoch beim zellularen Mobilfunk.

(3) Die Nutzungsrechte sind darüberhinaus zeitlich zu definieren, d.h. ein Frequenznutzungsrecht gilt gegebenenfalls nur für bestimmte Perioden, wenngleich es natürlich auch unbefristet zugeteilt werden kann (vgl. 5.4.3). Theoretisch wäre es auch möglich, Frequenzen innerhalb einer Zeitspanne so an verschiedene Nutzer zuzuteilen, daß diese periodisch abwechselnd auf ihr senden, was gelegentlich bei TV-Frequenzen praktiziert wird.

Welche ordnungstheoretischen Charakteristika zeichnen Frequenzen aus? Dies ist insbesondere für die Frage relevant, ob die Frequenznutzung auch ohne staatliche Aktivitäten adäquat erfolgen würde oder welche Art staatlichen Handlungsbedarfs gegebenenfalls besteht. Ein Erfordernis staatlicher Frequenz-Zuteilung wird nämlich als wesentliche Begründung dafür genannt, eine staatliche Lizenzierung im Mobilfunk zu praktizieren. Betrachten wir dazu zunächst einzelne ordnungstheoretische Bausteine.

(1) Nutzungs-Rivalität und Opportunitätskosten. Unter Nutzungs-Rivalität (oder Konsum-Rivalität) eines Gutes wird die Tatsache verstanden, daß

die Nutzung durch einen (Sender) die Nutzungsmöglichkeit durch andere ausschließt oder einschränkt. In der finanzwissenschaftlichen Literatur wird das Gegenteil, die Nicht-Rivalität, als Problemfaktor erörtert. Nicht-Rivalität bedeutet entsprechend, daß die Nutzungs-Möglichkeiten durch andere nicht eingeschränkt werden. Aus dieser Tatsache werden gelegentlich Folgerungen über die Art der Bereitstellung abgeleitet. Da die Produktionskosten nicht von der Zahl der Nutzer abhängen, sind die Grenzkosten weiterer Nutzer gleich null. Damit würde nur bei einem Preis von null der volkswirtschaftliche Gesamtnutzen dieses Gutes maximiert.

Diese Argumentation ist hier erwähnenswert, weil die Bereitstellung von Frequenzen - anders als bei fast allen anderen Gütern in der Volkswirtschaft - keine "Produktionskosten im eigentlichen Sinne" (gesamtwirtschaftlicher Ressourcen-Verzehr) verursacht[2] und gleichzeitig hochgradige Nutzungs-Rivalität besteht. Letzteres ist der Fall, weil mit der sendemäßigen Belegung durch einen Nutzer die ordentliche Nutzung durch andere unmöglich wird.[3]

Die relevante Kostenkategorie besteht hier ausschließlich aus Opportunitätskosten. Darunter versteht man die Kosten des durch eine bestimmte Nutzung implizierten Verzichts auf andere ökonomisch wertvolle Nutzungen. Dies kann man beim Mobilfunk sowohl intermodal als auch intramodal betrachten, was nachfolgend noch ausführlicher erörtert wird.

Wenn die Opportunitätskosten größer als null sind, fordert die allokative Effizienzlogik, daß die Frequenzen nicht gratis nutzbar sein sollten. Ökonomisch ist es nämlich irrelevant, ob es sich um Opportunitätskosten oder die oben so genannten Produktionskosten im eigentlichen Sinne handelt. Wir können insofern also auch hier sagen, daß die Frequenznutzung Kosten verursacht.

---

2 Administrative Kosten der Frequenzverwaltung bleiben an dieser Stelle noch außer Betracht.

3 Daraus entsteht der Wunsch nach solchen Property Rights an einer Frequenz, die andere ausschließt, um die Frequenz ungestört nutzen zu können. Vgl. hierzu Punkt (4) weiter unten.

(2) Die Knappheit der Frequenzen wird gelegentlich als Grund genannt, ihre Verteilung staatlich vorzunehmen. Umgangssprachlich werden Güter dann als knapp bezeichnet, wenn beim herrschenden Preis die Nachfrage größer ist als das Angebot. Der Eindruck von Knappheit entsteht bei den Frequenzen gegebenenfalls dadurch, daß sie bei der gängigen administrativen Praxis, abgesehen von geringen Verwaltungsgebühren, gratis zugewiesen werden. Bei wertadäquaten Frequenzpreisen würde die Nachfrage das Angebot nicht mehr übersteigen, was bei normalem Verlauf der Nachfragefunktion eine tautologische Aussage ist.

Wenn man mit Knappheit ausdrücken will, daß es sich nicht um ein freies Gut handelt und beim Preis von null die Nachfrage das Angebot übersteigt, gilt dies für Frequenzen ebenso wie für fast alle anderen Güter einer Volkswirtschaft. Knappe Güter sind jedoch geradezu die Domäne marktwirtschaftlicher Prozesse, die in der Regel um so effizienter funktionieren, je weniger staatlich interveniert wird. Insofern ist Knappheit gerade kein Argument für staatliche Zuteilung, sondern für marktliche Allokation.

Die Knappheit hat dennoch eine gewisse Relevanz in unserem Kontext. Empirisch ist keineswegs sicher, daß bei einem Preis von null die Nachfrage das Angebot übersteigt. Wenn wir eine bestimmte intermodale Frequenzallokation als gegeben unterstellen, könnte für einige intramodale Verteilungsaufgaben durchaus gelten, daß Frequenzen ungenutzt bleiben, auch wenn sie gratis sind.

Wenn dies der Fall ist, würde eine zusätzliche Frequenznutzung keinen anderweitigen Nutzungsverzicht implizieren und damit keine Opportunitätskosten verursachen. Damit entfällt auch das bei Rivalität bestehende Interesse des Nutzungsausschlusses anderer - wenn auch nicht bezüglich einer bestimmten Einzelfrequenz, so doch bezüglich der standardspezifischen Frequenzen als fungibler Menge.

(3) Als weiterer Problemfaktor wird angeführt, daß Frequenzen nicht vermehrbar seien. Ökonomisch würde dies bedeuten, daß auch die langfristige Angebotsfunktion vollkommen inelastisch ist, das heißt ein steigender Preis für Frequenzen führt nicht zu einem höheren Angebot. Dies ist in

der Volkswirtschaft zwar nicht der Regel-, sondern der Ausnahmefall,[4] trifft jedoch auch auf eine Reihe anderer Güter zu.[5] Vor allem impliziert es als solches noch kein Versagen oder eine verminderte Effizienz marktlicher Mechanismen und liefert keine Begründung für staatliche Aktivität.

Ergänzend seien Zweifel angemerkt, ob die Behauptung, das Frequenzangebot sei auch langfristig inelastisch, überhaupt empirisch zutreffend ist. Es könnte nämlich sein, daß durch technologische Forschungs- und Entwicklungsanstrengungen Frequenzen (insbesondere im Höchstfrequenzbereich) nutzbar gemacht werden können, die gegenwärtig als nicht wirtschaftlich verwendbar gelten. Entsprechende Aktivitäten würden durch hohe Frequenzpreise stimuliert werden, womit die Angebotsfunktion nicht mehr gänzlich inelastisch wäre.

(4) Da eine Frequenz für eine ordnungsgemäße Nutzung unbrauchbar wird, wenn andere auf ihr senden, also Nutzungs-Rivalität gegeben ist, besteht ein Interesse des Nutzers einer Frequenz, andere vom Senden auf der gleichen Frequenz auszuschließen. Dies ist technisch für einen einzelnen Nutzer jedoch praktisch unmöglich.

Der Wunsch, andere von einer Frequenz ausschließen zu können, ist ansatzweise mit der üblichen Verwendung des Begriffs Ausschluß-Prinzip vergleichbar, wenn auch das Motiv ein anderes ist. Normalerweise dient die Ausschluß-Möglichkeit dazu, Nutzer zur Zahlung des Preises zu veranlassen, um die zur Deckung der Produktionskosten erforderlichen Erlöse erwirtschaften zu können und Free-Rider-Verhalten zu verhindern. Hier dient es dazu, exklusive Nutzungsrechte ökonomisch wirksam zu realisieren. Dies ist die klassische Property-Rights-Aufgabe, das heißt es müssen die Verfügungsrechte einzeln definiert, individuell alloziert (zugewiesen) und effektiv sanktioniert werden. Letzteres, d.h. die Gewährleistung der Exklusivität gegenüber anderen Interessenten, ist prak-

---

4 Bei den meisten Gütern einer Volkswirtschaft ist die langfristige Angebotsfunktion elastisch, wenngleich sie kurzfristig mehr oder minder inelastisch sein kann.

5 Z.B. bei Grundstücken bestimmter Lagen, Verwertungsrechten von bestimmten Patenten, Filmen etc., erschöpfbaren Ressourcen, positionalen Gütern etc.

tisch nur durch die staatliche Rechtsordnung und ihre Durchsetzungs-Autorität zu erreichen.

In einigen anderen Bereichen könnte staatlicher Handlungsbedarf gegebenenfalls ersetzt werden durch vertragliche Lösungen innerhalb der Gruppe potentieller Nutzer. Alle Frequenznutzer haben nämlich das gemeinsame Interesse, die ungestörte Nutzbarkeit der Frequenzen zu gewährleisten. Diese Möglichkeit einer Gruppenlösung ist hier nicht verfügbar, da es nicht apriori möglich ist, alle potentiellen Außenseiter zu erfassen. Diese könnten bei gruppenmäßig organisierter Frequenznutzung der anderen zwar durch Senden auf dieser Frequenz selbst keine ordentliche Nutzung für sich erreichen, aber die Nutzung der anderen stören und somit Seitenzahlungen erreichen (erpressen). Wenn dies möglich wäre, entstünde daraus ein starker Anreiz für Dritte, aus genau diesem Grunde Störsender zu betreiben. Auf der anderen Seite wäre es nicht adäquat, Außenseiter grundsätzlich auszuschließen, da auf diese Weise Effizienzeffekte verloren gingen und die Großvater-Rechte der etablierten Gruppe zementiert würden.

Das Erfordernis staatlichen Handlungsbedarfs bei der Definition und Sanktionierung von Property Rights an den Frequenzen sagt allerdings noch nichts über den Träger des Frequenzmanagements aus. Die praktische Durchführung wäre auch durch Private möglich, wenn der Staat deren Entscheidungen mit den gleichen Rechts- und Sanktionswirkungen ausstattet. Außerdem sagt es noch nichts über die Regeln, Kriterien und Verfahrensweisen aus, nach denen die Allokation der Frequenzen vorgenommen wird. Diese erfolgt bisher fast überall durch Entscheidungen der Behörden, bei denen der ökonomische Wert der Frequenzen keine explizite Rolle spielt. Sie könnte jedoch durch pretiale Mechanismen abgelöst werden.

5.1.3 Reaktionen auf Frequenz-Knappheit

Da die Frequenzen unter den gegebenen Bedingungen knapp und ökonomisch wertvoll sind, werden alle oben genannten Frequenzdimensionen, (1) Lage im Gesamtspektrum, (2) zeitliche Nutzungsdauer und (3) regionale Ausdehnung zum Gegenstand wirtschaftlicher Überlegungen und technischer Innovationen mit dem Ziel einer effizienteren Frequenznutzung.

(1) Wieviele nutzbare Kanäle in einem bestimmten Spektrumsausschnitt untergebracht werden können, ist nicht nur zwischen verschiedenen Mobilfunkarten sehr unterschiedlich (z.B. zwischen Funkruf und Funktelefon), sondern ist auch bei der technischen Konzipierung eines Funktelefon-Systems (z.B. GSM, TACS, DCS-1800 etc.) Gegenstand von Optimierungsentscheidungen, wobei der Frequenzaufwand gegen andere Kriterien wie Übertragungsqualität, Kosten etc. abzuwägen ist. Die Verbesserung solcher Tradeoffs ist ein Ziel technologischer Innovationsanstrengungen.

(2) Die zeitliche Inanspruchnahme einer Frequenz hängt mit letzterem eng zusammen. Je kürzer ein Kommunikationsvorgang eine bestimmte Frequenz belegt, desto mehr nutzbare Gesprächseinheiten können bei gegebener Frequenzausstattung realisiert werden. Während zum Beispiel beim Funkruf die Frequenznutzungsdauer eines Kommunikationsvorgangs vom System determiniert wird und extrem kurz ist, bestimmen beim Funktelefon die Nutzer selbst die Länge eines Gesprächs.

Gleichwohl bestehen auch hier verschiedene Möglichkeiten, z.B. durch Sprachkodierung und Komprimierung die zeitliche Inanspruchnahme zu minimieren bzw. mehrere Gespräche auf der gleichen Frequenz simultan abzuwickeln (Zeitmultiplex).[6] Auf diese Weise können z.B. bei GSM 8 Gespräche gleichzeitig auf einer Frequenz realisiert werden. Gegenwärtig wird ein sogenannter Halbratencode (Half-Rate-Codec) entwickelt, der dies auf 16 simultane Kommunikationsvorgänge steigern soll, womit die

6 Vgl. dazu z.B. WALKE (1992).

ökonomische Nutzbarkeit einer Frequenz verdoppelt würde. Allerdings führt dies zu Qualitätseinbußen.

(3) Grundsätzlich sind alle Frequenzen an allen geografischen Orten verfügbar. Eine Funkquelle ist in einer bestimmten regionalen Ausdehnung, die im einzelnen von der Sendestärke, der Antennenhöhe, verschiedenen topografischen Merkmalen der Region, frequenzspezifischen Ausbreitungscharakteristika etc. abhängt, für die Empfänger regulär nutzbar. Der Bereich, in dem diese Frequenz für andere Nutzungen nicht störungsfrei zur Verfügung steht, ist jedoch wegen der nicht exakt abgrenzbaren Interferenzen weit größer. Zahl, Art und regionale Struktur der Sendeorte sind dementsprechend wichtige Entscheidungsparameter beim Aufbau eines Mobilfunknetzes.

Bei Massenkommunikationsdiensten (z.B. Satelliten-Fernsehen) ist es häufig erwünscht, ganze Länder oder Kontinente durch eine einzige Funkquelle zu versorgen, um möglichst viele potentielle Empfänger zu erreichen. Bei Individualkommunikationsdiensten ist dies anders, da hier theoretisch nur der jeweilige Standort eines einzelnen Mobilteilnehmers funkmäßig erfaßt werden müßte. Eine großräumige Funkversorgung würde also eine bestimmte Frequenz über eine weite Fläche für andere Nutzungen wertlos machen, obwohl sie jeweils nur eng begrenzt benötigt wird.

Um nun die gleiche Frequenz an verschiedenen Orten wiederholt nutzen zu können, wird die Gesamtfläche in Zellen aufgeteilt, die durch eigene Sender bedient werden. Das Zellularprinzip ist insofern nichts anderes als eine Reaktion auf den Mangel an Frequenzen. In den gegebenen geographischen Strukturen mit regional unterschiedlich dichtem Besatz an Wohn- und Arbeitsstätten, Verkehrswegen etc. wird die Nachfrage nach Kommunikationskapazität ebenfalls regional differieren. In Ballungsgebieten werden deshalb kleinere Zellen eingerichtet, das heißt der Grad der Zellteilung ist höher als in ländlichen Gebieten.

Durch immer weitere Zellteilung könnte man grundsätzlich die Verkehrskapazität bei konstanter Frequenzausstattung weiter erhöhen. Allerdings steigen damit auch die Kosten für die Infrastruktur (Basisstationen, Leitungen) und die Betriebsabwicklung. Je kleiner die Zellen sind, desto zahlreicher sind durchschnittlich auch die Handover-Vorgänge von Zelle zu Zelle bei fahrenden Automobilen und die damit verbundenen Signalisierungsprozesse im System, die ebenfalls Frequenz- und Leitungskapazität beanspruchen. Außerdem steigt der Datenverarbeitungsaufwand für die Lokalisierung der Teilnehmer und sonstige Funktionen. Mit anderen Worten: Ab einem bestimmten Punkt übersteigen die Grenzkosten zunehmender Zellteilung den Grenznutzen aus der Kapazitätsvergrößerung.

5.2 Intramodale Frequenzallokation

5.2.1 Nachfrage nach Frequenzen

Betrachten wir zunächst die intramodale Allokation von Frequenzen auf verschiedene Betreiber. Das ökonomische Allokations-Optimum ist dadurch gekennzeichnet, daß die Frequenzen von denjenigen Betreibern genutzt werden, bei denen sie den höchsten gesamtwirtschaftlichen Nutzen erbringen. Auf normalen Märkten wird dieser Nutzen durch die jeweilige (maximale) Zahlungsbereitschaft für unterschiedliche Mengen repräsentiert, was wie üblich durch eine Nachfragefunktion dargestellt werden kann.

Die Frequenz-Nachfrage *eines* Mobilfunk-Betreibers U_1 resultiert aus dessen Kosten- und Preisabsatzfunktion auf seinem Markt für Mobilfunkdienste, was in Abb. 5.1 a dargestellt ist. Angenommen, GK_{11} und PAF_{11} zeigen dessen relevante Grenzkosten- bzw. Preisabsatzfunktion. Wir nehmen zunächst weiter an, daß eine lineare Beziehung $ß_1$ zwischen der verfügbaren Anzahl q an Frequenzen und der damit realisierbaren Menge x an Mobilfunkeinheiten besteht, und daß dieses $ß_1$ konstant ist ($x = ß_1 \cdot q$).

Angenommen U_1 verfügt über q_1 Frequenzen und produziert damit x_1 Mobilfunkeinheiten. Sein Grenzgewinn g_1 (bzw. Deckungsbeitrag pro Stück) ist dann $g_1 = p_1 - k_1$ und damit gleich seiner Zahlungsbereitschaft für

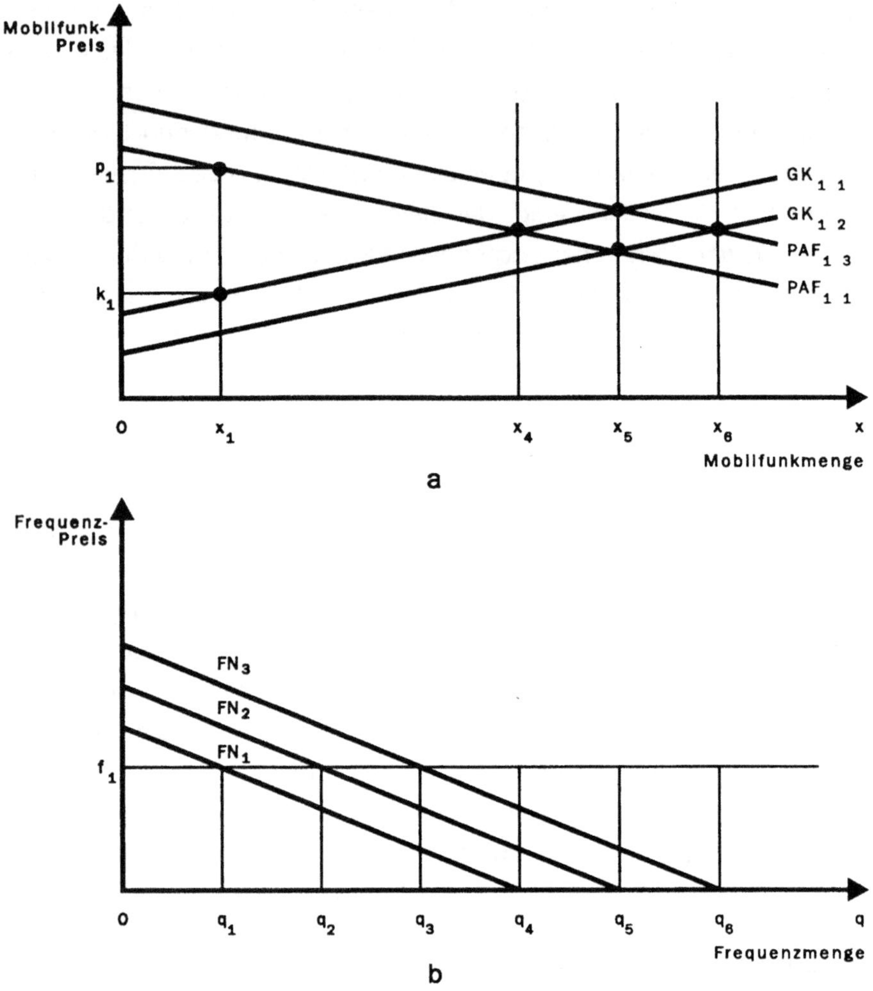

Abb. 5.1 : Preisabsatz- und Kostenfunktion eines Mobilfunkanbieters und seine Frequenznachfrage

eine zusätzliche Frequenz: $g_1 = f_1$ (Abb. 5.1 b). Bei der Menge x_4 ist sein Grenzgewinn und damit auch seine Zahlungsbereitschaft für weitere Frequenzen null. Bei jeder Menge an Mobilfunkdiensten zeigt die Differenz zwischen PAF- und GK-Kurve den Grenzgewinn, der durch eine zusätzliche Mobilfunkeinheit erzielt würde. Dies entspricht dann der maximalen Zahlungsbereitschaft für die dazu erforderlichen Frequenzen, also FN_1 in Abb. 5.1 b.

Hätte der Betreiber niedrigere Betriebskosten, d.h. er würde kosteneffizienter produzieren wie z.B. durch GK_{12} gezeigt, hätte er die höhere Frequenz-Nachfrage-Funktion FN_2. Ein ähnlicher Effekt tritt ein, wenn der Betreiber, z.B. durch bessere Servicequalität, eine nach oben verschobene Preisabsatzfunktion (z.B. PAF_{13}) hätte.[7]

Effizientere Mobilfunkbetreiber haben also für die jeweiligen Mengen eine höhere Zahlungsbereitschaft für Frequenzen als weniger effiziente, bzw. sie erwerben bei gegebenem Frequenzpreis (z.B. f_1 in Abb. 5.1 b) eine größere Menge (q_2, q_3).

Durch horizontale Aggregation[8] aller individuellen Nachfragefunktionen der einzelnen Betreiber entsteht, wie bei allen Gütern, für die Rivalität im Konsum gilt, die Gesamt-Nachfragefunktion nach den Frequenzen. Betrachten wir in Abb. 5.2 b die Frequenznachfragefunktion FN_D. Angenommen, es stünden Q_G oder mehr Frequenzen zur Verfügung und es wären keinerlei Kosten zu berücksichtigen, das heißt die Frequenzangebotsfunktion fiele mit der Abszisse zusammen. Es bestünde also keine Frequenzknappheit. Der gesamtwirtschaftlich optimale, d.h. allokativ effiziente Preis wäre $p=0$, und es würde die Frequenzmenge Q_G tatsächlich genutzt.

Die gänzliche Vernachlässigung von Kosten erscheint auf den ersten Blick plausibel, da für die Erstellung von Frequenzen offenbar keine Produktionskosten im üblichen Sinne aufgewendet werden müssen. Dies muß jedoch in zwei Punkten etwas relativiert werden.

Erstens entstehen Kosten für die Zuweisung und Sicherung der Property Rights an den Frequenzen. Irgendeine Instanz - staatlich oder privat - muß

---

7 FN_3 zeigt die Kombination von PAF_{13} und GK_{12}.

8 Bei horizontaler Aggregation (jeweils für alle relevanten Preise) entsteht Q als Summe aller q_i (i für Nachfrager)

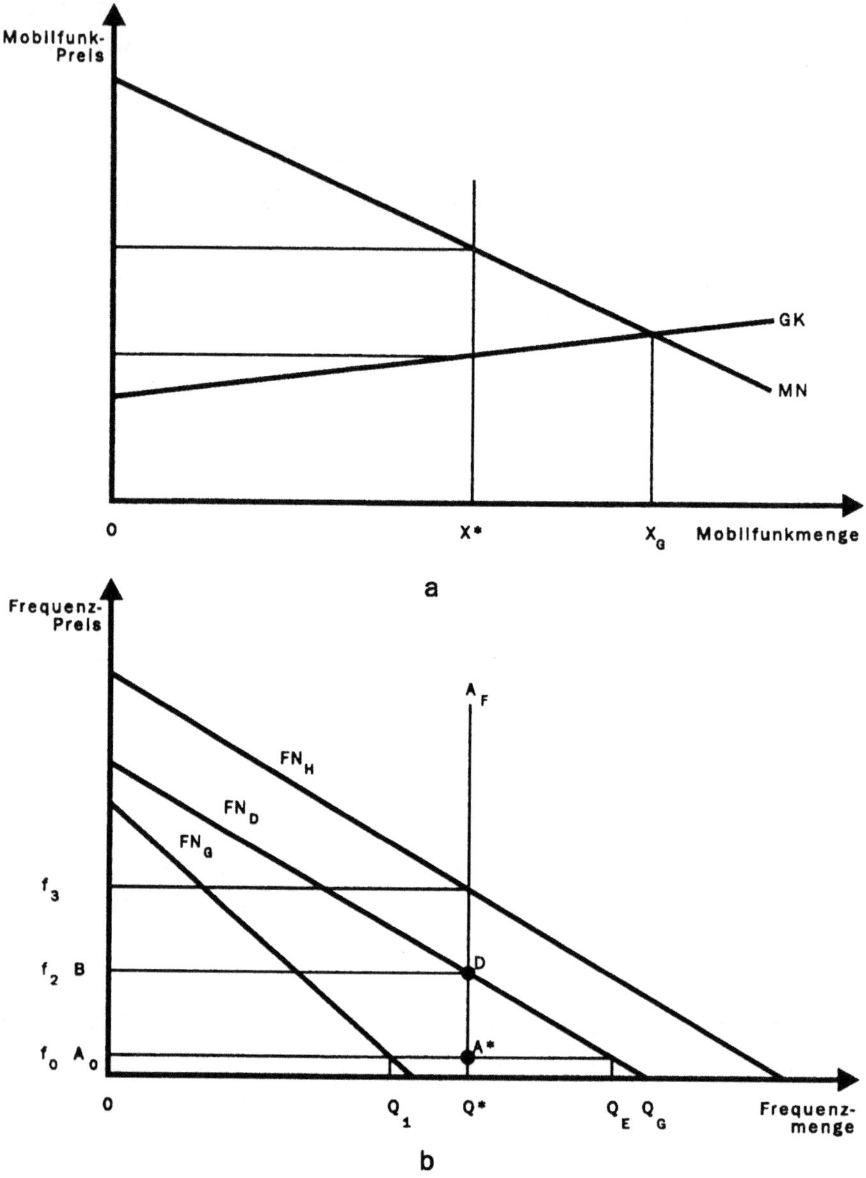

Abb. 5.2 : Mobilfunkmarkt und Frequenzmarkt

die einzelnen Frequenzen verwalten, für geordnete und faire Vergabeentscheidungen sorgen, gegebenenfalls Meßwagen etc. unterhalten, die die Einhaltung der zugeteilten Frequenzen und Reichweiten kontrollieren, Schwarzsender aufspüren, als Schiedsinstanz für Konfliktfälle agieren etc.

Die Kosten hierfür sind in Abb. 5.2 b der Einfachheit halber als konstante Funktion der Frequenzmenge angenommen worden, und zwar in Höhe von f_0 ($f_0 > 0$). Unter dieser Maßgabe ist dann die Frequenzangebotsfunktion im relevanten Bereich vollkommen elastisch in Höhe von f_0. Die bei FN_D genutzte Frequenzmenge ist Q_E.

Zweitens sind gegebenfalls Opportunitätskosten zu berücksichtigen. Diese haben eine in*tra*modale und eine in*ter*modale Komponente. Betrachten wir hier nur den in*tra*modalen Aspekt und nehmen an, die Zahl der Frequenzen sei auf Q^* begrenzt. Die Frequenzangebotsfunktion ist dann an der Kapazitätsgrenze inelastisch, hat also insgesamt den dargestellten Verlauf $A_0A^*A_F$. Der ökonomisch effiziente Preis ist f_2. Bei diesem gelangen die Frequenzen zu den Nutzern mit der höchsten Zahlungsbereitschaft, die entsprechend der obigen Erörterungen (Abb. 5.1) die effizientesten Verwendungen realisieren.

Das idealtypische Verfahren, dies im konkreten Fall zu realisieren, ist eine Auktion (Versteigerung). In der Versteigerung der Frequenzen werden diese bei entsprechender institutioneller Ausgestaltung an die höchstbietenden Mobilfunkbetreiber[9] zum Preis des Grenzgebots vergeben. Das Grenzgebot reflektiert die Opportunitätskosten und wird determiniert durch das höchste, nicht zum Zuge gekommene Gebot.[10]

Der Preis f_2 ist also ein Knappheitspreis. Es fällt dadurch ein Erlös $Q^* \cdot f_2$ des Staates im Umfang des Rechtecks $0BDQ^*$ an, der im Umfang des Rechtecks A_0BDA^* (nach Abzug der Kosten $0A_0A^*Q^*$) als Nettoeinnahme

---

9 Das heißt, jeder erhält diejenige Menge, die seiner individuellen Nachfragefunktion beim relevanten Auktionspreis entspricht.

10 Zur Verdeutlichung: Falls es sich um eine einzelne, unteilbare Einheit handeln würde, wie das für viele sonstige Auktionen (Bilder etc.) typisch ist, bekäme der Höchstbieter den Zuschlag und müßte den Preis des zweithöchsten Bieters zahlen.

des Staates betrachtet werden kann. Die Mobilfunkbetreiber werden den Betrag $0BDQ^*$ als Kosten für den Inputfaktor Frequenzen interpretieren.

Wenn dagegen - wie es bisher praktisch generell der Fall ist - die Frequenzen auch bei Knappheit zum Preis f_0 vergeben werden, erzielen die Betreiber eine Frequenzrente im Umfang $Q^* \cdot (f_2 - f_0)$ (Rechteck A_0BDA^*). Mit anderen Worten: Selbst bei Fehlen jeglicher Wettbewerbsbeschränkung auf dem Mobilfunkmarkt können dann bei den Betreibern beträchtliche Gewinne anfallen, die umso höher sind, je kleiner die verfügbare Frequenzmenge Q^* in Relation zur nachfrageadäquaten Frequenzmenge und je inelastischer die Nachfragefunktion ist.

Durch den Frequenzpreis f_2 wird also die Knappheitsrente praktisch vergesellschaftet. Auch wenn die Frequenzgebühren in der Kalkulation der Mobilfunkbetreiber als Kosten verbucht werden, verändern sich durch die Frequenzgebühren weder die Menge noch der Preis für den Mobilfunkdienst. Es wäre verfehlt, die Frequenzgebühren *deshalb* als staatliche Steuer auf den Mobilfunkdienst zu interpretieren, weil der Staat kassiert, ohne in entsprechendem Umfang Produktionskosten zu haben.

5.2.2 Variable Frequenzeffizienz. Halbratencode und Zellteilung

Nach diesen Ausführungen ist offensichtlich, daß die Auktionspreise für Frequenzen direkt mit eventuellen Verschiebungen der Frequenznachfragefunktion variieren. Verändert sich diese z.B. von FN_D auf FN_H, steigt der Preis auf f_3. Sinkt sie auf FN_G, fällt der Preis auf f_0, das heißt die Frequenzen wären nicht mehr knapp. Es würden dann nicht einmal alle verfügbaren Frequenzen genutzt ($Q_1 < Q^*$).

Derartige Variationen der Frequenznachfrage sind jedoch nicht nur von den exogenen Determinanten der Mobilfunknachfragefunktion abhängig, sondern auch von einigen endogenen Faktoren, die für die Frequenzallokation und die Effizienz des Sektors von großer Bedeutung sind. Die Betreiber ziehen bei steigenden Frequenzpreisen zunehmend alternative technische Optionen in Erwägung, die die oben als konstant unterstellte Relation $ß_1$ zwischen der Menge an Mobilfunkdiensten x (bzw. Kapazität y) und der dafür erforderlichen Menge q an Frequenzen problematisieren.

In der Praxis gibt es verschiedene technische Möglichkeiten, die Frequenzeffizienz zu variieren, das heißt mit der verfügbaren Anzahl von Frequenzen unterschiedlich große Mobilfunkkapazitäten zu erstellen, was allerdings die Kosten und eventuell auch die Qualität verändern kann. In diesem Zusammenhang ist insbesondere der Halbratencode (Half-Rate-Codec) und die Zellteilung (Cell Splitting) zu nennen (vgl. 5.1.3).

Dies kann anhand der Vier-Quadranten-Darstellung der Abb. 5.3 veranschaulicht werden. In Quadrant (a) sind wie bisher (vgl. Abb. 5.2 a) auf der Ordinate die Preise und auf der Abszisse die Mengen sowie die Nachfragefunktion MN_1 und die Grenzkostenfunktion GK_1 auf dem Markt für Mobilfunkdienste eingezeichnet. In Quadrant (b) sind wie bisher (vgl. Abb. 5.2 b) auf der Ordinate die Preise und auf der Abszisse die Mengen auf dem Markt für Frequenzen abgetragen.

In Quadrant (c), in dem die Abszisse die Mobilfunkmenge (bzw. die Kapazität) und die Ordinate die dazu erforderliche Frequenzmenge zeigt, repräsentiert die 45°-Linie die bisherige Relation $ß_1$. Die Relation $ß_2$ zeigt einen doppelt so hohen Wirkungsgrad der Frequenzen durch Zellteilung (ZT) oder Halbratencode (HRC), d.h es können pro Frequenz doppelt so viele Mobilfunkübertragungseinheiten realisiert werden. Die entsprechenden Werte für die Frequenzmenge können dann über Quadrant (d) in die zugehörige Abszisse des Quadranten (b) übertragen werden.

Bei Wirkungsgrad $ß_2$ gilt dann die neue Frequenznachfragefunktion FN_2.[11] Unter der bisherigen Frequenzrestriktion Q^* wären die Frequenzen jetzt nicht mehr knapp und der Auktionspreis wäre der Minimalpreis f_0. Anders herum betrachtet: Die Unternehmen könnten die gesamte Mobilfunkmenge X_G mit der gegebenen Frequenzausstattung Q^* produzieren,

11 Die Mobilfunkmenge x_G erfordert jetzt nicht mehr Q_1 Frequenzen, sondern nur noch die Frequenzmenge Q_2.

wenn es ihnen gelänge, mindestens einen Wirkungsgrad $ß_E$ ihrer Frequenzen zu erreichen.

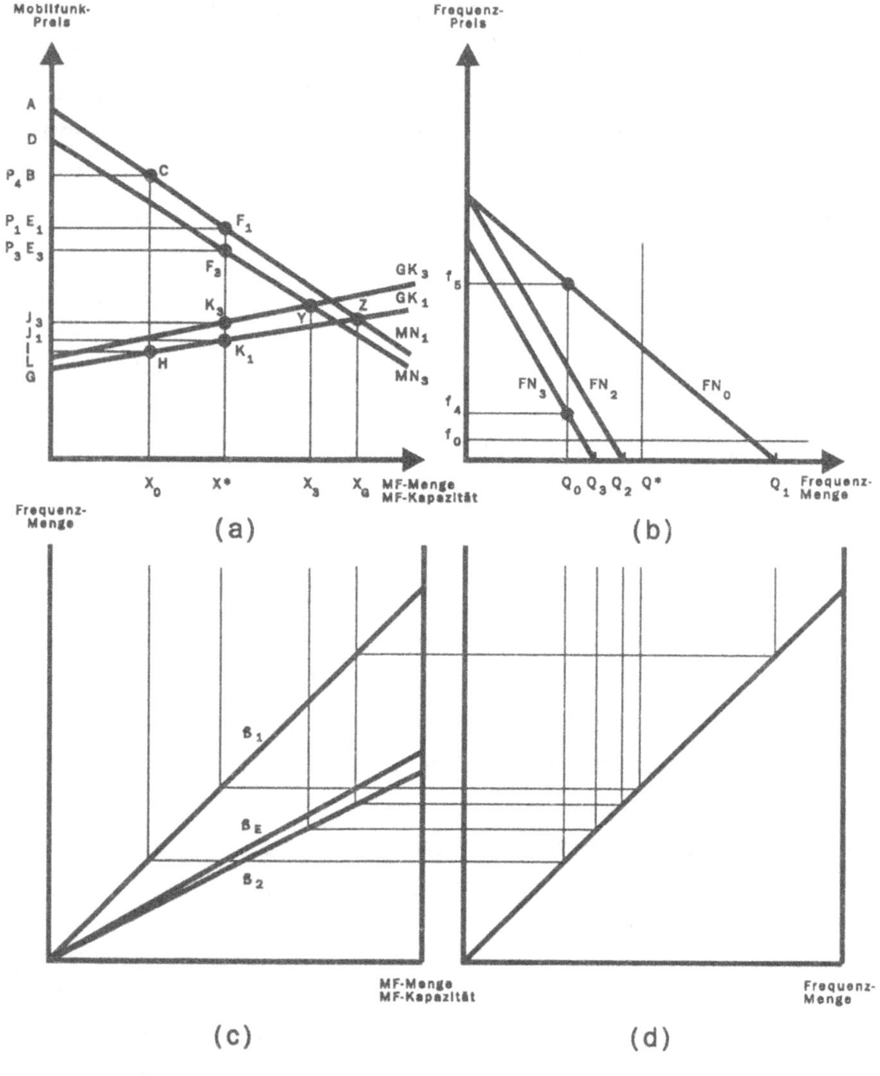

Abb. 5.3 : Variable Frequenzeffizienz durch Zellteilung und Halbratencode. Frequenzmarkt und Mobilfunkmarkt

Nehmen wir an, der höhere Wirkungsgrad $ß_2$ wäre mit höheren Kosten für die Betreiber verbunden, so daß sich die relevante Grenzkostenfunktion von GK_1 nach GK_3 verschiebt, was insbesondere für die Zellteilung relevant ist.[12] Außerdem können wir den Fall einbeziehen, daß die Übertragungsqualität schlechter wird (relevant bei HRC), so daß die Mobilfunknachfrage sinkt, d.h. die Nachfragefunktion verschiebt sich von MN_1 nach MN_3. Für jede relevante Menge ist somit der Deckungsbeitrag geringer, und die Frequenznachfragefunktion (Abb. 5.3 b) verschiebt sich auf FN_3.[13]

Angenommen, es bestünde eine Frequenzrestriktion von Q_0. Durch Einführung von Halbratencode und Zellteilung sinkt der Frequenzpreis von f_5 auf f_4. Die Unternehmen sparen beim Frequenzerwerb einen Betrag $Q_0 \cdot (f_5 - f_4)$. Dem entsprechen einige Veränderungen auf dem Mobilfunkmarkt. Statt der Menge X_0, die ohne HRC und ZT gelten würde, ist jetzt X^* produzierbar. Der Preis sinkt von p_4 auf p_3. Die Konsumentenrente verändert sich von Dreieck BAC auf E_3DF_3. Ob $E_3DF_3 > BAC$ gilt oder nicht, hängt im Einzelfall davon ab, wie stark die Verschiebung der Nachfragefunktion von MN_1 auf MN_3 in Relation zur Mengensteigerung von X_0 nach X^* durch die Preissenkung ausfällt. Die Produzentenrente verändert sich von Dreieck GIH auf LJ_3K_3. Ob $LJ_3K_3 > GIH$ gilt oder nicht, hängt im Einzelfall davon ab, wie stark die Kostenerhöhung (von GK_1 nach GK_3) in Relation zur Mengensteigerung (von X_0 auf X^*) ist.

Über diese Effekte können keine generellen Aussagen gemacht werden. Sie hängen von den jeweiligen technologischen Möglichkeiten und von den Nachfragerreaktionen ab. Es wird jedoch deutlich, daß ein Tradeoff zwischen der Nutzung der knappen Ressource Frequenzen und der Inanspruchnahme anderer Ressourcen (bzw. anderer Nutzenerzeugung) besteht. Die Realisierung einer gesamtwirtschaftlich effizienten Lösung setzt

---

12 Mit Zellteilung sind in diesem Abschnitt nur diejenigen Zellteilungsvorgänge gemeint, die über die Zellstruktur in der Ausgangssituation hinausgehen.

13 Der Schnittpunkt GK_3/MN_3 mit der Mobilfunkmenge x_3 bestimmt die maximale Frequenznachfragemenge Q_3. Der Probibitivpreis von FN_3 (Ordinatenabschnitt) ist durch die Strecke LD (Abb. 3.5 a) bestimmt.

also voraus, daß die Frequenzen mit ihrem Knappheitspreis in das Betreiberkalkül eingehen.

5.3 Intermodale Frequenzallokation

5.3.1 Intermodale Konkurrenz um Frequenzen

Die intermodale Frequenzallokation bezieht sich auf die Zuordnung einzelner Abschnitte des Spektrums auf verschiedene Arten von Nutzungen. Dies wird bisher von den jeweiligen Behörden der Länder administrativ vorgenommen bzw. erfolgt in internationaler Übereinkunft. Bei der Zuteilung wird die Tatsache, daß die Frequenzen in verschiedenen Verwendungen einen unterschiedlichen ökonomischen Wert haben, nicht explizit berücksichtigt. Der Wert gewinnt allenfalls dadurch indirekt Bedeutung, daß sich große Marktchancen bestimmter Dienste auch in entsprechend massiven Forderungen der Interessenten auf Frequenzzuteilungen niederschlagen werden. Dies ist jedoch kein verläßlicher oder ökonomisch befriedigender Zusammenhang.

Betrachten wir diese Zusammenhänge anhand der Konkurrenz zweier Dienste, was in Abb. 5.4 veranschaulicht ist. Nehmen wir zur Vereinfachung an, es stehe insgesamt eine homogene Frequenzmenge entsprechend der Strecke O_DO_R zur Verfügung, um die die beiden Nutzungsarten D und R konkurrieren. FN_D ist die Frequenznachfragefunktion von D, die in der früher abgeleiteten Art bestimmt und in der gewohnten Weise (ansteigende Mengen von Nullpunkt O_D nach rechts) eingetragen ist. Für die Nutzungsart R sind die Mengen von deren Nullpunkt O_R nach links abgetragen, so daß deren Nachfragefunktion dann den Verlauf FN_R aufweist. Auf diese Weise wird die direkte Konsumrivalität zwischen D und R deutlich.

Nehmen wir zunächst an, daß durch eine administrative Frequenzvergabe die Aufteilung auf Q^* determiniert wurde, das heißt, daß für D die Menge O_DQ^* und für R die Menge O_RQ^* zur Verfügung steht. Wenn die Frequenzen zum Preis f_0 in Höhe der Frequenzverwaltungskosten bereitgestellt werden, ist bei D die Konsumentenrente der Mobilfunkkunden BED und die Produzentenrente der Betreiber A_DBDA^* und bei R entsprechend die Konsumentenrente RTV und die Produzentenrente A^*RVA_R.[14]

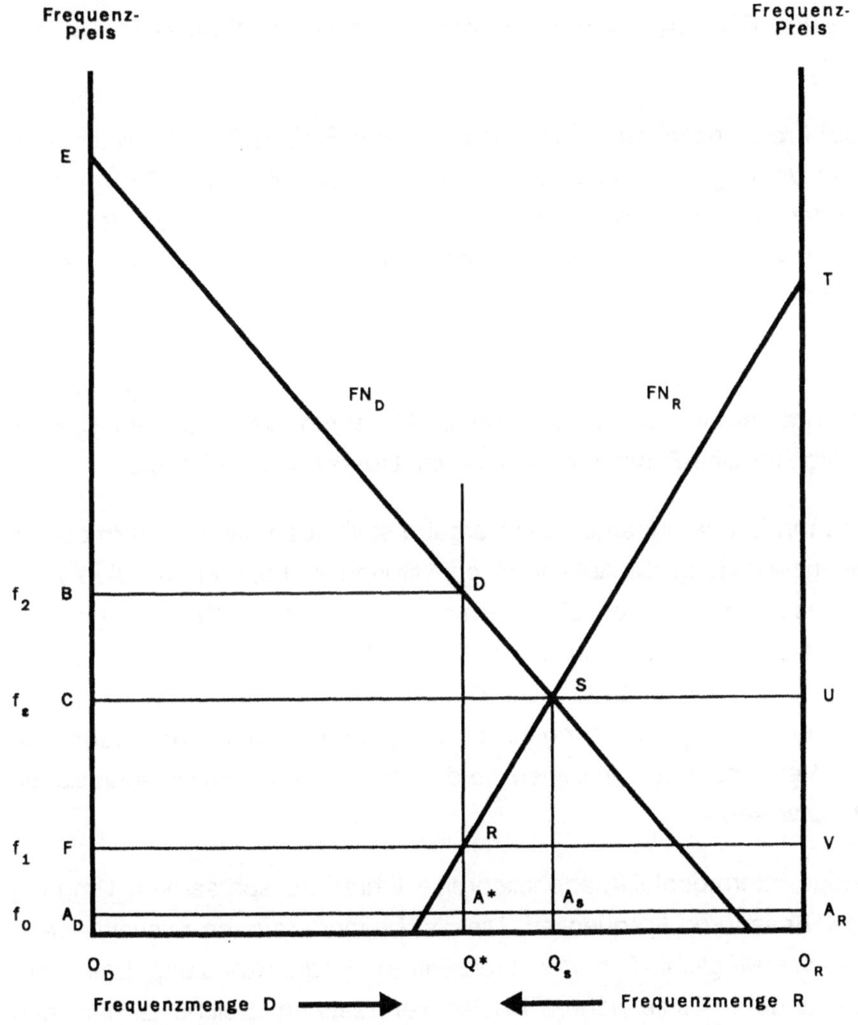

Abb. 5.4 : Intermodale Konkurrenz um Frequenzen

14 Gemeint sind hier entsprechend der Zusammenhänge zwischen Mobilfunknachfrage und Frequenznachfrage (vgl. 5.2.1) die Konsumentenrente für die Kunden der Mobilfunkdienste und die Produzentenrente für die Netzbetreiber.

Falls dagegen die Frequenzen jeweils *intra*modal versteigert werden, ergibt sich bei D ein Frequenzpreis f_2, das heißt die Produzentenrente A_DBDA^* wird über seinen Frequenzerlös O_DBDQ^* (Knappheitsrente A_DBDA^*) vom Staat kassiert. Bei R entsteht ein Frequenzpreis f_1 mit einem Erlös Q^*RVO_R und einer Knappheitsrente des Staates im Umfang A^*RVA_R.

An der Frequenzgrenze Q^* ist der Wert einer Frequenz in der Nutzung D also im Umfang der Strecke DR höher als in der Nutzung R. Bei Verschiebung der Grenze nach rechts würde die Effizienz erhöht, da der Wohlfahrtszuwachs für D größer ist als der Verlust für R. Das Wohlfahrtsoptimum ist erreicht bei der Grenze Q_S, wo der Grenznutzen beider Verwendungen gleich ist. Die Gesamtwohlfahrt (Konsumenten- plus Produzentenrente) für D ist dann A_DESA_S, sowie für R entsprechend A_SSTA_R. Der Wohlfahrtsgewinn von Q_S gegenüber Q^* entspricht also dem Dreieck RDS. Vgl. für eine Zusammenfassung die Übersicht der Abb. 5.5.

Wie schon bei der intramodalen Vergabe stellt auch bei der intermodalen Frequenzverteilung die Auktion eine institutionelle Lösung dar, die zu der eben beschriebenen wohlfahrtsoptimalen Lösung führt. Bei einer gemeinsamen Auktion aller D- und R-Betreiber stellt sich ein Preis f_S ein, der zu der Aufteilung CS ($=O_DQ_S$) für D und SU ($=Q_SO_R$) für R führt. Der Knappheitspreis f_S sorgt dann für die adäquate Allokation der Frequenzen auf die Verwendungen, in denen sie den höchsten gesamtwirtschaftlichen Wert aufweisen.

Derartige intermodale Knappheitspreise führen zu sparsamem Umgang mit der Ressource Frequenzen. Dies ist besonders dann relevant, wenn technische Möglichkeiten der intensiveren Frequenznutzung bestehen, die an anderer Stelle höhere Kosten verursachen. Solche technischen Möglichkeiten werden bei den einzelnen Diensten in unterschiedlichem Maße gegeben sein. Gegenüber der Situation von f_0 wird bei intermodaler Frequenzauktion der Dienst mit der billigeren Möglichkeit zur Frequenzsubstitution diese realisieren und damit aus eigenem Interesse dem anderen Dienst mehr Frequenzen "überlassen".

Intermodale Frequenzvergabe administrativ bei Q*

	D		R	
	Verwaltungsgebühr	Intramodale Auktion	Verwaltungsgebühr	Intramodale Auktion
Frequenzpreis	f_0	f_2	f_0	f_1
Konsumentenrente	BED		RTV	
Produzentenrente	A_DBDA*		A*RVA$_R$	
staatl. Knappheitsrente		A_DBDA*		A*RVA$_R$

Intermodale Frequenzvergabe durch Auktion

	D	R
Frequenzpreis	f_S	f_S
Konsumentenrente	CES	STU
staatl. Knappheitsrente	A_DCSA$_S$	A_SSUA$_R$

Wohlfahrtsvergleich administrative Vergabe vs. Auktion

	D	R
Gesamtwohlfahrt KR+PR bei Q* administrativ	A_DEDA*	A*RTA$_R$
Gesamtwohlfahrt KR+PR bei intermodaler Auktion	A_DESA$_S$	A_SSTA$_R$
Wohlfahrtsverlust bei Q* statt Auktion	RDS	

Abb. 5.5 : Effizienzeffekte bei unterschiedlichen Frequenz-Allokationsverfahren

5.3.2 Frequenzspezifische Investitionen

Ein Kernproblem von Frequenzauktionen resultiert aus der Existenz frequenzspezifischer Investitionen der Nutzer. Dies gilt in besonderem Maße für intermodale Frequenzauktionen. Grundsätzlich gilt es aber analog und quantitativ etwas abgeschwächt auch für intramodale. Stellvertretend auch für letztere wird das Problem hier für die intermodalen Frequenzauktionen analysiert.

Frequenzspezifische Investitionen der Nutzer können ganz oder teilweise entwertet werden, wenn die bisher für einen Dienst verwendeten Frequenzen dafür zukünftig nicht mehr zur Verfügung stehen, da der Bieter sie in der Auktion an einen anderen Dienst verloren hat. Das Problem entsteht dadurch, daß die Funk- und Empfangsgeräte und gegebenenfalls weitere Systemelemente speziell für bestimmte Frequenzbereiche konzipiert und gebaut werden. Es handelt sich bei deren Anschaffung quasi um irreversible Investitionen in die Verfügbarkeit bestimmter Frequenzen.[15] Grundsätzlich unterliegt jede irreversible Investition dem Risiko der Entwertung, sei es durch Nachfrageveränderungen, technischen Fortschritt oder anderes. Der Umfang der Irreversibilität bestimmt wesentlich das Ausmaß des Risikos einer Investition.

Betrachten wir die Zusammenhänge anhand der Abb. 5.6. In Abb. 5.6 a stellt N_D die übliche Nachfragefunktion nach einem Mobilfunkdienst D dar, die zusammen mit dem eingezeichneten Stückkostenniveau LDK (LDK=LGK) wie bisher die Nachfragefunktion nach Frequenzen FND_1 in Abb. 5.6 b bestimmt. FNR_1 ist entsprechend die Nachfragefunktion eines um die gleichen Frequenzen konkurrierenden Dienstes R.

D hat dementsprechend die Frequenzmenge O_DQ_S erworben und seine Kapazitäten auf die damit produzierbare Menge X_S eingerichtet, das heißt

15 In Analogie zu Branchen-, Markt- und Transaktions-Irreversibilität können wir hier von der Frequenz-Irreversibilität einer Investition sprechen. Es ist lediglich eine spezielle Ausprägung der üblichen Irreversibilität, die verschiedene Investitionen in unterschiedlichem Maße kennzeichnet. Eine Investition ist in dem Maße irreversibel, wie bei "Ausfall" der "geplanten Verwendung" der Wert des Investitionsobjektes sinkt, d.h. also auf den Wert in der "besten alternativen Verwendung".

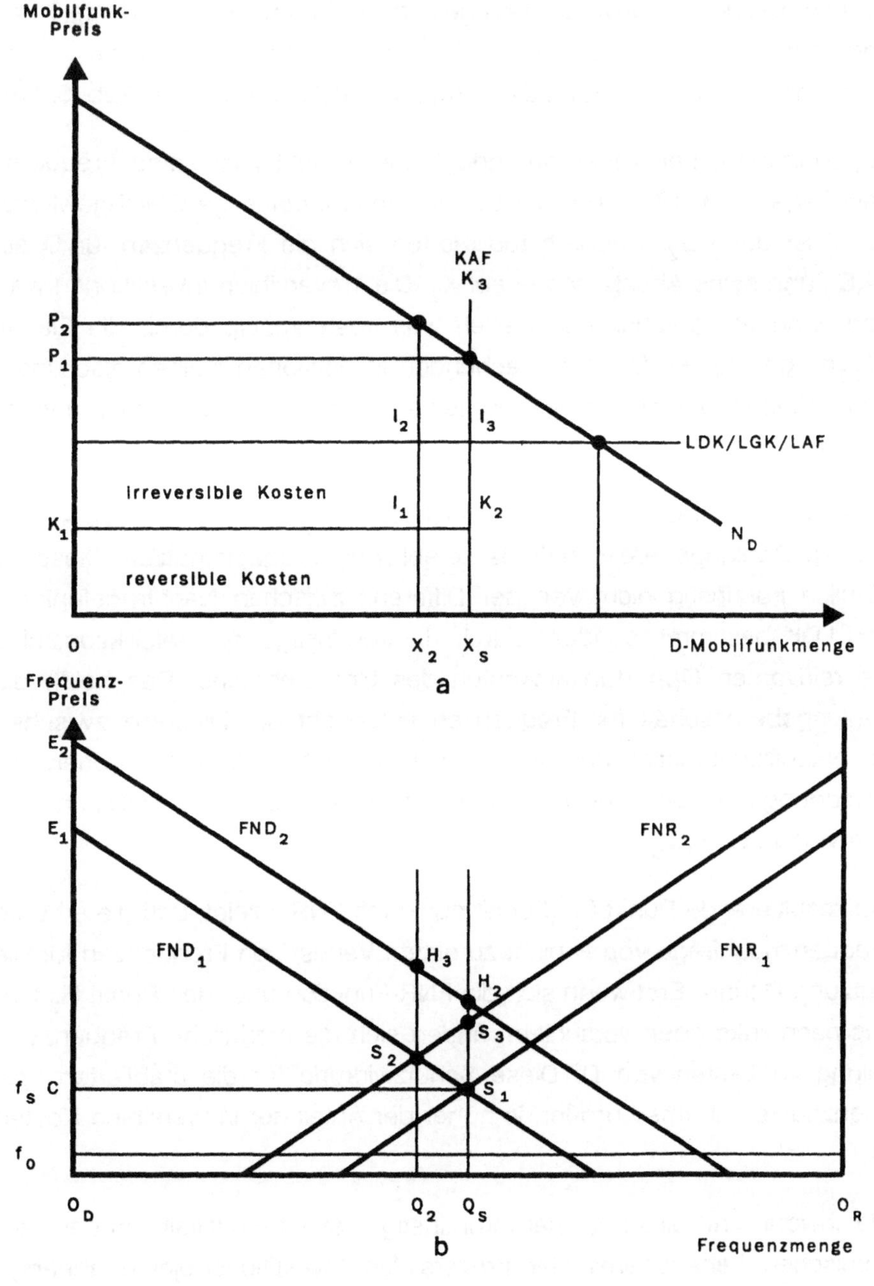

Abb. 5.6 : Intermodale Frequenzauktion bei frequenzspezifischen Investitionen

die entsprechenden Investitionen getätigt. Nehmen wir an, daß die Totalkosten zur Hälfte frequenzirreversibel sind. Daraus resultiert die kurzfristige Angebotsfunktion KAF, die den Verlauf $K_1K_2K_3$ aufweist (Abb. 5.6 a).

Angenommen, der konkurrierende Dienst erhöht jetzt seine Frequenznachfrage auf FNR_2 (Abb. 5.6 b). Der neue *lang*fristige Gleichgewichtspunkt ist dann S_2. Dadurch reduzierten sich die Frequenzen für D auf O_DQ_2 und seine Absatzmenge auf X_2. Die irreversiblen Investitionen werden dann entsprechend entwertet, was kostenmäßig durch die Fläche $I_1I_2I_3K_2$ gezeigt ist. Die entsprechenden Investitionen bleiben also ungenutzt. Dies ist der Kern des Arguments der frequenzspezifischen Investitionen.

Diese Argumentation übersieht allerdings den Einfluß der Irreversibilität auf die Zahlungsbereitschaft der etablierten Frequenznutzer. Diese ist nämlich kurzfristig nicht von der Differenz zwischen Nachfragefunktion und LDK bestimmt, sondern durch die kurzfristige Kostenfunktion, also die relevanten Opportunitätskosten des Unternehmens. Das heißt, die Zahlungsbereitschaft für Frequenzen entspricht der Differenz zwischen der Nachfragefunktion und den reversiblen Kosten. Unter den genannten Bedingungen ist die relevante Nachfragefunktion dann also FND_2 und hat den Verlauf $E_2H_2Q_S$.

Der resultierende Punkt S_3 (Schnittpunkt mit FNR_2) zeigt, daß die erhöhte Frequenznachfrage von R nicht zu einem Verlust von Frequenzen für die Nutzung D führt. Erst wenn sich die FNR-Funktion über den Punkt H_2 hinaus nach links oben verschiebt, ändert sich die marktliche Frequenzverteilung zu Lasten von D. Diese Schutzwirkung für die etablierten Frequenznutzer ist umso größer, je höher der Anteil der irreversiblen Kosten ist.

Gleichwohl wirkt dies nur relativ kurzfristig, was im Einzelfall von der ökonomischen Lebensdauer der irreversiblen Investitionsobjekte abhängt. Wenn die besagte Situation der langfristigen Frequenznachfragefunktionen FNR_2 und FND_1 anhält und S_2 den neuen Gleichgewichtspunkt auf dem Frequenzmarkt darstellt, werden die D-Betreiber keine Reinvestitionen vornehmen bis ihre Mobilfunkkapazität auf die Menge X_2 gesunken ist. Ihre neue kurzfristige Frequenznachfragefunktion hat den Verlauf $E_2H_3Q_2$.

5.3.3 Kompensation bestehender Rechte

Nehmen wir an, daß wir in der Realität die Situation der Abb. 5.4 vorfinden, das heißt, daß eine Verteilung O_DQ_S für D und O_RQ_S für R optimal ist, aber durch unbefristete administrative Vergabe effektiv die Verteilung O_DQ^* bzw. O_RQ^* besteht.

Das Problem einer Ausdehnung der D-Frequenzen von Q^* nach Q_S zu Lasten der R-Frequenzen um Q_S-Q^* besteht in der Entwertung der frequenzspezifischen Investitionen der R-Unternehmen. Diese wären bereit, ihre Frequenzen freiwillig aufzugeben, wenn sie dafür mindestens im Umfang der Wertverluste entschädigt würden.

Dies wäre in der gezeigten Situation möglich, wenn die Frequenzvergabe bei D durch eine intramodale Auktion erfolgt. Auf diese Weise entsteht nämlich aus der Versteigerung ein Nettoerlös des Staates im Umfang von A_DBDA^*, der zur Kompensation der R-Betreiber verwendet werden könnte. Mit anderen Worten: Die *intra*modale Auktion der Frequenzen schafft die Voraussetzung dafür, die optimale *inter*modale Frequenzallokation auch dann zu erreichen, wenn die Frequenzen administrativ langfristig zugeteilt sind.

5.4 Institutionelle Gestaltung der Frequenzauktionen

5.4.1 Einleitung

In den vorangegangenen beiden Abschnitten sind Frequenzauktionen als ökonomisch optimale Allokationsmethode identifiziert worden. Eine Frequenzauktion bzw. Frequenzversteigerung ist ein pretiales Verfahren, das heißt die Frequenznutzungsrechte werden über einen wettbewerblichen Preismechanismus vergeben.

Die Zahl der ökonomischen Beiträge zum Thema Auktionen ist nahezu unübersehbar.[16] Außerdem gibt es eine Reihe von Diskussionen, Frequenzrechte über Auktionsverfahren statt administrativ zu vergeben,[17] die jedoch bezüglich ihrer institutionellen Ausgestaltung und deren praktischen Problemen bisher noch recht wenig spezifiziert sind. Im folgenden kann ebenfalls auf die institutionellen Elemente nicht im einzelnen eingegangen werden. Es wird auf einige Optionen hingewiesen und eine Lösungsperspektive aufgezeigt.

Unterstellt wird für das Folgende, daß die Frequenznutzungsrechte von der Regulierungsbehörde hinreichend genau definiert und homogen sind. Das heißt, die verschiedenen Frequenzen des fraglichen Bereichs sind untereinander gleichwertig.

Potentielle Interessenten werden nicht-diskriminierend informiert und zur Partizipation entsprechend der jeweiligen institutionellen Regeln aufgefordert, das heißt es erfolgt keine Vorauswahl unter den Bietern. Der Zuschlag geht an den Bewerber mit dem höchsten Gebot, das als Preis für die Nutzungsrechte pro Periode quantifiziert ist. Neben dem Höchstgebot werden keine weiteren Kriterien verwendet.

In den meisten Fällen von Auktionen in der Realität werden diese von den Verkäufern organisiert, wobei die Zielsetzung im Vordergrund steht, die erwarteten Erlöse zu maximieren. Bei den Frequenzauktionen, die in der Regel von staatlichen Institutionen durchgeführt werden, kann ein derartiges fiskalisches Interesse allenfalls als Nebeneffekt akzeptiert werden.

---

16 Vgl. als Überblick zur Auktions-Literatur VICKREY (1961), HOLT (1980), RILEY/ SAMUELSON (1981), MILGROM/WEBER (1982), ENGLEBRECHT-WIGGANS/ SHUBIK/STARK (1983), McAFEE/McMILLAN (1987), MILGROM (1987), SMITH (1987), BULOW/ROBERTS (1989).

17 Vgl. COASE (1959), LEVIN (1968), DeVANY et.al. (1969), JACKSON (1976), KWEREL/ FELKER (1985), HAZLETT (1990), BUREAU OF TRANSPORT (1990), NERA (1988), BMPT (1991a).

Im Vordergrund steht die Zielsetzung der Vergabe der Frequenzen an die effizientesten Nutzer bzw. allgemein die ökonomische Effizienz, und zwar nicht nur in kurz-, sondern auch in längerfristiger Perspektive. Letzteres beinhaltet, daß die Auktion Informationen über Frequenzpreise etc. erzeugen sollte,[18] die zukünftige Entscheidungen über Marktaustritt und/oder Markteintritt, Netzstruktur, Investitionen etc. für Insider und Outsider erleichtern bzw. deren Risiko reduzieren.

Außerdem erfordert das Effizienzziel, daß die Wahrscheinlichkeit möglichst gering ist, daß die Auktionen durch Submissionskollusion der Bieter in ihrer Funktionsfähigkeit eingeschränkt werden und/oder die Frequenzauktionen zur Errichtung strategischer Markteintrittsbarrieren gegen Newcomer genutzt werden können. Die diesbezügliche Gefahr ist insbesondere bei Mobilfunkfrequenzen nicht unerheblich, da es sich in aller Regel um enge Marktstrukturen mit nur wenigen Netzbetreibern bzw. Frequenznutzern handeln wird.

Dabei ist allerdings zu unterscheiden zwischen (a) der Erstverteilung von Frequenzen und (b) späteren Frequenzzuteilungen für den gleichen Markt. Im ersten Fall (a) werden für einen Mobilfunkmarkt erstmalig Frequenzen vergeben und die Erwerber bauen anschließend ihre Netze auf. Hierbei können wir in der Regel davon ausgehen, daß die Zahl potentieller Betreiber und damit die Zahl der Frequenzbieter groß ist, was c.p. die Wahrscheinlichkeit für Submissionskollusion reduziert. Außerdem gibt es noch keine Etablierten im Markt, die Interesse an der Errichtung strategischer Markteintrittsbarrieren haben können.

Bei (b) ist zu differenzieren (ba) in die Erneuerung der Rechte für bereits früher vergebene Frequenzen (nach Ablauf der Nutzungsperiode) und (bb) in die Vergabe weiterer Frequenzen für einen Markt, auf dem bereits etablierte Anbieter vorhanden sind. In beiden Fällen besteht erstens ein Interesse, Newcomer durch Verhinderung von Frequenzerwerb am Markteintritt zu hindern. Wenn im konkreten Fall Markteintritt nicht zu er-

18 Bei Wettbewerb auf der Frequenz-Nachfrageseite kann man von den Auktionen erwarten, daß die Frequenz-Preise ihren ökonomischen Wert widerspiegeln.

warten ist, besteht zweitens - da nur wenige Bieter vorhanden sind - unter bestimmten institutionellen Auktionsbedingungen eine hohe Wahrscheinlichkeit für Submissionskollusion.

Wir gehen im folgenden Abschnitt zunächst vom Fall einer Auktion für ein einzelnes Paket von Frequenzen aus, da dies den üblichen Auktionsvorstellungen am nächsten kommt. Dies entspricht auch der Vorgehensweise in Neuseeland, das bisher als einziges Land in der Praxis zu einer Auktionslösung bei der Frequenzvergabe übergegangen ist.[19] Alternative Vorgehensweisen bezüglich der Frequenzmengen, die Gegenstand einer Auktion sind, werden anschließend erörtert.

Es wird für das Folgende durchgängig unterstellt, daß institutionelle Regeln zur Verhinderung einer Frequenz-Monopolisierung bestehen. Anderenfalls wäre es möglich, via Frequenzauktion den Gesamtmarkt zu monopolisieren. Derartig hohe Gebote können einzelwirtschaftlich durchaus rational sein, da die gleichen Frequenzen bei einem Monopol auf dem Mobilfunkmarkt einen höheren Wert als bei Wettbewerb haben, das heißt, die Frequenzgebote reflektieren die erwartete Monopolrente. Dies kann dadurch verhindert werden, daß der Frequenzerwerb einzelner Unternehmen analog zur kartellrechtlichen Zusammenschlußkontrolle auf einen bestimmten Prozentsatz der Frequenzen begrenzt wird. Das gleiche gilt entsprechend auch für nachträglichen Erwerb von Frequenzrechten, die generell handelbar sein sollten.

5.4.2 Allgemeine Auktionsformen und Probleme

Betrachten wir zunächst einzelne Auktionsvorgänge für Pakete von Frequenzen. Die ökonomische Literatur unterscheidet bezüglich der institutionellen Ausgestaltung vier Auktionsmethoden,[20] nämlich (1) Englische Auktion (English Auction), (2) Holländische Auktion (Dutch Auction), (3)

---

19 Vgl. JACKSON/FOSTER (1989), NERA (1988), MUELLER (1991)

20 Vgl. VICKREY (1961), SMITH (1987), RASMUSEN (1989).

Verdeckte Auktion zum Gebotspreis (First-Price Sealed Bid) und (4) Verdeckte Auktion zum zweithöchsten Preis (Second-Price Sealed Bid).

(1) Englische Auktion. Dabei werden von den Bewerbern (beginnend bei einem niedrigen Preis) nacheinander offene Gebote abgegeben, wobei jeder Interessent das bisherige Höchstgebot übertreffen kann. Die Auktion ist beendet, wenn kein Überbieten mehr erfolgt. Der Letztbieter erhält die Frequenzen und zahlt dafür den Preis seines Gebotes.[21]

(2) Holländische Auktion. Dabei beginnt der Auktionator bei einem hohen Preis, der schrittweise gesenkt wird. Der erste Interessent, der diesen Prozeß stoppt, erhält die Frequenzen zu genau dem Preis.

(3) Verdeckte Auktion zum Gebotspreis. Dabei wird von jedem Bewerber ein einziges Gebot verdeckt abgegeben. Alle Gebote werden gleichzeitig geöffnet. Der Höchstbieter erhält die Frequenz zum Preis seines Gebotes.

(4) Verdeckte Auktion zum zweithöchsten Preis. Dabei wird von jedem Bewerber ein einziges Gebot verdeckt abgegeben. Alle Gebote werden gleichzeitig geöffnet. Der Höchstbieter erhält die Frequenz zum Preis des zweithöchsten Gebotes.

Die Verfahren unterscheiden sich darin, ob sie ein- oder mehrstufig und ob sie offen oder verdeckt sind, was insbesondere für die Wahrscheinlichkeit von Submissionskollusion und Eintrittsblockierung relevant ist. Außerdem unterscheiden sich die Verfahren hinsichtlich der Informationserzeugung und hinsichtlich des Verhältnisses von gebotenem und gezahltem Preis.

Bei einem einstufigen Verfahren kann jeder Bieter nur einmal bieten und somit nicht auf die Gebote der anderen reagieren. Besonders deutlich wird dies bei den beiden verdeckten Auktionen (3) und (4), wo *jeder* Bieter ein Gebot abgibt. Es trifft aber auch für die Holländische Auktion (2) zu, wo letztlich nur der Sieger effektiv bietet. Mehrstufige Verfahren beinhal-

21 Diese Verfahrensweise ist üblich bei zahlreichen Auktionen in der Praxis (z.B. bei Antiquitäten etc).

ten, daß ein Bieter nacheinander mehrmals Gebote abgegeben (Englische Auktion) und somit auf die Gebote der anderen reagieren kann.

Bei Auktionen mit wenigen Bietern besteht generell die Gefahr der Submissionskollusion. Wenn man davon ausgeht, daß die Betreiber die Zahlungsbereitschaft der Mobilfunkkunden an der frequenzbedingten Kapazitätsgrenze abschöpfen, gehen die Frequenzgebühren direkt zu Lasten ihrer Gewinne (Frequenzrenten)(vgl. 5.2). Außer den daraus resultierenden großen Anreizen für eine explizite oder implizite Kollusion bei der Auktion bestehen dafür bei den obwaltenden marktstrukturellen Bedingungen auch relativ gute Möglichkeiten.

Markteintritt führt in engen Märkten (Oligopolen) in der Regel zu erheblichen Gewinneinbußen für die Etablierten. Diese haben deshalb ein starkes Interesse, über die für Newcomer ohnehin bestehenden Marktbarrieren hinaus durch eigene Strategien potentielle Newcomer am Markteintritt zu hindern. Dafür kommt im Mobilfunk vorrangig die Verhinderung des Frequenzerwerbs in Frage. Durch Überbieten der Newcomergebote in einer Frequenzauktion wäre dies realisierbar und in der Regel auch einzelwirtschaftlich rational, wenn Renten zu verteidigen sind.[22]

Wären bei derartigen Auktionen immer Eintrittswillige aktiv präsent, würde diese Strategie der Etablierten zwar den Markteintritt verhindern, aber den Frequenzpreis dauernd hoch halten. In der Praxis ist diese Omnipräsenz von potentiellen Newcomern jedoch nicht zu erwarten. Bei mehrstufigen Auktionen könnten die Etablierten deshalb im Normalfall den Frequenzpreis kollusiv niedrig halten und nur dann offensiv bieten, wenn ernsthafte Newcomer auftreten.[23]

---

22 Wegen irreversibler Investitionen der Etablierten, die durch Newcomer-Eintritt partiell entwertet werden, haben sie ohnehin ein anderes Opportunitätskostenkalkül als die Newcomer. Vgl. Abschnitt 5.3.2.

23 Wegen der Scale Economies beim Mobilfunkbetrieb benötigt ein Newcomer eine bestimmte Anzahl von Frequenzen für ein wettbewerbsfähiges Angebot. Die Etablierten bräuchten also nicht schon bei den ersten Frequenzen, die von einem Unbekannten erworben werden, aus der Reserve zu kommen.

Bei einstufigen Auktionen müßten, um Markteintritt zu verhindern, jedesmal hohe Gebote abgegeben werden, was dauerhaft teuer wäre. Mehrstufige Auktionen erleichtern also den Etablierten die Errichtung einer strategischen Markteintrittsbarriere durch Frequenzblockierung, das heißt sie machen sie billiger.

Solange keine Newcomereintrittsgefahr besteht, werden die etablierten Anbieter versuchen, den Frequenzpreis durch Submissionskollusion niedrig zu halten. Bei mehrstufigen Verfahren ist die kollusions-destabilisierende Gefahr des Cheating, das heißt des Überbietens eines vereinbarten Gebotes, praktisch nicht vorhanden. Andere Kollusionsteilnehmer können den Cheater ihrerseits sogleich wieder überbieten. Cheating bringt also keinerlei Vorteile und wird deshalb unterbleiben. Mehrstufige Auktionsverfahren machen also eine Submissionskollusion relativ einfach.

Bei einstufigen Verfahren beinhaltet die Submissionskollusion für jeden einzelnen Betreiber ein beträchtliches Risiko, weil für die Konkurrenten hohe Cheatinganreize vorhanden sind. Diese bestehen bei einstufigen Verfahren darin, durch den Frequenzerwerb das Potential für zusätzliche Marktanteile zu gewinnen. Hierbei sind große Vorteile erzielbar, wenn die Frequenzen aufgrund der Kollusion billig zu erwerben sind. Die Anreize der anderen sind gleichzeitig auch die eigenen Cheating-Überlegungen (Gefangenen-Dilemma).

Insofern ist für die Versteigerung von Mobilfunkfrequenzen wegen der hohen Gefahr von Submissionskollusion und der Errichtung von strategischen Markteintrittsbarrieren via Frequenzblockierung die Englische Auktion keine geeignete Methode und sollte deshalb schon von daher ausscheiden.

Unter offenen Geboten wird verstanden, daß durch den Auktionsprozeß die Höhe der Gebote und die Identität der Bieter den anderen bekannt wird, wobei für die Bewertung zwischen Informationen über die Gebotshöhe und die Bieteridentität zu unterscheiden ist. Bei den verdeckten Geboten (3) und (4) wird beides grundsätzlich nicht automatisch bekannt, sondern es hängt von der anschließenden Informationspolitik der Regulierungsbehörde (Auktionator) ab, was noch erörtert wird.

Bei der Englischen Auktion wird die Höhe jedes Gebotes bekannt, bei der Holländischen nur diejenige des Siegergebotes. Unter dem Gesichtspunkt von Kollusion und Marktbarrieren ist allerdings die Identität von größerer Bedeutung. Sie kann durch entsprechende technische Gestaltung der Auktion verdeckt gehalten werden. Dies kann relevant sein, wenn die Frequenzen in kleinen Paketen (oder einzeln) versteigert werden. Dann können die Etablierten nicht erkennen, ob die Gebote von Konkurrenzanbietern, von potentiellen Newcomern, von dritten Frequenzspekulanten[24] oder von der Regulierungsbehörde selbst kommen, die eventuell eine Kollusion verhindern bzw. destabilisieren möchte.

Bezüglich der Informationen von Auktionen über die ökonomische Wertschätzung der Frequenzen ist insbesondere bei den verdeckten Auktionen zwischen denen für die Regulierungsbehörde einerseits und für die Öffentlichkeit andererseits zu unterscheiden. Es ist ökonomisch vorteilhaft, wenn die Regulierungsbehörde gute Informationen über den Wert der Frequenzen hat, da dies auch für zahlreiche andere Regulierungsentscheidungen relevant sein kann.[25]

Bei den verdeckten Auktionen ist diesbezüglich zwischen der Vergabe zum Gebotspreis (3) und zum Zweitpreis (4) zu unterscheiden. Im Gegensatz zur Gebotspreis-Auktion haben die Bieter bei der Zweitpreis-Auktion einen Anreiz, genau entsprechend ihrer wahren Wertschätzung der Fre-

---

24 Da die Frequenzen nach der Auktion frei handelbar sind, könnten sie von Unternehmen ersteigert werden, die keine eigene Betreiberabsicht haben, sondern die Frequenzen anschließend weiterverkaufen wollen. Dies ist zwar unternehmerisch riskant, da als Käufer vor allem die wenigen Betreiber in Frage kommen. Es wären jedoch auch hohe Gewinne erzielbar, wenn die Frequenzen aufgrund der durch Kollusion niedrigen Gebote der anderen billig erworben und später zum Ertragswert weiterveräußert werden können.

25 Dies gilt nicht nur für die Aufdeckung von Submissionskollusion, sondern zum Beispiel auch dann, wenn die Ergebnisse intramodaler Auktionen für intermodale Frequenzallokations-Entscheidungen nutzbar gemacht werden sollen.

quenz zu bieten.[26] Zweitpreis-Auktionen haben deshalb einen höheren Informationsgehalt bezüglich des ökonomischen Wertes der Frequenzen. Noch wesentlich geringer als bei der Gebotspreis-Auktion ist die Informationserzeugung durch die Englische und die Holländische Auktion.

Bei den verdeckten Auktionsmethoden hat die Regulierungsbehörde die Möglichkeit, nach der Auktion Informationen über die Gebote zu veröffentlichen,[27] wobei davon ausgegangen wird, daß die Bieter vorher wissen, welche Daten bekannt werden. Grundsätzlich dient eine Veröffentlichung der Herstellung von Transparenz für gegenwärtige und zukünftige Optimierungsentscheidungen. Dem kann die Tatsache gegenüberstehen, daß Auktionsinformationen die Submissionskollusion und die Frequenzblokkierung erleichtern können. Diesbezüglich ist zwischen Informationen über die Gebote und die Bieter zu unterschieden.

Grundsätzlich ist der effektive Preis zu veröffentlichen, zu dem die Frequenzen vergeben werden. Weitere Informationen über die Zahl der Gebote und die Verteilung der Gebotshöhen können zweckmäßig sein, um den zukünftigen, potentiellen Frequenznachfragern für ihre Entscheidungen eine bessere Einschätzung des Frequenzwertes über den Einzelfall hinaus zu ermöglichen.

Dies kann für eine Reihe von künftigen Optimierungs-Entscheidungen, z.B. bezüglich der Netzstruktur (Zellteilung etc.), Halbratencode etc., Markteintritts-, Marktaustritts-, Reinvestitions-, Frequenzverkaufs-Entscheidungen etc. bedeutsam sein. Das Argument der Erleichterung wettbewerbsbeschränkender Praktiken wiegt dagegen bei adäquater Gestaltung geringer. Es ist allerdings nicht irrelevant, da auch anonyme Informationen den Insidern gewisse Rückschlüsse erlauben.

---

26 Vgl. McAFEE/McMILLAN (1987), S.708, RASMUSEN (1989), S.247ff

27 Wenn die Regulierungsbehörde von dieser Möglichkeit keinen Gebrauch macht, bedeutet dies nicht unbedingt, daß keine Informationen über die Gebote öffentlich werden. Die Bieter selbst können dies tun, was die Möglichkeit strategischer Fehlinformationen einschließt.

Die relevanten Wettbewerbsprobleme sind nämlich primär verbunden mit der Kenntnis der Identität der Bieter. In aller Regel wird die Identität des Frequenzerwerbers bekannt und wäre auch ohne Information der Regulierungsbehörde kaum geheim zu halten. Dies gilt jedoch nicht für die Identität solcher Bieter, die nicht zum Zuge gekommen sind. Potentielle Newcomer, Spekulanten, Cheater etc. können anonym bleiben. Wenn die Identität der nicht zum Zuge Gekommenen verdeckt bleibt, erhöht dies die Cheatinganreize und destabilisiert Kollusionen. Dies ist für die Erschwerung von Kollusion und Frequenzblockierung bei zukünftigen Auktionen bedeutsam und hinsichtlich möglicher Newcomergebote und der Aktivität von Frequenzspekulanten.

Derartige Zusammenhänge sind insbesondere bedeutsam, wenn nacheinander Auktionen für verschiedene Pakete stattfinden. Diese Situation ist bezüglich der Submissionskollusion mit der in Kapitel 3 diskutierten Preiskollusion in Mehrperiodenprozessen zu vergleichen. Die Teilnehmer bilden Erwartungen aus den vorangegangenen für die nächsten Perioden. Cheating in einer Auktion wird entsprechend einer Tit-for-Tat-Strategie durch Cheating der anderen beantwortet. Auf diese Weise würde eine Kollusion tendenziell stabilisiert, und zwar umso mehr, je mehr Informationen über jedes einzelne Gebot für die anderen erzeugt werden.

Die Verfahren unterscheiden sich außerdem in der Ermittlung des für die Frequenzen zu zahlenden Preises. Bei der verdeckte Auktion zum zweithöchsten Preis fallen der Preis, das zweithöchste Gebot und die zweithöchste Wertschätzung zusammen. Der Preis entspricht also den hier relevanten Opportunitätskosten,[28] was unter dem Gesichtspunkt der allokativen Effizienz adäquat ist. Als Frequenz-Auktionsmethode ist also die verdeckte Auktion zum zweithöchsten Preis vorzuziehen.

---

28 Dies gilt bei Holländischer und verdeckter Höchstpreisauktion nur für den Erwartungswert (Äquivalenztheorem).

5.4.3 Dauer der Frequenzrechte

Grundsätzlich ist ein Handel der Frequenzrechte im Rahmen der definierten Nutzungsdauer zuzulassen, das heißt die Erwerber sollten die Frequenzen weiterverkaufen oder untereinander tauschen dürfen. Dies ist zweckmäßig, um eine wirtschaftlich sinnvolle Arrondierung von Frequenzbereichen zwischen den Betreibern zu ermöglichen, die zeitliche Flexibilität zu erleichtern und kollusions-destabilisierende Frequenzspekulation von Dritten zu ermöglichen.

Der Weiterverkauf sollte grundsätzlich in freier Kontrahierung erfolgen können. Für besondere Fälle enger Märkte und langer Restlaufzeiten können Einschränkungen der freien Kontrahierung in Erwägung gezogen werden, um Monopolisierung, Kollusion, strategische Frequenzhortung etc. zu erschweren. Neben einer mengenmäßigen Restriktion des Frequenzerwerbs für einzelne Unternehmen kommt hierzu ein Gebot der Institutionalisierung eines nicht-diskriminierenden Vergabeverfahrens (erneute Auktion) in Betracht.

Von großer Bedeutung ist die Festlegung der zeitlichen Dauer der Frequenznutzungsrechte. Die Alternativen bestehen zunächst in endlicher oder unendlicher (unbegrenzter) Laufzeit. Unbegrenzte Periodenlängen beinhalten eine einmalige Vergabe der Frequenzrechte, die der Rechteinhaber dann später nach individuellem Kalkül befristet oder unbefristet weiterverkaufen kann.[29] Bei endlicher Vergabe ist das Nutzungsrecht zeitlich begrenzt. Nach Ablauf dieser Periode findet eine erneute Auktion statt, die über die Fortsetzung durch den gleichen Nutzer oder die Ablösung durch einen anderen entscheidet. Dabei kommt es für die Bewertung wesentlich darauf an, wie lang diese Perioden sind. Wir betrachten zur Verdeutlichung der verschiedenen Probleme zunächst kurze, dann unbe-

---

29 Dies wird in der Realität bei zahlreichen anderen Gütern praktiziert (z.B. bei Grundstücken), deren endliche (Pacht, Miete) oder unendliche (Eigentum) Nutzungsrechte auf Märkten gehandelt werden.

grenzte und schließlich lange Laufzeiten.[30]

Der wichtigste Vorteil kurzer Laufzeiten besteht in den häufigen Auktionen und der damit verbundenen Konkurrenzsituation. Häufig wiederholte Auktionen führen prinzipiell zu einer periodischen Neuverteilung der Frequenzen nach dem ökonomischen Nutzen, das heißt nach der Effizienz der Mobilfunkproduktion. Dies bewirkt Anreize zu effizienter Produktion und zu Marktanteilsgewinnen und führt zu intensiver Konkurrenz auf dem Mobilfunk-Markt. Häufigere Auktionen bei kurzen Perioden führen zu einem höheren Informationsgehalt der Auktion für die Optimierungsentscheidungen (z.B. Zellteilung) aktueller und potentieller Akteure. Außerdem wächst mit kürzeren Nutzungsperioden die Flexibilität des Verfahrens. Wenn die Frequenzen laufend neu versteigert werden, bezahlen die Nutzer jeweils den "wahren" Preis.

Die wichtigsten Nachteile bestehen zum ersten in einer Erleichterung von Kollusion. Bei begrenzten Nutzungszeiten wird sich umso stärker eine Mehrperioden-Situation mit Tit-for-Tat-Perspektive einstellen, je kürzer die Perioden sind und je häufiger dementsprechend die Frequenzauktionen stattfinden. Als Folge dessen sinken die Cheatinganreize und steigt die Wahrscheinlichkeit einer erfolgreichen Submissionskollusion.

Zweitens entstehen Probleme bei frequenzspezifischen Betreiber-Investitionen in Netze etc., die lange ökonomische Nutzungsdauern aufweisen. Die Unternehmen müssen dann Frequenzverluste befürchten, die ihre irreversiblen Investitionen partiell entwerten. Hohe Gebote zur Frequenzverteidigung führen zur Abschöpfung der Quasirenten durch den Staat (vgl. 5.3.2). Der Punkt S_3 (Abb. 5.6 b) sichert zwar die bisherige Frequenzmenge O_DQ_S für das etablierte Unternehmen. Der Preis ist jedoch um die Strecke S_3S_1 höher als der langfristige (kalkulatorische) Wert der Frequenz, das heißt der Staat schöpft einen Teil der Quasirente S_1H_2, die aufgrund der Irreversibilität besteht, ab. Als Folge dieser Situation werden die Betreiber einen höheren Risikoaufschlag kalkulieren und eventuell auf

30 Als "lange Laufzeiten" werden hier solche bezeichnet, die mindestens so lang sind wie die wirtschaftlichen Nutzungsdauern der wesentlichen irreversiblen Investitionen.

suboptimale Techniken mit geringerer Irreversibilität bzw. kürzerer Bindungszeit ausweichen.

Der offensichtlichste Vorteil unbegrenzter Laufzeiten besteht in der Abwesenheit der eben erörterten Irreversibilitätsprobleme. Ein Betreiber muß nach seinem Netzaufbau keine Frequenzverluste befürchten, die seine irreversiblen Investitionen entwerten könnten bzw. zu deren Verteidigung durch höhere Gebote er eines Teils seiner Quasirenten verlustig ginge. Er wird keine überhöhten Risikoaufschläge kalkulieren und hat keine Anreize, in suboptimale Technik mit kürzeren Nutzungzeiten zu investieren.

Für eine eingehendere Bewertung unbegrenzter Nutzungsperioden muß einerseits die Erstauktion und andererseits der spätere freie Handel betrachtet werden. Ein Vorteil unbefristeter Nutzungsrechte besteht schon darin, daß für die gesamte Frequenzallokation nur eine einzige Auktion erforderlich ist, nämlich diejenige am Anfang für die Erstverteilung. Die Vorzüge bestehen weniger aus den Transaktionskosten-Ersparnissen, sondern aus den günstigen Randbedingungen einer solchen Erstvergabe, wenn dies mit der Eröffnung eines neuen Mobilfunkmarktes zusammenfällt, was wir zunächst unterstellen wollen. In einer solchen Situation können wir, anders als bei bereits etablierten Märkten, davon ausgehen, daß die Zahl potentieller Bieter groß ist, da der Frequenzerwerb gleichbedeutend mit dem Eintritt in einen jungfräulichen Markt ist. Insofern ist das Risiko einer Submissionskollusion relativ gering.

Aber auch bei einer kleinen Zahl von aktuellen Bietern ist Kollusion erschwert. Bei unbefristeter Frequenzvergabe sind die Cheatinganreize hoch, da die Auktion nicht in einen Wiederholungskontext eingebunden ist und keine Tit-for-Tat-Situation besteht. Angenommen, die beiden einzigen Bieter verabreden, daß jeder die Hälfte der Frequenzen erhalten soll und daß jeder entsprechende Gebote für bestimmte Pakete zu einem niedrigen Preis f_N einreicht. Wenn einer nun sein Gebot zum höheren Preis f_{N+1} abgibt, erhält er weitere Frequenzpakete und damit für die gesamte Zeit des Marktes das Potential für einen entsprechend höheren Marktanteil. Die Anreize wachsen noch, wenn damit skalenbedingte Kostenvorteile gegenüber seinem Konkurrenten einhergehen. Die Vorteile erfolgreichen Cheatings sind also hoch. Da beide dieses Kalkül anstellen, ist die Wahrscheinlichkeit erfolgreicher Submissionskollusion relativ gering.

Wenn der Markt bereits entwickelt ist und etablierte Anbieter vorhanden sind, ändert sich das Bild. Dies kann z.B. der Fall sein, wenn eine Restmenge von GSM-Frequenzen versteigert wird, deren Hauptteil von D1 und D2 genutzt wird.[31] Falls wir für den konkreten Fall annehmen können, daß Markteintritt nicht zu erwarten ist, kommen als Bieter nur die wenigen etablierten Betreiber (hier D1 und D2) in Frage. Dies impliziert c.p. ein höheres Kollusionsrisiko.

Dieses wäre wesentlich geringer, wenn realistische Erwartungen auf Markteintritt vorhanden sind. Hier besteht eher die Gefahr der Frequenzblockierung, deren Erfolg bei unbefristeten Perioden nachhaltige Vorteile brächte. In solchen Fällen sind zur Kompensation der asymmetrischen Entscheidungssituation zwischen Insidern und Outsidern asymmetrische Auktionsregeln zur Erleichterung von Newcomereintritten in Betracht zu ziehen.

Der spätere freie Handel der Frequenzrechte geht von der Erwartung aus, daß die Rechteinhaber ihre Frequenzen verkaufen, wenn ihre eigenen Nutzungserträge schlechter sind als sie für andere wären, da letztere einen Preis bieten, der den Handel für beide vorteilhaft sein läßt. Diese Erwartung ist auch grundsätzlich gerechtfertigt, wenn die Märkte strukturell kompetitiv sind. Für die speziellen Mobilfunkbedingungen wäre zunächst zu fragen, wer später als Käufer auftritt.

Wenn die Frequenzen nur intramodal verwendbar sind, zum Beispiel aufgrund von international vereinbarten Standardisierungen, kommen als potentielle Käufer nur die etablierten Unternehmen in Frage, solange kein Markteintritt zu erwarten ist. Deren eventuell kollusives Verhalten ginge zu Lasten des Verkäufers, wäre allerdings nicht nur durch Cheatinganreize

31 Unter Umständen kann sich eine analoge Situation ergeben, wenn PCN-Frequenzen versteigert werden und GSM-Anbieter vorhanden sind, die auf dem gleichen relevanten Markt anbieten.

begrenzt, sondern auch durch die Möglichkeit der Weiternutzung durch den Verkäufer.

Wenn dritte Unternehmen mit Markteintritts-Interessen vorhanden sind, sind die Kollusionsmöglichkeiten zu Lasten des Frequenzverkäufers gering. Die Etablierten haben stattdessen Interesse an strategischen Markteintrittsbarrieren gegen Newcomer und werden zu diesem Zweck hohe Preise für die Frequenzen bieten. Dies ist dennoch für die Praxis wenig relevant, weil gegebenenfalls statt des Frequenzerwerbs ein Aufkauf des ganzen Unternehmens erfolgen wird. Dies hat für den Verkäufer den Vorteil, daß seine Netzaktiva nicht entwertet werden. Für den Käufer erspart es die Kosten und den Zeitaufwand eines Neuaufbaus.

Wird Markteintritts-Interesse dritter Unternehmen bestehen? Diese Frage kann man bejahen, wenn die Marktperspektiven profitabel sind und der Grund der Frequenzunterauslastung in unternehmensindividuellen Fehlern besteht. In einem solchen Falle wird es vermutlich zu einem Aufkauf des betreffenden etablierten Unternehmens durch einen eintrittswilligen Newcomer kommen.

Ein Markteintritt wird nicht erfolgen, wenn der Grund für das Frequenz-Verkaufsinteresse entweder in generell schlechten Erlösperspektiven des Marktes besteht oder weil die Scale Economies nicht ausgeschöpft sind. Im letzteren Fall wird die Anbieterzahl analog zu normalen Märkten verringert. Die verbleibenden Betreiber haben ein Interesse am Aufkauf der frei werdenden Frequenzrechte, um Skaleneffekte realisieren zu können. Die Frequenzwertverluste des ausscheidenden Unternehmens werden im Rahmen bleiben, wenn die Gesamtnachfrage stabil bleibt.

Im erstgenannten Fall tragen die Frequenzrechteinhaber allerdings die vollen Wertminderungen der geänderten Marktlage. Bei unbegrenzten Frequenzlaufzeiten sind die Unsicherheiten und damit die Vermögensrisiken besonders hoch. Wenn wir die Antizipation dieser Tatsache auf die Erstauktion zurückspiegeln, kommt das Risiko des Winners Curse ins Blickfeld.

Der Begriff des Winners Curse bezieht sich auf die Situation, daß der "wahre Wert" der Frequenz sich erst später am Mobilfunkmarkt erweist. Wenn mehrere Bieter diesen zu schätzen versuchen und der Höchstbieter den Zuschlag erhält, ist die Wahrscheinlichkeit groß, daß der Sieger den Frequenzwert überschätzt hat. Dies kann man grundsätzlich als ein normales Risiko einer Auktion bewerten, das durch entsprechende Abschläge in den Geboten zu berücksichtigen ist. Allerdings wird dann tendenziell das risikofreudigste Unternehmen die Frequenzen erhalten und nicht das effizienteste. Dieses Winners Curse-Problem ist bei unbegrenzten Laufzeiten gravierend und bei kurzen Laufzeiten gering.

Ein weiteres Problem unbegrenzter Laufzeiten ist die Tatsache, daß bei steigender Nachfrage auf dem Mobilfunkmarkt[32] ein Markteintritt nicht möglich ist, da keines der etablierten Unternehmen Frequenzen an einen Newcomer verkaufen wird.[33] Dieses Problem kann allerdings dadurch gelöst werden, daß die Regulierungsbehörde in der Erstauktion nicht alle verfügbaren Frequenzen vergibt, sondern einen Teil der Frequenzen für spätere Auktionen zurückhält. Dies ist auch insofern unproblematisch, da aufgrund anfänglich noch geringer Nachfrage zunächst weniger Frequenzen benötigt werden. Eine Reservierung von Frequenzen für eine spätere Freigabe destabilisiert insgesamt eine Kollusion.

Veränderungen der Frequenznutzung sind nur auf freiwilliger Basis möglich. Die verkaufenden Unternehmen müßten eventuell längerfristige Marktanteilspotentiale aufgeben und den damit verbundenen Imageverlust akzeptieren. Dies erschwert eine Frequenzanpassung an unterschiedlichen Markterfolg. In dem Maße entspricht dies bei unbegrenzter Laufzeit der oben (vgl. 3.5.3) beschriebenen Situation bei fester Frequenzverteilung.

---

32 Dies ist die Situation, in der für normale Märkte gerade Markteintritt zu erwarten ist.

33 Allerdings kann man sich fragen, warum dann ein ineffizienter Betreiber an seinen Frequenzen festhalten sollte. Er würde sich nämlich durch Frequenzverkauf besser stehen als bei Fortführung der eigenen Nutzung.

Ein weiterer Nachteil der unbegrenzten Laufzeiten bei intramodaler Nutzbarkeit der Frequenzen besteht in der *inter*modalen Inflexibilität des betreffenden Teils des Frequenzspektrums. Eine intermodale Veränderung der Frequenzallokation, das heißt die Übertragung auf eine gesamtwirtschaftlich effizientere Nutzung ist entsprechend schwerer möglich. Dies führt zu der Empfehlung, die Frequenzen auch intermodal handelbar zu machen, das heißt ihre Überführung in andere Nutzungsarten zu ermöglichen. Dies wirft jedoch in der Praxis gegebenenfalls Standardisierungs-Probleme auf und tangiert unter anderem die Möglichkeiten internationaler Vereinbarungen über die koordinierte Nutzung bestimmter Frequenzbereiche. Dennoch bleibt festzuhalten, daß bei intermodaler Handelbarkeit der Frequenzen einige der genannten Probleme (Kollusion, Winners Curse) deutlich abgemildert werden.

Die dritte Möglichkeit ist die Festlegung endlicher, aber langer Laufzeiten der Frequenznutzungsrechte. Als lang werden hier solche Perioden bezeichnet, die die wirtschaftlichen Nutzungsdauern der wesentlichen irreversiblen Investitionen übersteigen. Es existiert dann einerseits für das Unternehmen kein Irreversibilitäts-Risiko wie bei kurzen Perioden und andererseits besteht eine größere intermodale Flexibilität der Frequenzallokation im Zeitabablauf als bei unbegrezter Laufzeit.

Dies ist beim Mobilfunk relativ unproblematisch, weil starker technischer Fortschritt und eine schnelle Marktveränderung dafür sorgen, daß ohnehin die ökonomischen Nutzungsdauern der Investitionen nicht allzu lang sind, so daß auch die erforderlichen Frequenzperioden nicht sehr lang sein müßten.

Da zum Frequenzvergabezeitpunkt bei der Regulierungsbehörde in der Regel Unsicherheit über die hierbei relevante Laufzeit herrschen wird, besteht die Möglichkeit einer optionalen Laufzeit (z.B. 8-12 Jahre), wenn der Frequenznutzungspreis pro Periode zu zahlen ist. Dies bedeutet, daß der Inhaber das Ende selbst bestimmen kann. Das heißt, er ist im genannten Beispiel an den Preis mindestens 8 Jahre gebunden, kann die Frequenz bei Bedarf aber bis zu 12 Jahren nutzen, bevor eine erneute Auktion stattfindet. Dabei empfiehlt es sich eventuell, die Wiederverkaufsrechte jenseits der 8 Jahre einzuschränken bzw. von der ausdrücklichen Zustimmung der Regulierungsbehörde abhängig zu machen. Der untere Rand der Option (Mindestlaufzeit) würde festgelegt aufgrund einer Prognose über die minimale Amortisationszeit und der obere Rand (Höchstlaufzeit) durch die intermodalen Reallokations-Erfordernisse.

Bezüglich der Kollusionsrisiken würden sich lange Laufzeiten ähnlich wie unbegrenzte verhalten, das heißt die Cheatinganreize wären hoch und eine Tit-for-Tat-Situation wäre nicht gegeben.

Nicht gelöst ist das Problem, daß keine flexible Anpassung der Frequenzen an die Markterfolge stattfindet. Hier besteht die Möglichkeit, einen kleinen Teil der Frequenzen über kurze Laufzeiten zu vergeben, während der Hauptteil lange Nutzungsperioden aufweist. Auf diese Weise könnten unterschiedliche Markterfolge in den relativ häufigen Auktionen zu entsprechenden Frequenzverschiebungen führen und damit auch Anreize zu Marktanteilsstrategien erzeugen. Allerdings kommen praktisch nur Etablierte als Bieter in Frage, Tit-for-Tat-Überlegungen und Submissionskollusion sind relevant. Dennoch werden Cheatinganreize bei Marktanteilsstrategien bestehen, die Unsicherheiten für Kollusion schaffen.

Eine ganz andere Frage ist, ob die Frequenzen regional oder bundesweit vergeben werden sollten. Wenn die jeweiligen Mobilfunk-Märkte typischerweise regional sind (wie z.B. beim Bündelfunk), wäre es in der Regel ineffizient, die Frequenzregionen größer zu machen. Umgekehrt bedeutet die Existenz bundesweiter oder internationaler Märkte (wie z.B. beim zellularen Mobilfunk) nicht unbedingt, daß auch die Frequenzgebiete diese Größe haben müßten. Vielmehr wären auch dann wesentlich kleinere Frequenzregionen möglich.

Für eine regionale Vergabe spricht, daß die Nachfrage nach Mobilfunkdiensten nach Regionen differieren wird, z.B. nach Ballungs- versus ländlichen Gebieten oder in anderer Weise. Es werden sich bei Auktionen dann regional unterschiedliche Preise ergeben, die für die genannten Tradeoffs unterschiedliche Optima zur Folge haben können. Außerdem wären die Markteintrittsbarrieren für potentielle Newcomer niedriger, da bei regionalen Frequenzen eventuell auch regionale Markteintritte möglich wären, und sei es nur für die Anfangsperiode.

Dagegen sprechen neben höheren Transaktionskosten vor allem die Abgrenzungsprobleme an den Grenzen. Da die Ausbreitungscharakteristika der Funksignale von der Topografie, von Gebäuden, Senderstandorten und anderen physikalischen Faktoren abhängen, würden zu kleine Frequenzregionen zu suboptimaler Frequenznutzung an den Grenzen führen bzw. zu überhöhten Kosten durch ineffiziente Senderstandorte, die durch administrative Frequenzgrenzen verursacht werden.

Deshalb scheiden regionale Frequenzgrenzen innerhalb von Ballungsgebieten und anderen Nutzungsschwerpunkten praktisch aus. Frequenzgrenzen zwischen Ballungsgebieten wären jedoch grundsätzlich möglich.

5.4.4 Frequenzen, Pakete und Auktionen mit multiplen Geboten

Es wurde bis hierher davon ausgegangen, daß ganze Frequenzpakete versteigert werden. Das heißt, die Gebote beziehen sich auf eine vorher festgelegte Menge von Frequenzen als Einheit. Die Kernidee bei der Versteigerung ganzer Frequenzpakete ist, die Mindestzahl der Frequenzen eines Unternehmens oberhalb der MOS-Schwelle zu halten, um Größenvorteile ausschöpfen zu können. Insbesondere kann es dazu dienen, potentiellen Newcomern zu erlauben, auf einen Schlag so viele Frequenzen zu erwerben, wie nötig ist, um effizient produzieren zu können.

Dabei ist fraglich, ob die Regulierungsbehörde, die die Frequenzpakete schnürt, die MOS-Größe überhaupt kennt. Dies gilt insbesondere zum Vergabezeitpunkt, wo die Technik noch unerprobt ist, weitere Innovationen zu erwarten sind etc. Die MOS-Größe kann sich im Zeitablauf durch technischen Fortschritt etc. ändern. In vielen Fällen ist schon fraglich, ob überhaupt eine MOS-Größe existiert oder eventuell durchgängige Scale Economies vorhanden sind. Dann wäre von der Frequenzvergabestelle in ähnlicher Weise ein diskretionärer Kompromiß zwischen Skaleneffekten und Wettbewerbsintensität zu bestimmen wie bei der bisherigen Lizenzvergabe.

Derartige Paketregelungen haben somit immer einen strukturdirigistischen Charakter. Die Zahl der Pakete determiniert in hohem Maße die Marktstruktur, insbesondere wenn es sich tatsächlich nur um wenige Pakete handelt. Das Paketverfahren ist außerdem wegen der großen Sprünge in den erworbenen Frequenzen nicht so differenzierungsfähig für Unterschiede in den Marktanteilen, wie es für die Wettbewerbs- und Effizienzanreize vorteilhaft wäre.

Eine Alternative besteht in der Versteigerung von Einzelfrequenzen, das heißt jede einzelne Frequenz wird in einer gesonderten Auktion vergeben. Jedes Gebot bezieht sich dann auf genau eine Frequenz. Die Auktionen können simultan oder nacheinander erfolgen. Bei simultanen Auktionen von Einzelfrequenzen finden alle Prozesse gleichzeitig statt, das heißt ein Bieter kann sein Gebot für eine Frequenz nicht vom Ergebnis einer anderen Frequenzauktion abhängig machen. Ein Vorteil ist die Vermeidung von Tit-for-Tat-Situationen, das heißt Kollusion ist c.p. weniger wahrscheinlich. Ein wesentlicher Nachteil besteht darin, daß die einzelnen Betreiber keine Kontrolle über die insgesamt erworbene Frequenzmenge haben, das heißt sie können ihre Mengen nicht kalkulieren, was jedoch schon für das Preisgebot selbst erforderlich wäre.[34]

Wenn die Auktionen von Einzelfrequenzen nacheinander erfolgen, wissen die Betreiber bei jeder Einzelauktion, wieviele Frequenzen sie schon erworben haben und wieviele sie noch benötigen für die geplante Angebotsmenge. Auf diese Weise können sie unter anderem MOS-Aspekte berücksichtigen, indem sie in den späteren Auktionen entsprechend höher bieten, wenn die benötigte Frequenzmenge noch nicht erworben wurde. Dies gilt insbesondere auch für Newcomer.

---

34 Eine Möglichkeit wäre, den Erwerbern die Option zu geben, zuviel erworbene Frequenzen sofort nach der Auktion zurückzugeben, um diese gleich erneut versteigern zu können. Vgl. für eine ähnliche Regel die Swiss Auctions bei UNGERN-STERNBERG (1991).

Auf der anderen Seite würden dadurch die Strategien der Etablierten erleichtert. Der Tit-for-Tat-Zusammenhang wirkt hier sehr direkt, so daß die Anreize für Cheating gering sind und Kollusion funktioniert. Strategische Markteintrittsbarrieren sind mit vergleichsweise geringem Kostenaufwand zu errichten. Die Etablierten können so lange Kollusion betreiben (niedrige Frequenzpreise), bis Newcomer (bzw. Unbekannte) einige Frequenzen erworben haben, und erst dann eintrittsabschreckende Höchstgebote abgeben. Wegen der MOS-Schwelle könnten die Etablierten einige Runden abwarten, da der Newcomer eine MOS-bedingte Mindestmenge benötigt. Falls er diese nicht erreicht, wird er nicht in den Markt eintreten.[35]

Bei aufeinanderfolgenden Auktionen konzentriert sich die Gesamtproblematik sehr stark auf die letzten Frequenzrunden, die über Kosten, Marktanteile und Wettbewerbsintensität wesentlich entscheiden. Biettaktische und informationspolitische Aspekte würden ein unangemessen großes Gewicht erhalten. Hinzu kommt ein relativ hoher Transaktionskostenaufwand. Insgesamt sind die Nachteile von Einzelfrequenzauktionen so gravierend, daß sie für die Vergabe von Mobilfunkfrequenzen nicht zu empfehlen sind.

Die diskutierten Probleme werden zu einem großen Teil vermieden, wenn das im folgenden beschriebene Auktionsdesign zur Anwendung kommt, das hier als "Totalauktion mit multiplen Geboten" bezeichnet wird. Der Begriff Totalauktion bedeutet, daß sämtliche Frequenzen in *einem* Versteigerungsvorgang zugeteilt werden.

Ein multiples Gebot ist definiert als ein Gebot, das aus ein oder mehreren Elementen besteht. Das Gebot eines Unternehmens U_A besteht dabei aus einer Menge von Elementen A_J mit $J=1...M$, die jeweils eine Kombination eines Preises f_J und einer Menge q_J beinhalten, also $A_J(f_J,q_J)$. Jedes Ge-

35 Der Newcomer müßte dann seine bereits erworbenen Frequenzen wieder verkaufen. Als Käufer kämen nur die Etablierten in Frage, was bei funktionierender Kollusion einen geringen Frequenzpreis erwarten läßt und damit das Risiko für die Newcomer-Beteiligung an der Auktion erhöht.

bot kann beliebig viele Elemente A_J enthalten.[36] Alle Gebote werden entsprechend der Auktionsmethode (4) verdeckt eingereicht und simultan geöffnet.

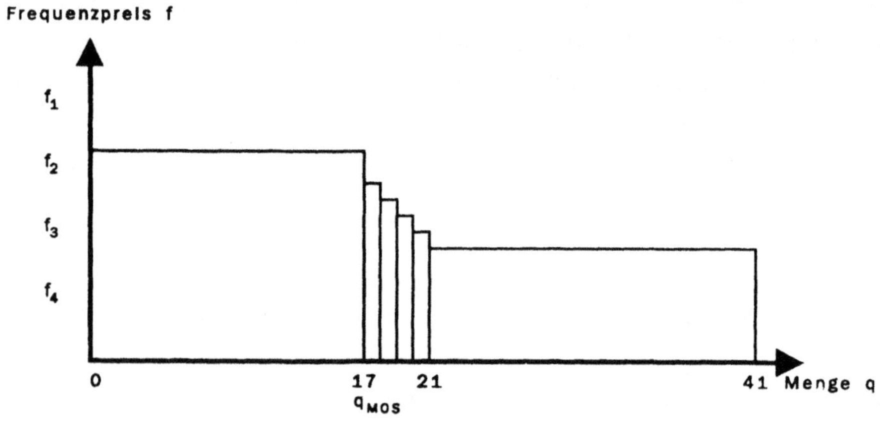

Abb. 5.7 : Multiple Frequenzgebote

Die Regulierungsbehörde ordnet alle einzelnen Elemente aller Bieter I (I=A...N) nach der Preishöhe f_{IJ}. Wenn insgesamt eine Menge Q^* von Frequenzen verfügbar ist, erhalten - beginnend mit dem höchsten f_{IJ} - der Reihe nach die einzelnen Elemente die Zuschläge, bis die Menge Q^* verteilt ist. Sämtliche Frequenzerwerber zahlen den gleichen Preis in Höhe der Opportunitätskosten, der hier durch das erste Element bestimmt wird, das nicht mehr zum Zuge kommt.[37]

---

36 Abb. 5.7 zeigt als Beispiel ein Gebot des Unternehmens U_A mit 6 Elementen

37 Ein mögliches technisches Detailproblem resultiert aus der Ganzzahligkeit der Mengenkomponenten der Elemente, das heißt die einzelnen Frequenzen sind nicht mehr teilbar. Wenn nämlich die Frequenzverfügbarkeit einen Preis determiniert, der durch mehrere Elemente von mindestens zwei Bietern besetzt ist, entsteht ein Zuteilungsproblem zwischen gleichwertigen Elementen. Dies müßte dann durch ergänzende Regeln gelöst werden, zum Beispiel proportionale Zuteilung, Losverfahren oder er-

Auf diese Weise können mehrere Elemente eines Bieters mit unterschiedlichen Biethöhen f_{IJ} zum Zuge kommen.[38] Der einzelne Bieter kann durch seine Gebote erreichen, daß er - wenn überhaupt - mindestens eine Menge q_{MOS} (vgl. Abb. 5.7) erwirbt, wenn er diese unter dem Gesichtspunkt der mindestoptimalen Betriebsgröße für erforderlich hält.

Wenn wir die Gesamtheit aller Bietelemente in der genannten Rangreihung von hohen zu niedrigen Preisen f_{IJ} betrachten, stellen wir fest, daß dies nichts anderes ist als die Gesamtnachfragefunktion nach Frequenzen. Der einzige Unterschied besteht in der Treppenform, die durch den diskreten Charakter der Elemente erzeugt wird, während Nachfragefunktionen üblicherweise als kontinuierliche Funktionen gezeichnet werden. Das gleiche gilt für die individuellen Gebote (wie in Abb. 5.7). Deren ranggereihte Elemente repräsentieren die individuelle Nachfragefunktion des Bieters.

Darüberhinaus dürfte es zweckmäßig sein, am Anfang nicht sämtliche Frequenzen zu vergeben, sondern eine Restmenge zurückzuhalten und später zu versteigern, wenn der Mobilfunkwettbewerb bereits im Gange ist. Dies dient dazu, Anreize zu Marktanteilsstrategien zu schaffen und erfolgreichen Unternehmen später den Erwerb zusätzlicher Frequenzen zu ermöglichen, ohne diesbezüglich davon abhängig zu sein, daß andere ihre Frequenzen verkaufen. Diese Regelung reduziert die Kollusionswahrscheinlichkeit und erhöht die Wettbewerbsintensität.

---

neute Auktion der verbleibenden Frequenzen unter den Bietern, die Elemente zum fraglichen Grenzpreis geboten haben.

38 Der Bieter U_A mit dem aus 6 Elementen bestehenden Gebot der Abb. 5.7 würde bei einem aus der Auktion resultierenden Preis f_1 keine Frequenz erhalten, bei f_2 17 Frequenzen, bei f_3 19 Frequenzen und bei f_4 41 Frequenzen.

Kapitel 6

Regulierung durch Lizenzierung

6.1 Einleitung

Es wurde oben argumentiert, daß im Mobilfunk eine diskretionäre Lizenzierung weitgehend überflüssig ist, wenn man die Frequenzallokation einem pretialen Verfahren unterwirft. Dennoch lohnt sich hier die Analyse einzelner Lizenzierungsparameter, weil diese in der Realität als Regulierungsersatz bzw. als Regulierungsinstrumente verwendet werden. Für dieses Kapitel wird deshalb die ordnungspolitische Grundsatzfrage nicht mehr aufgeworfen, sondern davon ausgegangen, daß eine diskretionäre Lizenzierung erfolgt.

Unter Regulierung versteht man die Festlegung oder Beschränkung von unternehmerischen Entscheidungsparametern durch staatliche Instanzen (Regulierungsbehörden). Die Lizenzierung kann als Instrument der Regulierung betrachtet werden. Entsprechende Auflagen in den Lizenzen der Betreiber erlauben es der Regulierungsbehörde, über die Marktzugangsregulierung hinaus zahlreiche andere Ziele zu erreichen, die sonst mittels Regulierungseingriffen realisiert würden.

Die Regulierung im engeren Sinne tritt meist als laufende Verhaltenskontrolle der Unternehmen in Erscheinung, wobei die Regulierungsbehörde mehr oder minder große diskretionäre Freiräume hat. Regulierungsinstrumente sind somit relativ flexibel und insbesondere dann einsetzbar, wenn neue Sachverhalte entstanden sind. Dies hat für die Unternehmen den Nachteil, daß ihre Investitionsentscheidungen durch eine schwer kalkulierbare Unsicherheit belastet werden. Dies ist insbesondere dann ein Problem, wenn die Regulierungsbehörden direkt politikabhängig sind und die Entscheidungen somit von kurzfristigem Opportunismus bestimmt sein können.

Die Lizenzierung als Regulierungsinstrument hat für die Unternehmen den Vorteil, daß zum Zeitpunkt des Lizenzvertrages, der in der Regel vor den relevanten Investitionen liegt, die wesentlichen Verhaltenseinschränkungen bekannt sind. Für die Regulierungsbehörde ist dieses Instrument später weniger flexibel einsetzbar, insbesondere wenn sich die Marktbedingungen gravierend ändern. Die ökonomische Bewertung hängt stark davon ab, *wie* von den Instrumenten im einzelnen Gebrauch gemacht wird, was im folgenden für einige mobilfunkrelevante Parameter erörtert wird.

6.2. Flächendeckung und regionale Tarifeinheit

6.2.1. Die Ziele Flächendeckung und Versorgungsgrad

Die Begriffe Flächendeckung und Versorgungsgrad beziehen sich auf die regionale Abdeckung des Dienstes. Es ist ein oft formuliertes Ziel der realen Politik, daß die verschiedenen Infrastrukturen nicht nur in den Ballungsräumen, sondern auch in den ländlichen Gebieten eines Landes verfügbar sein sollten, und zwar nach Möglichkeit zu gleichen Preisen. Dies wird entweder im Sinne einer Angleichung der Lebensbedingungen (bei konsumorientierter Infrastruktur) oder als Mittel zur Reduzierung von Standortunterschieden (bei produktionsorientierter Infrastruktur) begründet.

Diese Zielsetzungen haben auch beim Mobilfunk hohe deskriptive Relevanz, was sich darin ausdrückt, daß sich in zahlreichen Regulierungsvorschriften und Lizenzverträgen entsprechende Bestimmungen finden. Z.B. wurde in der Bundesrepublik den Betreibern D1, D2 und E1 ein minimaler Versorgungsgrad von 75% der Wohnbevölkerung vorgeschrieben.[1] Bei D2 und E1 wurde zusätzlich erklärt, daß eine darüber hinausgehende

---

1 In der BRD wurde D1 1989 ein Versorgungsgrad von 75% bis 1994 vorgeschrieben und ein entsprechender Passus in die D2-Lizenz bzw. 1991 in die Ausschreibungsbedingungen für die E1-Lizenz (bis 1997) aufgenommen. Vgl. für die Regulierungsvorschrift für D1 und Lizenzvertrag für D2 BMPT (1991b), für die E1-Ausschreibung BMPT (1992a).

Verpflichtung zu einem höheren Versorgungsgrad als Kriterium bei der Lizenzentscheidung verwendet werden würde (vgl. 6.3.2.).[2] Für die folgenden Überlegungen wird das politische Ziel einer regional möglichst breiten Mobilfunkbereitstellung als vorgegeben unterstellt. Die Erörterungen konzentrieren sich auf die Eignung der verwendeten Instrumente.

Die Frage, wie das politische Ziel adäquat operationalisiert wird, ist nicht trivial. Das Kriterium "Flächendeckung" bezieht sich auf den Anteil der versorgten Fläche an der Gesamtfläche, d.h. den Prozentsatz des funktechnisch versorgten Gebietes. Dabei sind bestimmte systemtechnisch klassifizierte Sendestärken der Mobil- und Basisstationen unterstellt. Außerdem ist danach zu spezifizieren, wo (z.B. im Freien, in Gebäuden etc.) die Funkabdeckung gemessen wird. Bei mobilen Einheiten erfaßt man dies mit der Orts-Zeit-Wahrscheinlichkeit der Verfügbarkeit einer bestimmten Signalstärke.[3]

Der Begriff des "Versorgungsgrades" dient dazu, die unterschiedliche Relevanz einzelner Flächenpunkte für die Nutzung eines Dienstes in dem betreffenden Kriterium zu erfassen. Jedes Land weist historisch gewachsene regionale Strukturen von Siedlungsräumen, Produktionsstätten, Büros, Verkehrswegen etc. auf, die mehr oder minder starke Ballungen auf bestimmte Flächen zeigen.

Die Lorenzkurve ist ein gängiges Konzentrationsmaß, das die Ballung von Merkmalen auf Merkmalsträger zeigt. Dies ist für die Konzentration von Siedlungen in der Fläche in der Abb. 6.1 grafisch veranschaulicht. Dabei sind die Flächeneinheiten von links nach rechts nach der Höhe des Siedlungsbesatzes geordnet. Punkt A auf der Lorenzkurve L_1 zeigt z.B., daß sich 70% der Siedlungen auf 25% der Fläche befinden. L_0 zeigt die völlige

2 Die Mannesmann Mobilfunk hat sich im D2-Lizenzvertrag im Februar 1990 verpflichtet, einen Versorgungsgrad von 94% (alte Bundesländer) bis Ende 1994 zu realisieren. Die E1-Lizenz weist eine ähnliche Größenordnung auf, wobei zwischen dem gesamten Bundesgebiet (bis Ende 1997) und den neuen Bundesländern (bis Ende 1995) unterschieden wird.

3 Die Flächendeckung ist allerdings kein Merkmal, das ausschließlich von der Betreiber-Infrastruktur abhängt. Die Flächendeckung würde nämlich steigen, wenn die Mo-

Gleichverteilung der Siedlungen über die Gesamtfläche. Je stärker die Lorenzkurve nach links oben ausgebeult ist, desto stärker ist die regionale Ballung.[4] Der sogenannte Gini-Koeffizient entspricht dem Verhältnis der Fläche zwischen der Lorenzkurve und der Gleichverteilung zur Fläche des gesamten linken oberen Dreiecks.

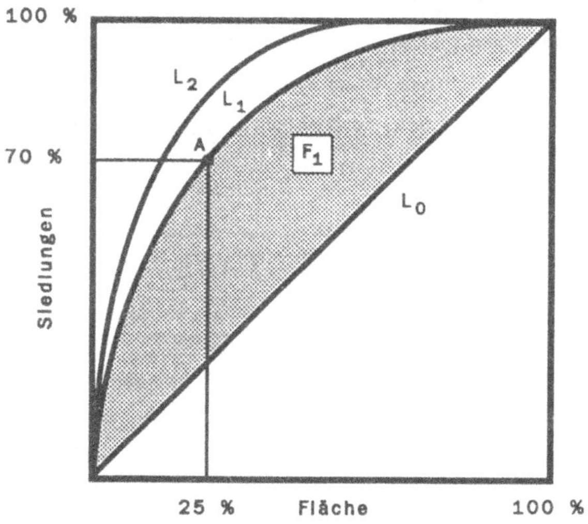

Abb. 6.1 : Regionale Konzentration

Der Versorgungsgrad, der üblicherweise bei der Mobilfunk-Lizenzierung verwendet wird, ist in Bezug auf die Wohnbevölkerung definiert. Ein Versorgungsgrad von 75% bedeutet dementsprechend, daß das Mobilfunknetz eine Fläche abdeckt, auf der 75% der Bevölkerung lebt. Fraglich ist allerdings, ob dies ein adäquates Maß darstellt, da die Kunden den

---

bilstationen eine höhere Sendestärke aufweisen. Dies bleibt jedoch im folgenden aus Gründen der Vereinfachung außer Betracht.

4 Derartige Kurven der regionalen Ballung verlaufen für einzelne Länder unterschiedlich. Zum Beispiel sind die skandinavischen Länder und die USA regional relativ stark konzentriert, die Bundesrepublik dagegen vergleichsweise gering.

Mobilfunk nicht primär in ihren Wohnungen nutzen werden, sondern vor allem außerhalb von Wohnungen und Büros auf Straßen, Plätzen etc. Dies gilt insbesondere für typische Autotelefonsysteme, wie sie die analogen und die GSM-Netze darstellen.

Geeigneter wäre ein spezifisches Maß der Mobilfunknutzung pro Flächeneinheit (Mobilfunkverkehrsdichte in Erlang pro m^2). Dieses würde nicht nur in Ballungsgebieten, sondern auch z.B. entlang der Autobahnen hohe Werte aufweisen. Dem stehen empirische Erfassungsprobleme gegenüber. Diese werden dadurch noch gravierender, daß Maße zur Erfassung der regionalen Nutzungsintensität für die einzelnen Mobilfunksysteme unterschiedlich ausfallen werden.

Da schon die Begriffe einige konzeptionelle und quantitative Erfassungsprobleme beinhalten, ist auch die Frage, welches das geeignete Kriterium für eine eventuelle Regulierungsvorschrift darstellt, nicht leicht zu beantworten. Grundsätzlich ist ein adäquat definierter Versorgungsgrad zu präferieren. Dies hängt jedoch nicht nur von der Systemauslegung ab, sondern auch von der konkreten inhaltlichen Zielsetzung. Wenn man z.B. der Auffassung ist, daß der Mobilfunk quasi als Notrufnetz für das gesamte Land fungieren sollte, wäre die Flächendeckung das geeignetere Kriterium.

6.2.2. Regionale Struktur, Dichtevorteile und Regulierung

Wenn für die Versorgung eigene Infrastrukturen aufgebaut und unterhalten werden müssen und die diesbezüglichen Kosten einen hohen Anteil an den Gesamtkosten ausmachen, gilt häufig, daß die Stückkosten mit zunehmender Nachfragedichte in einem Gebiet stark fallen.

Da die Nachfrage pro Flächeneinheit in Ballungsgebieten in der Regel höher ist als in ländlichen Gebieten, weist die Versorgung letzterer typischerweise höhere Produktionskosten auf. Dies gilt insbesondere für zahlreiche Produkte der Verkehrs- und Versorgungswirtschaft sowie der Telekommunikation.

Dies ist im Hinblick auf den Mobilfunk in Abb. 6.2 veranschaulicht. Die Abszisse zeigt nach rechts ansteigende regionale Nachfragedichten (RND), die für einen interregional einheitlichen Preis P_R gelten. Die Kurve RLDK (regionale langfristige Durchschnittskosten) zeigt einen durchgängig fallenden Verlauf, d.h. daß für den gesamten Bereich Dichtevorteile (economies of density) bestehen. Dichtevorteile sind ein Spezialfall der economies of scale.

Ein erwerbswirtschaftliches Unternehmen, das sich einer solchen regionalen Kostenstruktur gegenübersieht, wird beim Preis P_R die Gebiete mit geringer Nachfragedichte (links von D_R) gar nicht versorgen oder/und die

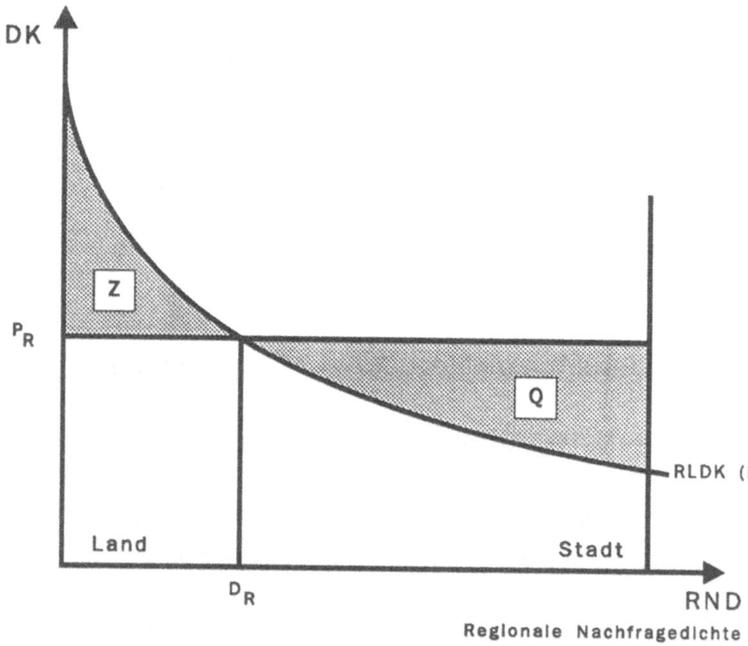

Abb. 6.2 : Regionale Nachfragedichte und Durchschnittskosten

Preise dort höher setzen als rechts von D_R. Aus diesem Grunde wird häufig durch die jeweilige Regulierungsbehörde die interregionale Tarifeinheit vorgeschrieben,[5] d.h. daß im gesamten Versorgungsgebiet der gleiche Preis gilt.

Angenommen, die Regulierung legt einen regionalen Einheitspreis P_R fest. Dann verursachen die Kunden in Regionen links von D_R ein Defizit im Umfang der gerasterten Fläche Z, das aus dem Überschuß Q der Regionen rechts von D_R abgedeckt wird. Es findet also eine interne Subventionierung zwischen den Regionen statt. Dies beinhaltet unmittelbare allokative Ineffizienzen, die gegen das politische Ziel der regionalen Tarifeinheit abzuwägen sind.

Wenn das in dieser Weise preisregulierte Unternehmen Kontrahierungsfreiheit hat,[6] wird es nur die Gebiete rechts von D_R versorgen. Aus diesem Grunde werden die Unternehmen in der Regel zusätzlich einem Kontrahierungszwang unterworfen, der sie verpflichtet, auch die Gebiete links von D_R zu versorgen. Erst im Zusammenhang mit einem solchen Kontrahierungszwang wird die Tarifeinheit überhaupt wirksam.

Betrachten wir nun die umgekehrte Situation, daß nur ein Kontrahierungszwang, der das Unternehmen zur Versorgung aller Gebiete verpflichtet, besteht. Dies führt zur Frage der regionalen Preisdifferenzierung. Angenommen, das Unternehmen sei in der Lage, in verschiedenen Gebieten die Preise unterschiedlich festzulegen. Die Antwort scheint leicht zu sein, da offenbar die RLDK die Nullgewinnkurve repräsentiert und den profitablen Preisbereich für jede Region vom unprofitablen trennt. Tatsächlich ist es etwas komplizierter, da die RLDK in Abb. 6.2 nur für den Preis P_R gilt und die relevanten Versorgungsdichten, die die Durchschnittskosten bestimmen, ihrerseits von den regionalen Preisen abhängen.

---

5 Dies schließt den Fall ein, daß es über den Einfluß auf die Preispolitik öffentlicher Unternehmen direkt realisiert wird. Dies ist z.B. bei der Eisenbahn, in vielen Unternehmen der Strom- und Gasversorgung, bei der Briefbeförderung und beim Telefon der Fall.

6 Kontrahierungsfreiheit bedeutet, daß das Unternehmen die Wahl hat, bestimmte Dienste anzubieten oder nicht, bzw. bestimmte Kunden zu beliefern oder nicht.

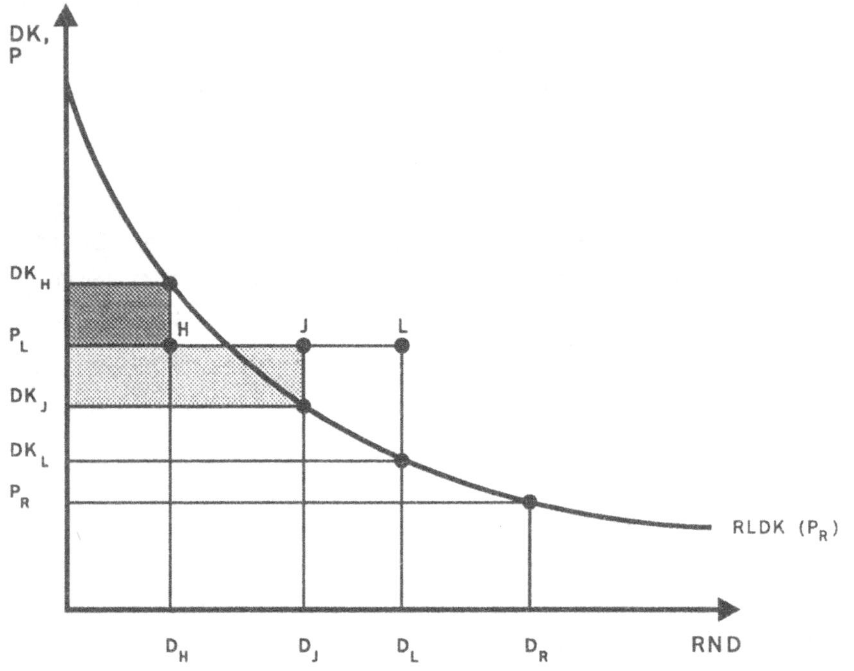

Abb. 6.3 : Regionale Nachfragedichte und differenzierte Preise

Dies ist in Abb. 6.3 dargestellt. Angenommen, das Unternehmen möchte ein ländliches Gebiet versorgen, das zum Preis P_R die Dichte D_L aufweist. Es verspricht sich, mit einem Preis P_L den Punkt L zu erreichen. Dieser wäre profitabel, da $P_L > DK_L$. Wenn die Nachfragefunktion negativ geneigt ist, folgt beim Übergang von P_R zu P_L jedoch ein Mengenrückgang, so daß die tatsächliche Versorgungsdichte sinkt. Nehmen wir an, es würde dadurch der Punkt H erreicht, der die Versorgungsdichte D_H aufweist. Dies führt also zu Verlusten, da $P_L < DK_H$. Wenn dies analog auch für andere Preise gilt, ist auch bei regional differenzierten Preisen eine kostendeckende Versorgung dieses Gebietes nicht möglich.

Falls die Elastizität der Nachfragefunktion jedoch geringer ist und der Mengenrückgang nur zum Punkt J führt, wäre die Versorgung profitabel, da $P_L > DK(D_J)$. Es ist eine empirische Frage der Nachfrageelastizität in jeder einzelnen Region, ob es für diese einen kostendeckenden Preis gibt, der eine erwerbswirtschaftliche Versorgung der Region erlaubt. Je elastischer die Nachfragefunktion in einer Region ist, desto eher existiert kein Preis, der Kostendeckung (ohne Subventionen) ermöglicht.

Die Nichtversorgung ländlicher Gebiete ist umso eher zu erwarten, je stärker die Dichtevorteile sind, das heißt je steiler die RLDK-Kurve verläuft. Im folgenden wird erörtert, ob die Bedingungen im Mobilfunk unter kommerziellen Bedingungen dazu führen, daß größere Gebiete unversorgt bleiben. Dabei wird zunächst die regionale Kostenstruktur betrachtet und in 6.2.4 die regionalen Nachfrageeffekte.

6.2.3 Regionale Kostenstrukturen beim Mobilfunk. Zellgrößen und Dichtevorteile

Der zellulare Mobilfunk basiert auf dem Prinzip, über eine größere Fläche (Versorgungsgebiet) ein Raster von Zellen zu legen, die jeweils von eigenen Basisstationen funktechnisch versorgt werden. Für die regionale Kostenstruktur ist nun vor allem von Bedeutung, daß die Größe dieser Zellen variabel ist. Dies gilt erstens zwischen den verschiedenen Systemen (z.B. große Zellen bei C-450, kleine bei GSM-900, sehr kleine bei DCS-1800). Zweitens sind die Zellgrößen auch innerhalb eines Systems (z.B. GSM) zwischen verschiedenen Regionen unterschiedlich. Es werden in verkehrsschwachen Regionen auf dem Lande große Zellen eingerichtet und in telekommunikations-intensiven Ballungsräumen kleine Zellen.

Vergleichen wir zunächst lediglich die verschiedenen Funktelefonsysteme in ihren typischen Zellgrößen miteinander ohne Berücksichtigung von interregionalen Zellgrößenvariationen. In einem mikrozellularen System werden einzelne Zellen bei der gegebenen Siedlungs- und Verkehrsstruktur der BRD hochverdichtete Innenstadtbereiche, andere Ballungsrand- und Wohngebiete und wiederum andere ländliche Gebiete mit oder ohne Ortschaften abdecken. Die Streuung der regionalen Nachfragedichte über alle Zellen wird hoch sein. Wenn wir die Totalabdeckung der gesamten Bundesrepublik mit einem solchen mikrozellularen System als Lorenzkurve darstellen, ergibt sich ein Verlauf ähnlich wie L_K in Abb. 6.4.[7]

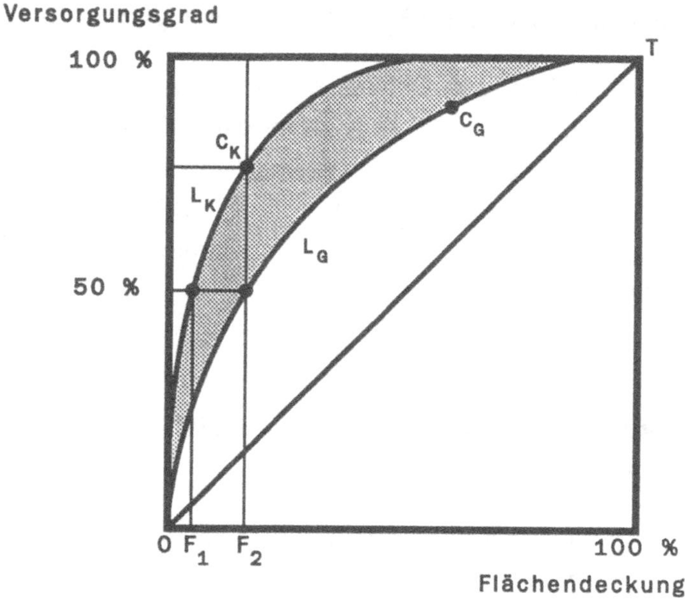

Abb. 6.4 : Versorgungsgrad und Flächendeckung

Wenn ein Betreiber ein Netz aufbaut, wird er grundsätzlich zunächst die verkehrsintensiven Flächen versorgen. Abgesehen von Restriktionen der Netzkonfiguration wird die Kurve L_K deshalb auch - angefangen beim 0-Punkt - ungefähr den Zeitpfad der Netzerstellung repräsentieren, allerdings nicht bis zum Punkt T, sondern nur bis zu einem Punkt C_K, der von seinem Kosten-Erlös-Kalkül bestimmt wird.

7 In der Abb. 6.4 gilt für L_K, daß ca. 50% aller Nachfrager mit einer Anzahl von Zellen abgedeckt werden können, die nur ca. 5% der Gesamtfläche versorgen.

Am Anfang ist der zusätzliche Erlös der Versorgung eines weiteren Gebietes höher als deren zusätzliche Kosten, das heißt der Deckungsbeitrag ist positiv. Die Grenzdeckungsbeiträge sinken entlang der L_K-Kurve mit abnehmender Dichte und werden ab einem Punkt C_K negativ. Dies ist in Abb. 6.5 durch die Kurve D_K veranschaulicht. Man kann diesen Punkt C_K als betriebswirtschaftlich optimale Flächendeckung bezeichnen.

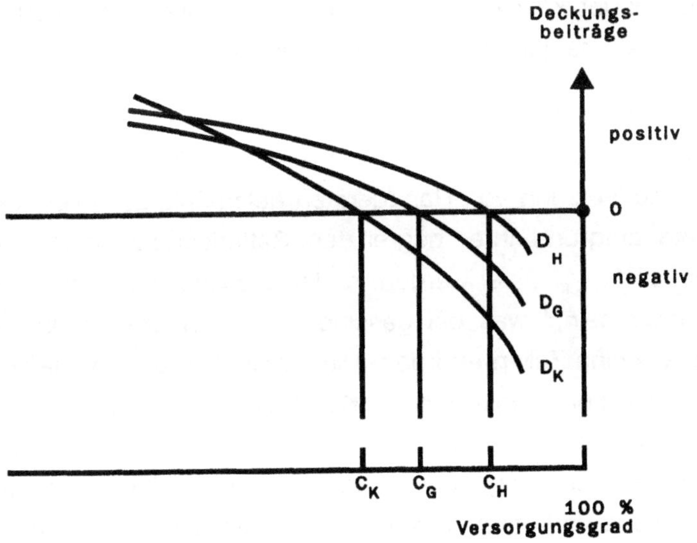

Abb. 6.5 : Deckungsbeiträge bei hohen Versorgungsgraden für verschiedene Mobilfunksysteme

Demgegenüber werden in einem Großzellensystem die einzelnen Zellen bei der gegebenen geographischen Struktur neben verdichteten auch weniger verdichtete Teilräume mit geringerer RND (regionale Nachfragedichte) enthalten. Die Zellen werden in sich heterogener und durchschnittheh stärker durchmischt sein. Der RND-Unterschied zwischen den Zellen wird geringer als bei Mikrozellen sein. Entsprechend verläuft die Lorenzkurve flacher.[8] Der Versorgungsgrad C_G, von dem ab die Grenzdekkungsbeiträge D_G negativ werden, liegt oberhalb von C_K.

Die Kosten für die Errichtung der Netzinfrastruktur und einige andere Kostenelemente sind bei einem kleinzellularen System c.p. höher als für ein Großzellen-System. Ein Kleinzellensystem erfordert eine größere Anzahl von Basisstationen, mehr (und kleinere) Leitungen zwischen diesen und den Mobilvermittlungsstellen, höheren Signalisierungs- und EDV-Aufwand zur Steuerung des Systems etc. Von daher könnte man sich fragen, warum überhaupt Kleinzellennetze errichtet werden, bzw. warum innerhalb eines Systems gebietsweise Kleinzellen verwendet werden.

Dafür sind mindestens zwei wesentliche Gründe anzuführen, die auf verschiedenen Ebenen liegen. Erstens gibt es die Zielsetzung (namentlich bei PCN), die Nutzung von Handgeräten netzmäßig zu unterstützen. Da Handgeräte aufgrund ihrer begrenzten Batteriekapazität mit niedrigen Sendestärken ausgerüstet werden, dürfen die Abstände zur Basisstation nicht zu groß sein,[9] was bei geschlossener Funkabdeckung entsprechend viele, kleine Zellen erfordert. Die zweite Begründung liefert die bereits erörterte Frequenzproblematik. Kleinzellensysteme erlauben in einem gegebenen Versorgungsgebiet eine intensivere Frequenznutzung. Sie können deshalb eine gegebene Frequenzmenge zu einer größeren Telekommunikations-Verkehrsmenge nutzen als Großzellensysteme.

---

8 Das heißt, daß eine gleiche Flächendeckung bei großzellularen Systemen ceteris paribus zu einem geringeren Versorgungsgrad führt als bei kleinzellularen Systemen. Anders ausgedrückt, ein bestimmter Versorgungsgrad führt bei kleinzellularen Systemen zu einer geringeren Flächendeckung als bei großzellularen Systemen. Bei einem kleinzellularen System können also bei Versorgungsgraden im oberen Bereich durch weitere Erhöhung der Flächendeckung weniger zusätzliche Nachfrageeinheiten gewonnen werden als bei großzellularen Systemen.

9 Handgeräte werden in ihrer Nutzbarkeit durch die Batteriekapazität begrenzt. Es besteht ein Tradeoff zwischen der Batteriegröße (was ein schwereres Handgerät bedingt), der Nutzungsdauer (Gesprächszeit und Standby-Zeit) und der Sendestärke. Je geringer die Sendestärke ist, desto länger ist eine Batterie c.p. nutzbar bzw. desto kleiner kann sie sein. Geringe Sendestärke erlaubt jedoch nur einen geringen Abstand zwischen Mobil- und Basisstation, d.h. eine geringe Zellgröße. Ein System, das auf Handgeräte-Nutzung ausgerichtet ist (z.B. DCS-1800), hat deshalb nicht die Möglichkeit zur Großzellenbildung.

Die durch die Frequenzen limitierte Kapazität kann durch Zellteilung (vorrangig in Ballungsgebieten) vergrößert werden, was jedoch zu höheren Infrastruktur- und Betriebskosten führt (vgl. 5.2.2). Diese Zusammenhänge erklären den Verlauf der RDK_G-Kurve rechts von D_1 in Abb. 6.6. Die höheren Kosten kompensieren die Dichtevorteile immer mehr (Bereich III). Dies kann zu absolut steigenden Durchschnittskosten bei steigender regionaler Nachfragedichte führen (Bereich IV in Abb. 6.6).[10] Ob und in welchem Umfang dieser Effekt eintritt und gegebenenfalls ab welcher Dichte, hängt von dem quantitativen Verhältnis zwischen der Nachfrage und den verfügbaren Frequenzen ab.

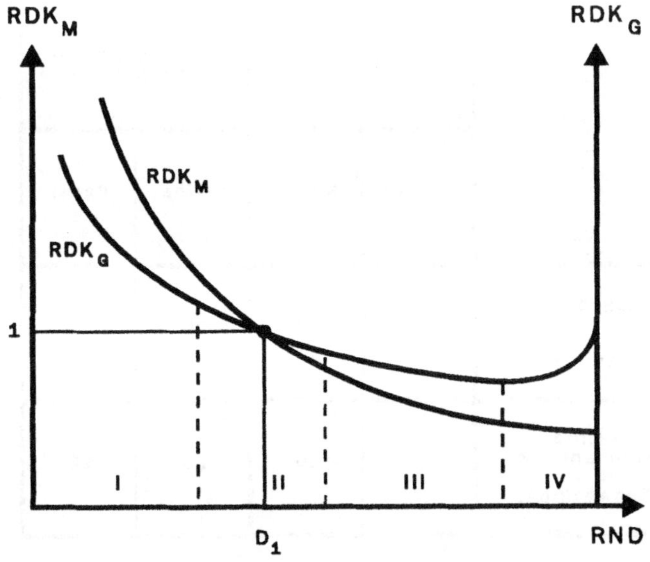

Abb. 6.6 : Regionale Durchschnittskosten bei variabler Zellgröße und Frequenzknappheit in Ballungsgebieten

10 Die naheliegende Vermutung, der Betreiber könnte diese Mehrkosten vermeiden, indem er auf weitere Zellteilung verzichtet, ist aus Nachfragegründen unzutreffend. Dies würde zu erhöhter Blockierrate führen und damit zu geringerer Akzeptanz des Gesamtnetzes bei den Kunden.

Die mit zunehmender regionaler Nachfragedichte wegen Frequenzknappheit ansteigenden Durchschnittskosten könnten allerdings vom Betreiber durch höhere Preise in den Ballungsgebieten abgedeckt werden. Eine solche regionale Preisdifferenzierung praktizieren beide TACS-Betreiber (Cellnet und Vodaphone) in Großbritannien (siehe Abb. 6.7). Dort sind die Preise im Großraum London (innerhalb des Autobahnringes M 25) deutlich höher als im Rest des Landes.[11] Dabei ist es ökonomisch plausibel, daß diese Preisdifferenzierung nur für die Spitzenlastzeiten gilt, da nur dann die Frequenzen ausgelastet sind.

	Innerhalb M 25 London		außerhalb M 25 restl. Großbritannien	
	Cellnet	Racal	Cellnet	Racal
tagsüber Spitzenlast	33	33	25	25
nachts, Wochenende Schwachlast	10	10	10	10

Abb. 6.7 : Regionale Preisdifferenzierung in Großbritannien

11 Die angeführte Kostenstruktur ist allerdings keine notwendige Bedingung für eine solche Form der regionalen Preisdifferenzierung. Höhere Ballungsraumpreise könnten natürlich auch höhere Frequenzknappheitsrenten reflektieren.

6.2.4 Regionale Nachfrage- und Erlös-Effekte

Die im letzten Abschnitt eingeführte Analyse mit regionalen, dichteabhängigen Kostendegressionen, die auch für andere infrastrukturintensive Versorgungs-, Verkehrs- und Telekommunikations-Bereiche in ähnlicher Weise angewendet werden kann, muß nun für den Mobilfunk unter Nachfragegesichtspunkten deutlich modifiziert werden.

Bei anderen Versorgungsinfrastrukturen sind die Nachfragefunktionen in den einzelnen Regionen weitgehend unabhängig von den realisierten Versorgungsgraden in anderen Regionen. Ein Betreiber stellt in seinem Infrastrukturkalkül, wie weit er die Versorgung in die Fläche vorantreiben will, die Inkrementalkosten der Versorgung einer bestimmten Region nur den Erlösen gegenüber, die aus *dieser* Region zu erwarten sind.

Das ist beim Mobilfunk anders. Für den potentiellen Kunden, der sich für eines von mehreren Anbietern entscheidet, ist das Ausmaß der Flächendeckung des jeweiligen Netzes ein wesentliches Kriterium seiner Abonnements-Entscheidung. Ein einzelner Betreiber kann also davon ausgehen, daß seine Gesamterlöse c.p. mit zunehmender Flächendeckung wachsen, und zwar nicht nur von den Kunden aus einer zusätzlich versorgten Region i, sondern auch aus anderen Regionen j.

In Abb. 6.8 ist X_1 die Absatzmenge eines Betreibers in der Region j ohne Versorgung der Region i. Der Deckungsbeitrag beim Preis P_j und relevanten Durchschnittskosten von DK_1 ist $X_1 \cdot (P_j - DK_1)$. Wenn die Absatzmenge in der Region j durch Versorgung der Region i auf X_2 erhöht wird und der Preis konstant bleibt, erhöht sich der Deckungsbeitrag auf $X_2 \cdot (P_j - DK_2)$,[12] d.h. der Deckungsbeitrag wächst um den grau markierten Bereich.

Dieser Effekt kann durch eine Verschiebung der Grenzdeckungsbeitrags-Kurve von D_G nach D_H in Abb. 6.5 (vgl. 6.2.3) veranschaulicht werden.

---

12 Die zusätzliche Absatzmenge erhöht die tatsächliche regionale Nachfragedichte , was bei Economies of Density dazu führt, daß die Durchschnittskosten von DK_1 auf DK_2 sinken.

Wegen der interregionalen Nachfrageeffekte sind die konkurrierenden Netze zu größerer Flächenversorgung gezwungen als dies bei rein regionsspezifischer Betrachtung der Fall wäre. Das heißt, die betriebswirtschaftlich optimale Flächendeckung ist höher.

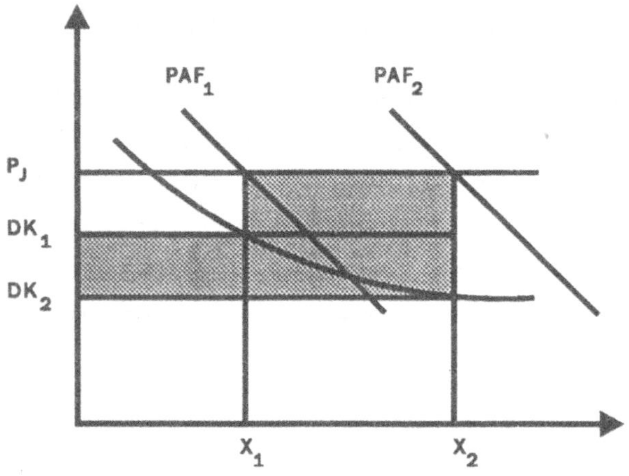

Abb. 6.8 : Regionale Erlöseffekte

Der geschilderte Flächendeckungs-Nachfrage-Zusammenhang ist seinerseits je nach Systemauslegung und Marktstrategien der Betreiber unterschiedlich wirksam. Während dieser Effekt für analoge und GSM-Netze genug Anreize für die Betreiber liefert, eine Flächendeckung von über 90% zu realisieren, ist dies für PCN nicht der Fall. Hier ist zu vermuten, daß eine Flächendeckung, die weit über die Siedlungs-, Gewerbe- und Verkehrs-Schwerpunkte hinausgeht, keine so gravierenden Nachfrage-Effekte haben wird.

Außerdem ist für die konkrete Situation der 90er Jahre zu berücksichtigen, daß analoge, GSM- und PCN-Netze in Konkurrenz zueinander stehen. Da die ersten beiden eine hohe Flächendeckung leichter realisieren können als letzteres, wird der intermodale Wettbewerb der Systeme dazu führen, daß Kunden, die auf hohe Flächendeckung Wert legen, sich tendenziell eher für GSM, und Kunden, die vorrangig mit Handgeräten in Ballungsgebieten telefonieren, sich eher für PCN entscheiden. Dennoch zwingt der Wettbewerb mit den GSM-Netzen einen PCN-Betreiber ebenfalls zu einem erhöhten Versorgungsgrad. Wo dieser liegen wird, ist eine empirische Frage der Kundenpräferenzen.

Die Darstellung der Abb. 6.5, die sich auf den Bereich hoher Versorgungsgrade beschränkt, zeigt nicht nur, daß der betriebswirtschaftlich optimale Versorgungsgrad bei einem System mit Großzellen-Möglichkeit (Kurve D_H) höher liegt als bei einem Kleinzellensystem ($C_H > C_K$), sondern auch, daß die Kosten einer regulatorischen Versorgungsgradauflage, die über C_H hinaus geht, bei GSM geringer sind als bei PCN.

Dies bedeutet erstens, daß eine formal gleichlautende Regulierungsauflage für beide Systeme im betrachteten Bereich eine materiell ungleiche Belastung mit sich bringt. Dies gilt allerdings nicht für Vorschriften, die unterhalb des betriebswirtschaftlich optimalen Versorgungsgrades liegen. Zweitens zeigt es, daß nur GSM in Frage käme, wenn man der Auffassung ist, daß es unter gesamtwirtschaftlichen Aspekten genügt, wenn *eines* der Funktelefonsysteme eine hohe Flächendeckung erreicht (vgl. 6.2.5).

6.2.5 Regulierungsinstrumente zur Erhöhung der Flächendeckung

Für diesen Abschnitt gehen wir davon aus, daß der betriebswirtschaftliche Flächendeckungsgrad geringer ist als die Regulierungsbehörden dies für erforderlich halten und die Versorgung weiterer Regionen erreicht werden soll. Die Frage lautet dann: Mit welchen Instrumenten kann das Ziel, eine bestimmte Region mit Mobilfunk zu versorgen, möglichst effizient erreicht werden ?

Bei vorgegebener Monopolstellung ist dies instrumentell relativ einfach durch entsprechende Regulierungsauflagen zu realisieren. Es wird typischerweise so praktiziert, daß das Monopolunternehmen die Anweisung erhält, eine bestimmte Region zu versorgen. Dieses Instrument findet erst dort seine Grenze, wo die so entstehenden Defizite nicht mehr durch die Gewinne aus anderen Regionen gedeckt werden können. Eine Flächendeckungsauflage bedeutet natürlich nicht automatisch, daß die Versorgung auch überall zu einheitlichen Preisen erfolgen muß.

Ist es ökonomisch sinnvoll, das Instrument der Flächendeckungsauflage auf Märkte mit zwei (oder mehr) Anbietern zu übertragen ? Bei Regionen, die außerhalb der betriebswirtschaftlich optimalen Fläche liegen, können wir davon ausgehen, daß für die Produktion Subadditivität gilt. Wenn beide Unternehmen aufgrund einer entsprechenden Regulierungsauflage ein Netz in dieser Region errichten, führt dies zu einer Nichtausschöpfung der Subadditivität. Dies impliziert unmittelbar technische Ineffizienz gegenüber der Situation der Versorgung durch nur ein Netz. Aus diesem Grund kommt deshalb eine über den betriebswirtschaftlich optimalen Versorgungsgrad hinausgehende Flächendeckungsauflage für zwei oder mehr Netze nicht in Betracht.

Außerdem sind die Möglichkeiten beider Netze, nennenswerte eigene Deckungsbeiträge zu den Infrastrukturkosten dieser Region zu erwirtschaften, gering. Dies gilt selbst bei inelastischer Marktnachfrage und freier regionaler Preisdifferenzierungs-Möglichkeit, da die individuellen Preisabsatzfunktionen elastisch sein werden und somit (jedenfalls ohne Kollusion) nur wenig Spielraum für die Realisierung von Deckungsbeiträgen besteht. Es erhöht die betriebswirtschaftlichen Kosten einer Flächendeckungsauflage.

Nur einem von zwei oder mehr Netzen eine Flächendeckungsauflage zu machen, wirft grundsätzliche Fragen der Chancengleichheit und Wettbewerbs-Fairness auf. Diese Option könnte eventuell hilfsweise in Betracht kommen, wenn das betreffende Unternehmen über andere institutionelle Vorteile gegenüber seinen Konkurrenten verfügt, die die Flächendekkungslasten kompensieren können. Dies kann zum Beispiel in der Phase des Übergangs von monopolistischen zu wettbewerblichen Strukturen der Fall sein. Auch bei zwei gleichartigen Netzen könnte jeweils einem von ihnen eine Flächendeckungsauflage für eine bestimmte Region gemacht werden, wenn entsprechend das andere Unternehmen andere Regionen abdeckt.

Das Problem, auf welche Weise eine bestimmte Region möglichst effizient versorgt wird, kann durch eine Versteigerung gelöst werden. Es wird eine bestimmte Versorgungsaufgabe ausgeschrieben, für deren Realisierung der betreffende Betreiber subventioniert wird.[13] Die Gebote der einzelnen Unternehmen bestehen in Subventionsbeträgen, zu denen sie für eine bestimmte Laufzeit bereit sind, die definierte Versorgungsaufgabe (Flächendeckung mit einer bestmmten Minimalkapazität) für eine Region zu erfüllen. Der Bieter mit dem niedrigsten Subventionsbetrag erhält den Zuschlag.

Auf diese Weise wird in der Regel das Unternehmen, das für die betreffende Region die geringsten Nettoinkrementalkosten (Differenz von zusätzlichen Kosten und Erlösen) aufweist,[14] die Region versorgen. Nach dem Zuschlag bestehen für das Unternehmen Anreize zu technisch effizienter Produktion, da die Subventionsbeträge nicht von den tatsächlichen Kosten abhängen. Es bestehen außerdem Anreize zu allokativ und qualitativer Effizienz, da auf diese Weise die eigenen Deckungsbeiträge erhöht werden können.

Von großem Interesse ist natürlich die Frage, wie die Subventionsbeträge aufgebracht werden sollen. Die vom Wort Subvention naheliegende Methode, dies aus allgemeinen Budgetmitteln zu zahlen, sollte ausscheiden, da sie wegen ihrer intersektoralen Faktorverzerrungen allokativ ineffizient ist und außerdem bei einem "Minoritätenprodukt" wie Mobilfunk auch

---

13 Die Art der Finanzierung der Subventionen wird anschließend erörtert.

14 Dies kann auf technisch effizienterer Produktion dieses Unternehmens beruhen oder auf spezifischen Netzstrukturen oder schon relativ hoher Abdeckung von Teilgebieten der fraglichen Region.

verteilungspolitisch kaum zu rechtfertigen ist.[15]

Eine andere Möglichkeit bestünde in einer Steuer auf alle Mobilfunkumsätze, deren Steuersatz so festgelegt wird, daß ihr Aufkommen gerade dem erforderlichen Gesamt-Subventions-Betrag für alle einbezogenen Regionen entspricht. Der relevante Umsatz aller Mobilfunkbetreiber als Bemessungsgrundlage ist wegen des unterschiedlichen Product-mix (Mehrwertdienste etc.) und unterschiedlicher vertikaler Integration (service provider etc.) nicht ganz einfach zu ermitteln, was aber ein lösbares Problem ist. Gravierender ist das Argument, daß auf diese Weise die erfolgreichen, d.h. in der Regel die effizienteren Unternehmen, am stärksten zur Zahlung herangezogen werden.

Dem vorzuziehen ist es, die zugeteilten Frequenzen als Bemessungsgrundlage zu verwenden. In diesem Fall erhöht sich der horizontale Ast der Frequenzangebotsfunktion (vgl. 5.2.1). Ob dies zu einer Erhöhung der Frequenzpreise führt, hängt von der Lage der Nachfragefunktion im Verhältnis zur Frequenzmenge ab. Wenn bisher die Frequenzgrenze nicht durch die Nachfragefunktion erreicht wurde, führt der zusätzliche Betrag für die Flächendeckungssubvention zu einer Erhöhung der Frequenzpreise, im anderen Falle führt es nur zu einer anderen Aufteilung des staatlichen Erlöses aus der Frequenzversteigerung.

Ein grundsätzliches Problem von Ausschreibungen in engen Märkten ist die Submissionskollusion. Daß der Markt hier de fakto eng ist, dürfte außer Frage stehen, da nur die in anderen Regionen aktiven Betreiber als chancenreiche Bewerber in Frage kommen. Angenommen, die Gebote (Preis für Versorgung) würden kollusiv überhöht. Dann erhöht dies gleichzeitig die Mobilfunksteuern bzw. (wenn die Frequenzen keine Knappheitsrenten enthielten) die Frequenzpreise, die von beiden zu zahlen wären. Dies reduziert die Anreize zu kollusivem Verhalten. Größer wären die Kollusionsanreize allerdings, wenn die Frequenzpreise hohe Knappheitsren-

---

15 Selbst wenn die Bundesrepublik eine Penetrationsrate wie Schweden hätte, wären dennoch immerhin nur 6 % der Gesamtbevölkerung davon betroffen und zwar überwiegend Personen aus den einkommensstärksten Gruppen der Bevölkerung.

ten des Staates enthalten. Dann würde eine Submissionskollusion bei der Gebietsversorgung die Frequenzpreise unberührt lassen und direkt zu Lasten des staatlichen Budgets gehen.

Grundsätzlich kann man davon ausgehen, daß eine Infrastruktureinrichtung nicht kurzfristig, sondern über einen längeren Zeitraum aufgebaut wird. Dies erfolgt in aller Regel so, daß zuerst die Regionen mit hoher Nachfragedichte versorgt werden und anschließend die anderen Gebiete. Dies ist sowohl vom einzel- wie vom gesamtwirtschaftlichen Standpunkt adäquat. Dabei wird erst nach entsprechend langer Zeit sichtbar, ob eine bestimmte Region unversorgt bleibt. Insofern ist die Flächendeckung eigentlich gar kein Problem der Lizenzierung, da es nicht zum Zeitpunkt der Lizenzvergabe gelöst werden muß, sondern erst wesentlich später. Lediglich die Möglichkeit der Erhebung von mobilfunkspezifischen Frequenz- oder Umsatz-Steuern zur Finanzierung von Flächendeckungs-Subventionen sollte den Lizenznehmern bekannt sein.

Es wurde davon ausgegangen, daß die Flächendeckungsauflage jeweils systemspezifisch gelöst wird. Das kann auch heißen, daß in jedem neuen System wiederum eine Flächendeckung angestrebt wird. Bei den verschiedenen Funktelefonsystemen, die im wesentlichen die gleiche Basisaufgabe erfüllen, ist es jedoch fraglich, ob es überhaupt sinnvoll ist, bei mehreren Netzen parallel eine erhöhte Flächendeckung zu realisieren. Im Prinzip kann man davon ausgehen, daß es genügen würde, wenn *eines* der Systeme weitgehend flächendeckend ausgebaut ist. Nach dem früher Ausgeführten liegt es also nahe, daß dies das C- und/oder D-Netz wäre. Für E-Netz-Betreiber wäre eine hohe Flächendeckungsauflage nicht nur gesamtwirtschaflich teuer, sondern auch überflüssig.[16] Welche Auswirkungen hat dies für die genannte Methode, das Flächendeckungsziel zu realisieren?

---

16 Man kann davon ausgehen, daß diejenigen Kunden, die einen großen Anspruch an weitgehende Flächendeckung haben, sich in der intermodalen Konkurrenz für das D-Netz entscheiden werden.

Unterstellen wir zunächst, daß beide Systeme zum gleichen Zeitpunkt verfügbar sind und daß für den regulatorischen Zweck der Abdeckung entlegener Regionen beide Systeme geeignet sind. Mit diesen Annahmen wäre es ohne weiteres möglich, die Versteigerung der Versorgungsaufgabe zwischen allen Betreibern simultan vorzunehmen. Es würden sich dann im Idealfall verschiedene GSM- und PCN-Anbieter an einer solchen Auktion beteiligen, und dasjenige Unternehmen würde den Zuschlag erhalten, das mit dem geringsten Subventionsbetrag auskäme. Man kann nach dem oben Gesagten davon ausgehen, daß dies ein GSM-Anbieter wäre, während PCN-Systeme mit ihren relativ hohen Inkrementalkosten der Flächendeckung in der Auktion vermutlich unterliegen würden. Dieses Ergebnis wäre insoweit auch vom volkswirtschaftlichen Standpunkt effizient. Das Ziel der Flächendeckung würde kostenminimierend erreicht.

Wie sieht es nun mit der Finanzierung aus? Es sind keine Modifikationen gegenüber dem oben Gesagten erforderlich. Es könnte der gesamte Subventionsbetrag durch eine Steuer auf Mobilfunkdienste finanziert werden, die auf alle gleichermaßen angewendet wird. Auch hier wäre es vorzuziehen, den Subventionsbetrag auf die Kosten der Frequenzbereitstellung aufzuschlagen. Auf diese Weise würden also sowohl GSM- wie auch PCN-Betreiber die Kosten der für nötig gehaltenen Abdeckung abgelegener Gebiete tragen. Dies würde insofern auch die intermodale Konkurrenz zwischen GSM- und PCN-Betreibern nicht verzerren.

Betrachten wir den Fall, daß die Systeme nacheinander in Erscheinung treten. Wenn das System mit den geringeren Flächendeckungskosten der zeitliche Vorläufer ist, entsteht ebenfalls kein Problem. In diesem Fall würde man bei Einführung des zweiten Systems von vornherein auf eine Flächendeckungsauflage verzichten, weil das andere System bereits verfügbar ist und flächendeckend ausgebaut werden kann. Problematischer ist es bei der umgekehrten Reihenfolge. In diesem Falle wäre es ineffizient, das erste System zu einer überhöhten Flächendeckung zu zwingen, wenn das nachfolgende dies billiger besorgen könnte. In diesem Falle müßte dann die Flächendeckungs-Auktion hinausgeschoben werden bis das zweite System hinreichend entwickelt ist, um als Bieter in Frage zu kommen.

6.2.6 Flächendeckung, Tarifeinheit und institutionelle Markteintrittsbarrieren

Die Errichtung bzw. Aufrechterhaltung von institutionellen Markteintrittsbarrieren gegen Newcomer wird häufig damit begründet, daß die etablierten Unternehmen bestimmte Regulierungslasten, namentlich Flächendeckung und regionale Tarifeinheit, zu tragen haben. Allgemein wird der Schutz vor (zusätzlichen) Wettbewerbern gewissermaßen als Äquivalent für die Regulierungslasten angesehen.[17] Spezieller ist das Argument, daß die Kosten der erhöhten Flächendeckung von den Gebieten höherer Nachfragedichte aufgebracht werden müssen und insoweit dort die Preise signifikant über den Kosten liegen werden. In diese Märkte könnten dann Newcomer eintreten, das etablierte Unternehmen unterbieten (Rosinenpicken) und damit die politische Zielsetzung vereiteln, da die interne Subventionsquelle versiegt.

Auch wenn sie häufig gemeinsam angewendet werden, ist es doch erforderlich, Flächendeckungs-Auflagen und regionale Tarifeinheit getrennt zu analysieren. Beginnen wir mit der Frage, ob derjenige, der (in der Auktion) die Verpflichtung zur Versorgung einer bestimmten Region übernimmt, die Zusicherung erhalten sollte, daß in *dieser* Region der Marktzutritt anderer (für eine bestimmte Zeitspanne) verhindert wird, d.h. ob er hier eine institutionelle Monopolgarantie erhält. Die Frage ist zu verneinen.

Grundsätzlich kann man davon ausgehen, daß in Gebieten mit geringer Nachfragedichte der Markteintritt eines Zweiten ohnehin nicht profitabel sein wird, da die Versorgung unter rein kommerziellen Bedingungen

---

17 Derartige Argumente werden vorrangig für Monopole angeführt und sind häufig der Grund für das institutionell gesicherte Fortbestehen von Monopolstellungen, obwohl die ökonomischen Gründe dafür entfallen sind, wenn sie denn jemals relevant waren. Grundsätzlich sind derartige Argumente jedoch auch für Wettbewerbs-Märkte relevant.

schon für einen Betreiber nicht wirtschaftlich ist. Im übrigen hat er seine Regulierungslasten durch die Subvention abgegolten bekommen, die gleichzeitig selbst als Markteintrittsbarriere für Newcomer wirkt. Insofern gibt es keinen Grund, bei der Versorgungsaufgabe eine Monopolstellung zu garantieren.

Ein interessanteres Problem ist es, ob als Äquivalent für die höhere Flächendeckung eine Markteintrittsbarriere in Ballungsgebieten errichtet werden sollte. Diese Frage stellt sich hier anders, wenn die im vorigen Abschnitt vorgeschlagene Finanzierungsmethode angewendet wird. Wenn der gesamte Subventionsbetrag aus einer Steuer auf Mobilfunkdienste bzw. Frequenzen aufgebracht wird, müßte auch jeder Newcomer zu den entsprechenden Finanzmitteln beitragen und hätte keinen regulierungsbedingten Kostenvorteil gegenüber den Etablierten. Unter diesen Bedingungen wären die Newcomer bezüglich der Finanzierung der Gesamtflächendeckung in der gleichen Lage wie die etablierten Unternehmen, unabhängig davon, welches der etablierten Unternehmen eine Flächendekkungsaufgabe übernommen hat. Fazit: Die vorgeschlagene Form der erhöhten Flächendeckung liefert keine Begründung für die Errichtung von Markteintrittsbarrieren.

Das Regulierungsinstrument der regionalen Tarifeinheit bedeutet, daß die Preise im ganzen Versorgungsgebiet gleich sind, dem Betreiber also keine regionale Preisdifferenzierung erlaubt ist. Die Tarifeinheit ist in aller Regel wesentlich schwerer zu begründen als eine Flächendeckungsauflage. Wenn man einem Monopolunternehmen mit Flächendeckungsauflage eine regionale Preisdifferenzierung erlaubt, könnte die Befürchtung bestehen, daß dies in Gebieten mit geringer Nachfrage zu besonders hohen Preisen führt. Dies ist jedoch in keinem Falle sicher und unter den Mobilfunkbedingungen eher unwahrscheinlich. Konkret hängt es nämlich von der Kostenstruktur und der Nachfrageelastizität in dieser Region ab.

Wenn eine Flächendeckungsauflage besteht, sind die Kosten der Errichtung der Netzinfrastruktur für die Preissetzung irrelevant. Sie sind kein Teil der Opportunitätskosten. Der Betreiber setzt den Preis so, daß der Dekkungsbeitrag maximiert wird (übliches Cournot-Kalkül). Der Preis wird dann umso näher an den variablen Kosten liegen, je elastischer die Nachfragefunktion ist. Wenn die Preiselastizität gering ist, bestehen dementsprechende Möglichkeiten, höhere Erlöse zu realisieren.

6.3 Qualität als Lizenzierungskriterium

6.3.1 Qualitätsparameter als Lizenzbedingung

Die Lizenzvergabe im Mobilfunk wird in der Regel an die Erfüllung bestimmter Qualitätskriterien geknüpft. D.h. im Lizenzvertrag verpflichtet sich das Betreiberunternehmen nach einer entsprechenden Vorgabe der Regulierungsbehörde, bestimmte Qualitätsmerkmale oder Mindeststandards einzuhalten. Dazu können z.B. die Blockierrate und die Gesprächsqualität, sowie die Bereitstellung bestimmter Dienste gehören, aber auch der bereits diskutierte Versorgungsgrad oder die Einhaltung vorgegebener Kompatibilitätsstandards, die anschließend erörtert werden.

Im folgenden geht es um die Frage, wie die Verwendung von Qualitätskriterien bei der Lizenzierung ökonomisch zu beurteilen ist. Analytisch kann es anlog zu einer Qualitätsregulierung betrachtet werden. Dies gilt grundsätzlich sowohl für den Fall, daß ein Qualitätsstandard ex ante verbindlich vorgegeben wird, als auch für den Fall, daß die Bewerber Gebote für Qualitäten abgeben, die als Vergabekriterien verwendet werden. Beide werden im folgenden nacheinander behandelt.

Die Analyse beschränkt sich auf den einfachen, aber repräsentativen Fall einer Qualitätsdimension Q (Abszisse in Abb. 6.9 a), wobei für den Nutzen U aller Kunden gilt

$$U(Q_{j+1}) > U(Q_j), \text{ wenn } Q_{j+1} > Q_j,$$

d.h. daß höhere Qualitätsniveaus zu höheren Bewertungen der Kunden führen. Es wird weiter unterstellt, daß höhere Qualitätsstufen höhere Produktionskosten verursachen, was zu entsprechend höheren Preisen führt.

Dies ist durch die Qualitäts-Transformations-Kurve QT (Abb. 6.9 a) dargestellt, die die wirtschaftlich realisierbaren Preis-Qualitäts-Kombinationen nach rechts unten begrenzt.

Es wird angenommen, daß die einzelnen Kunden sich in ihren Preis-Qualitäts-Präferenzen graduell unterscheiden, d.h. einige präferieren eher einfache, billige und andere anspruchsvolle, teure Produkte. Die Gesamtheit der Präferenzen aller potentieller Kunden kann dann durch eine Häufigkeitsverteilung F(Q) dargestellt werden (Abb. 6.9 b).

Auf einem unregulierten Wettbewerbsmarkt mit zahlreichen angebotenen Produkten werden sich die einzelnen Qualitätsstufen im Laufe der Zeit etwa so über die Qualitätsskala verteilen, wie es den Präferenzen der Kunden entspricht. Der Wettbewerbsprozeß schafft entsprechende Anreize für die Anbieter und produziert gleichzeitig Primärinformation über die Kundenpräferenzen, bzw. motiviert die eigene Beschaffung von Sekundärinformation.[18]

Mit Abstrichen gelten diese Informations- und Anreizmechanismen des Wettbewerbs auch in engen Märkten. Auch im kompetitiven Dyopol werden sich bei unterschiedlichen Kundenpräferenzen in der Regel unterschiedliche Qualitätsstufen herausbilden, die in ihrer Gesamtheit ungefähr den Kundenwünschen entsprechen werden. Insoweit ist also kein Grund für eine Qualitätsregulierung von Seiten der Regulierungsbehörde erkennbar.

Betrachten wir zum besseren Verständnis der Probleme den Fall der Monopolregulierung, wobei die Regulierungsbehörde die Qualität festlegen will. Theoretisch bieten sich zwei Wege an, die Optimalqualität zu bestimmen. Der erste besteht - unter der Annahme, daß der Preis den Durchschnittskosten entspricht - in der Maximierung der Konsumentenrente über die verschiedenen Qualitäts-Niveaus. Nehmen wir an, die Kurve W(Q), die den Verlauf der Konsumentenrenten über die Qualitätsstufen

---

18 Vgl. zur Unterscheidung von Primär-, Sekundär-, und Tertiär-Informationen KRUSE (1985), Kap. 3.

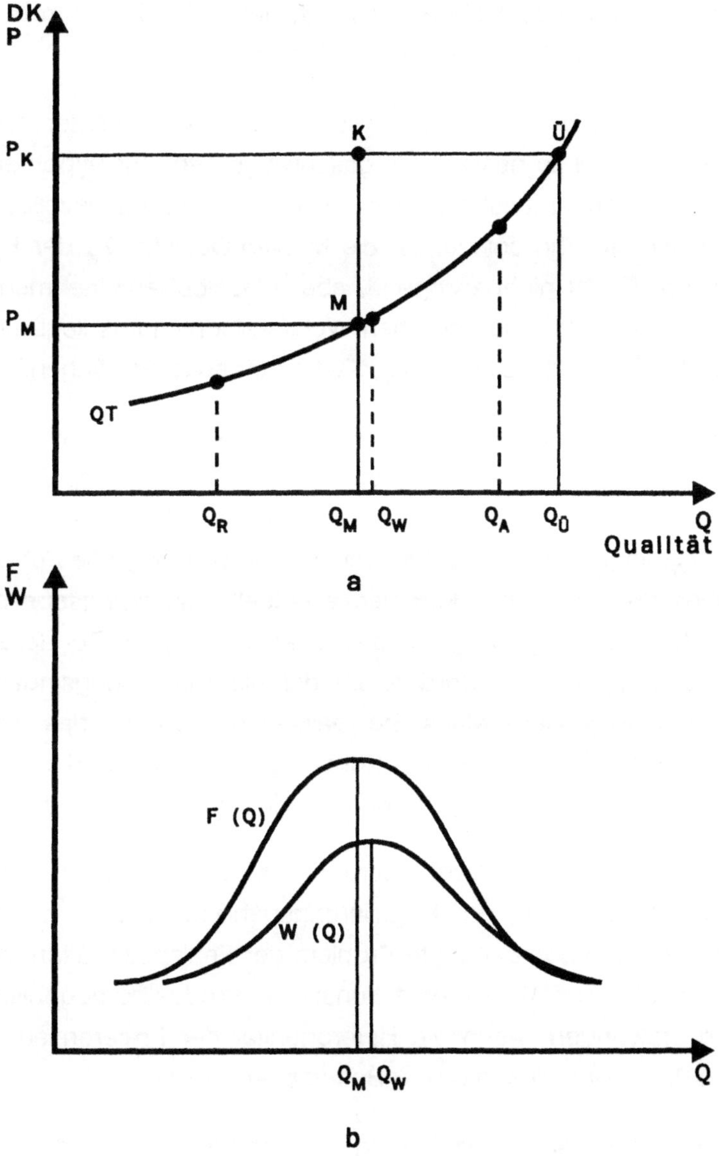

Abb. 6.9 : Qualität als Lizenzierungsbedingung

entlang der Transformationskurve QT zeigt, habe ein Maximum bei Q_W. Dies wäre die optimale Qualitätsstufe im Monopolfall.

Da es in der Praxis nicht einmal möglich ist, die Konsumentenrente für einen realisierten Fall zu bestimmen, geschweige denn für hypothetische Qualitätsalternativen, empfiehlt es sich, ein weniger anspruchsvolles Kriterium zu verwenden. Ein solches ist die Median-Qualität Q_M der Häufigkeitsverteilung. Es ist nicht zwingend, aber plausibel anzunehmen, daß dieses in der Nähe des theoretischen Wohlfahrtsoptimums liegt, so daß wir mit dem Medianwert als Optimalqualität argumentieren können.

Das generelle Problem besteht für die Regulierungsbehörde darin, daß im Monopol keine hinreichenden Informationen über die Kundenpräferenzen erzeugt werden. Die Regulierungsbehörde weiß in aller Regel nicht, wo Q_M (oder Q_W) liegt und wird deshalb mehr oder minder große Fehler aus Unwissenheit machen. Hinzu kommen eventuell regulierungsspezifische Anreize zu Qualitätsverzerrung. Zu diesen kann auch die Tendenz zum Over-Engineering gerechnet werden, d.h. daß die Entwicklungsingenieure überzogene professionelle Maßstäbe realisieren, wodurch das Produkt teurer wird als von der Mehrzahl der Kunden gewünscht. Auf der anderen Seite könnte die realisierte Qualität auch niedriger sein als die optimale.

Betrachten wir den Fall von zwei (oder mehr) Mobilfunklizenzen. Eine definitive Qualitätsfestlegung der Regulierungsbehörde, die für beide Betreiber gilt, hat das eben genannte Problem der Fehlspezifikation. Außerdem würde auf diese Weise eine künstliche Produkthomogenisierung auch dann erzwungen, wenn die Heterogenität der Präferenzen unterschiedliche Produktqualitäten beider Betreiber erforderte.

Praktisch relevanter ist die Festlegung einer Minimalqualität, die die Betreiber bei freier Preisgestaltung übertreffen können. Klar ist, daß eine solche links von Q_M zu plazieren ist, z.B. Q_R (Abb. 6.9 a).[19] Je weiter links Q_R liegt, desto eher wird sich im Wettbewerb der Betreiber eine adäquate

---

19 Wenn Q_R größer als Q_M ist, führt dies direkt zu qualitativen Ineffizienzen. Es entsteht der o.g. Fehler und eine adäquate Produktvielfalt wird verhindert.

Produktvielfalt einstellen, und umso weniger praktische Relevanz hat die Qualitätsregulierung für den Normalfall. Je näher Q_R an Q_M heranrückt, desto relevanter wird die Qualitätsregulierung und desto größer wird die Wahrscheinlichkeit, daß sie zu qualitativen Ineffizienzen führt, indem sie die Bereitstellung einfacher und billiger Produkte verhindert. Unter Effizienzgesichtspunkten wäre dementsprechend wenig dagegen einzuwenden, wenn die Minimalqualität so niedrig angesiedelt wird, daß sie nur pathologische Fälle ausschließt.

6.3.2 Qualitätsparameter im Ausschreibungsgebot

Der zweite lizenzierungsrelevante Fall besteht darin, daß die Regulierungsbehörde bei der Ausschreibung einer Mobilfunklizenz Qualitätsvariable nennt, für die die Bewerber in ihrem Gebot Werte zu nennen haben, die zur Lizenzentscheidung herangezogen werden und die Gegenstand des Lizenzvertrages werden. Gehen wir hier zur Vereinfachung davon aus, daß es sich nur um ein Qualitätskriterium Q (wie in Abb. 6.9 a) handelt, das über die Lizenzzuteilung mitentscheidet.

Wenn es sich entweder um eine Monopollizenz oder um eine Qualitätsauktion um Wettbewerbslizenzen handelt, bei der aus Gründen der späteren Wettbewerbsgleichheit allen die gleiche Qualitätsstufe in die Lizenz geschrieben wird, liegt die resultierende Qualität Q_A rechts von Q_M und ist somit überhöht. Dies basiert auf der Annahme, daß höhere Preise eine Kostendeckung ermöglichen. Da das Vergabekriterium keinen Preis-Qualitäts-Tradeoff beinhaltet, geht das Ergebnis zu Lasten der Kunden mit Präferenzen für einfache Qualität und zu Lasten der Effizienz.

Betrachten wir jetzt den speziellen Fall,[20] daß einer der Betreiber Qualitätsgebote macht und der andere nur eine Minimalqualität erfüllen muß,

20 D1 ist nur zu einer regulierungsbedingten Minimalqualität hinsichtlich des Versorgungsgrades verpflichtet, während D2 in den Ausschreibungsgeboten verpflichtende Angaben zu machen hatte. Allerdings waren die Qualitätsgebote im Bewertungsprozeß nur mit einem relativ geringen Gewicht vertreten.

wie dies tendenziell bei der GSM-Entscheidung in der Bundesrepublik war. Hier besteht das Hauptproblem in der künstlichen Wettbewerbsasymmetrie zu Lasten des Bietpflichtigen. Er trägt das volle Risiko des Winners Curse (vgl. Kap. 5) im Lizenzwettbewerb, d.h. gegebenenfalls die Nachteile der überhöhten Qualität im späteren Mobilfunkwettbewerb, während sein Konkurrent die Qualitätsstufe (oberhalb von Q_R) frei wählen und später anpassen kann.

Abschließend wird der realistischere Fall der Qualitätsauktion unter den Bedingungen von Frequenzknappheitsrenten betrachtet. Angenommen, die Frequenzen werden nicht pretial, sondern (wie bisher allgemein üblich) administrativ unter Wert mit der Lizenz zugeteilt. Ein Betreiber, der die Qualitätsstufe Q_M realisiert, wird dann nicht den Preis P_M setzen, sondern den gewinnmaximalen P_K (Punkt K).[21] Dies gilt nicht nur im unregulierten Monopol, sondern auch bei Wettbewerb, da die Gewinne bei K keine Kollusion voraussetzen, sondern Frequenzknappheitsrenten sind (vgl. 5.2).

Wenn eine derartige Lizenz im Wege einer Qualitätsauktion vergeben wird, ist das Ergebnis im Extremfall die Qualität $Q_Ü$ (Punkt Ü). Mit anderen Worten, die Frequenzrenten werden zur Produktion einer überhöhten Qualität verzehrt, die offensichtlich ökonomisch ineffizient ist. Dieses Ergebnis ist vergleichbar mit einer Mindestpreisregulierung bei freier Qualitätswahl auf Wettbewerbsmärkten, was ebenfalls zu überhöhten Qualitäten führt.[22]

Diese Situation ist - auch über den Fall der Qualitätsauktion der Lizenz hinaus - regulierungspolitsch hochrelevant. Eine Regulierungsbehörde, die den Eindruck gewinnt, eine kommerziell wertvolle Lizenz zu vergeben, wird dazu tendieren, diese mit Auflagen verschiedener Art zu belasten. entweder in Form von Qualitätsmerkmalen wie eben erörtert, oder in Form politisch erwünschter Ergebnisse, die die Position der Regulierungsbe-

---

21 Die Abbildung 6.9 a zeigt nicht, daß der Punkt K hier gewinnmaximal ist, da dies von der Preiselastizität der Nachfragefunktion abhängt, die hier nicht explizit einbezogen ist.

22 Wenn P_K der Minimalpreis ist, werden die Konkurrenten den Qualitätsparameter einsetzen, was im Extremfall von K nach Ü in Abb. 6.9 a führt.

hörde stärken. Dies führt zwar nicht zur Ablehnung der Lizenz durch alle Bewerber, aber zu erhöhten Kosten und ökonomischer Ineffizienz.[23]

Die pragmatische Antwort auf das Qualitätsproblem ist relativ einfach: Eine pretiale Frequenzallokation läßt Frequenzrenten gar nicht erst entstehen. Der effektive Wettbewerb mehrerer Betreiber wird selbst für die adäquaten Produktqualitäten sorgen. Akzeptabel ist allenfalls die regulatorische Festlegung einer solchen Minimalqualität, die Extremfälle ausschließt.

6.4. Standardisierung, Innovation und Lizenzlaufzeit

6.4.1 Standardisierung und Wettbewerb

Beim Mobilfunk wird in der Regel eine Lizenz für ein bestimmtes System erteilt, das durch einen bestimmten Standard definiert ist (vgl. 2.1).[24] Standards[25] dienen dazu, das Zusammenwirken verschiedener Systemelemente zu ermöglichen und damit die Substituierbarkeit innerhalb eines Typus von Systemelementen zu ermöglichen. Dies betrifft einerseits die Kompatibilität zwischen den Endgeräten und der Netzinfrastruktur und andererseits die Kompatibilität einzelner Netzelemente mit dem gesamten Mobil- und dem Festnetz. Dies ist im wesentlichen eine Frage der Schnittstellendefinition.

Die allgemeinen Vor- und Nachteile von Kompatibilitäts-Standards werden im folgenden ebensowenig problematisiert wie die Notwendigkeit eines

---

23 Es ist außerdem ökonomisch unakzeptabel, derartige Auflagen später als Begründung dafür zu verwenden, Nachfolgelizenzen für andere Betreiber mit ähnlichen Auflagen zu belasten oder gar die Vergabe weiterer Lizenzen zu verhindern.

24 Die Begriffe System und Standard werden im folgenden synonym verwendet.

25 Unter Standards werden im folgenden ausschließlich Kompatibilitäts-Standards verstanden. Diese sind von Qualitäts-Standards zu unterscheiden. Letztere definieren bestimmte Minimalwerte für die Qualität von Gütern oder Dienstleistungen und dienen in der Regel dazu, bei einer gegebenen Vielfalt von Produkten die Informationskosten der Kunden zu senken.

Standards innerhalb eines Mobilfunknetzes.[26] Letzteres wird vorausgesetzt. Im Vordergrund stehen hier die Wettbewerbsaspekte der Standardisierung und die Frage, ob die Regulierungsbehörde dem Betreiber bei der Lizenzierung einen bestimmten Standard vorschreiben sollte.

Grundsätzlich könnte man natürlich fragen, warum nicht jedes Netz seinen eigenen Standard verwenden sollte. Dies wäre in der Tat möglich, würde jedoch den Verzicht auf Volumeneffekte etc. bedeuten, und zwar umso mehr, je kleiner die jeweiligen Netz sind.

Je mehr Teilnehmer alle Netze eines Standards zusammengenommen haben, desto größer ist das Nachfrage-Potential sowohl für Endgeräte als auch für die verschiedenen Komponenten der Systemtechnik (Basisstationen, Vermittlungsstationen, Rechner etc.). Dies läßt über diverse Skalen-, Volumen-, Lernkurven-Effekte Kostenersparnisse bei Entwicklung, Produktion, Vertrieb etc. erwarten, die wegen der geringeren Stückzahlen sonst nicht erreichbar wären. Dies wirkt sich sowohl bei den Diensten als auch bei den Endgeräten preissenkend aus.

Je größer die Märkte für die einzelnen Systeme sind, desto mehr Anbieter sind c.p. zu erwarten. Auf großvolumigen Märkten sehen mehr Unternehmen eine Chance, jenseits der MOS-Schwelle zu produzieren als bei Systemen mit geringerer Verbreitung. Als Folge dessen wird die Kollusionswahrscheinlichkeit geringer, d.h. die Wettbewerbsintensität ist c.p. höher, so daß ein stärkerer Preis- und Kostendruck besteht.

Von daher ist es verständlich, daß die Endgeräte- und die Dienstepreise in Ländern mit eigenen, marktspezifischen Systemen wie der Bundesrepublik und Frankreich höher liegen als in größervolumigen Märkten (vgl. Abb. 2.11), was wiederum ein wesentlicher Grund dafür ist, daß beide Länder im internationalen Vergleich der Penetrationsraten (vgl. Abb. 2.8 bis 2.10) zu den Schlußlichtern beim Mobilfunk gehören.

---

26 Zur ökonomischen Standardisierungsproblematik ist in den letzten Jahren allgemein und speziell für die Telekommunikation eine umfangreiche Literatur entstanden. Vgl. als Überblick z.B. DAVID/GREENSTEIN (1990), GABEL (1987), PFEIFFER (1989), WIESE (1990), KNORR (1992).

Im Extremfall würde diese Argumentation erfordern, daß in allen Netzen (auch international) nur ein einziger Standard zur Anwendung kommt. Dies beinhaltet jedoch ein hohes Risiko, daß ein ungeeigneter Standard gewählt wird, da auf diese Weise kein Wettbewerb zwischen verschiedenen Standards stattfinden könnte. Insbesondere würden Innovationen, die zu besseren Systemen führen, gehemmt oder verhindert.

Dieses Problem ist prinzipiell unauflösbar, im Mobilfunk ebenso wie in vielen anderen Bereichen mit Kompatibilitätserfordernissen. Es ist auch grundsätzlich unabhängig davon, ob die Regulierungsbehörde oder der Netzbetreiber über den Standard entscheidet. Wenn eine politikabhängige Regulierungsbehörde über die Standardisierung entscheidet, kommt allerdings eventuell das Problem hinzu, daß über den Standard unter industriepolitischen Gesichtspunkten entschieden wird.

Standards können zur Förderung der heimischen Industrie verwendet werden, da sie als nicht-tarifäre Handelsbarrieren im internationalen Wettbewerb wirken können. Wenn die Standards national konzipiert werden, werden ausländische Produzenten auf dem inländischen Markt daran gehindert, ihre Volumeneffekte etc. zur Geltung zu bringen, die im Zusammenhang mit ihren heimischen und internationalen Märkten bestehen, was Preiserhöhungen zum Nachteil der Kunden zur Folge hat. Da es den heimischen Anbietern Wettbewerbsvorteile verschafft, wird es häufig bewußt als Instrument der außenwirtschaftlichen Protektion und der nationalen Industriepolitik eingesetzt. Falls international verbreitete Standards verwendet würden, müßten zur Erreichung des gleichen Ziels offensichtliche Handelsbarrieren gegen andere Länder errichtet werden, was zu Protesten und Retorsionsmaßnahmen führen würde.

Wenn zum Zeitpunkt der Systementscheidung eines Landes international mehrere Standards verfügbar und eventuell bereits anderswo erprobt sind, besteht die Möglichkeit der Nutzung des damit bestehenden Systemwettbewerbs, indem das wirtschaftlich bestgeeignete ausgewählt wird. Die Entwicklung eines eigenen Standards hätte dann hohe Opportunitätskosten und wäre ökonomisch nur dann rational, wenn die vorhandenen offensichtlich ungeeignet oder veraltet sind.

Ein erwerbswirtschaftliches Betreiberunternehmen, das über den Standard selbst entscheiden könnte, würde sich im Regelfall für ein bewährtes System entscheiden, da dieses schnell und preiswert zur Verfügung stünde. Dies wäre dagegen keineswegs sicher, wenn eine Regulierungsbehörde, die zur Verfolgung industriepolitischer Ziele gedrängt werden kann, die Systementscheidung vorgibt.

Ob derartige Ziele und Interessen sich durchsetzen, hängt nicht nur von den Machtverhältnissen, sondern auch von den Marktstrukturen ab. Bei monopolistischen Mobilfunkmärkten (wie generell bei den analogen Systemen in Europa) bestünden zwar ebenfalls gewisse Anreize für die (potentiellen) Betreiber, gegenüber der Regulierungsbehörde auf eine adäquate Standardisierung hinzuwirken. Diese Anreize sind jedoch relativ gering, da der Betreiber nicht mit anderen Systemen konkurrieren muß und er eventuell die Nichtberücksichtigung bei der Lizenzvergabe fürchtet. Außerdem könnte die Regulierungsbehörde sich darüber relativ leicht hinwegsetzen, da die Folgen einer verfehlten Standardisierung nicht so schnell offensichtlich würden und keine politisch relevanten Interessen tangiert wären.

Beispiele für diese Problematik sind die deutsche C-450- und die französische Radiocom-Entscheidung. Obwohl das skandinavische NMT-450, das amerikanische AMPS und das englische TACS bereits entwickelt und bewährt waren, entschieden sich beide Länder aus industriepolitischen Motiven zu nationalen Standards. Da beide Mobilfunkmärkte institutionell monopolistisch strukturiert und die Betreiber als öffentliche Unternehmen ohnehin politikabhängig waren, gab es auch von dieser Seite keine Proteste dagegen. Die Standardisierungs-Entscheidungen der Regulierungsbehörden haben zu der geringen Verbreitung beigetragen. Man kann davon ausgehen, daß der deutsche Mobilfunk heute weiter entwickelt wäre, wenn das Analogsystem in den 80er Jahren von einem privaten Betreiberunternehmen selbst ausgewählt worden wäre.

Auf wettbewerblichen Mobilfunkmärkten mit unterschiedlichen Systemen würden verfehlte Standardisierungs-Entscheidungen schneller offensichtlich. In der Vorfeldwirkung hätten potentielle Betreiber höhere Anreize, einen Standard mit zweifelhaften Marktaussichten zu problematisieren. Außerdem stünde die Regulierungsbehörde selbst bei ihrer Entscheidung unter stärkerer Erfolgskontrolle. Sie hätte bei kompetitiven Mobilfunkmärkten geringere Chancen, einen inadäquaten Standard in den Markt zu drücken.

Das Argument beruht allerdings darauf, daß zum jeweiligen Entscheidungszeitpunkt in einem Markt zwei oder mehr geeignete Standards zur Auswahl stehen, die möglichst auch noch international verbreitet sind. Dies ist aus mindestens zwei Gründen nicht selbstverständlich. Erstens sind Systeme typischerweise für bestimmte Frequenzbereiche konzipiert und die verfügbaren Frequenzen meist ein Datum der Entscheidung. Außerdem werden in internationalen Vereinbarungen bestimmte Frequenzbereiche für bestimmte Standards reserviert (z.B. GSM). Zweitens gilt die Auswahlmöglichkeit zwar eventuell für die zeitlich nachfolgenden Länder, nicht jedoch für die technologisch führenden.

Die zur Zeit relevanten drei Technologiestufen des zellularen Mobilfunks, nämlich (1) analoge, (2) digitale im 900 MHz-Bereich und (3) PCN im 1800 MHz-Bereich, stellen sich bezüglich der Standardisierung unterschiedlich dar. Zwar gab es für die Bundesrepublik beim analogen Funktelefon im 450-MHz-Bereich die Wahl zwischen einer Reihe unterschiedlicher Systeme. Bei digitalen Systemen im 900 MHz-Bereich gab es jedoch praktisch keine Alternative. Die GSM wurde international vereinbart und ist inzwischen von so vielen europäischen und außereuropäischen Ländern übernommen worden, so daß wir praktisch von einem weltweiten Standard sprechen können. Bei PCN ist es derzeit noch offen. DCS-1800 ist zwar von der europäischen ETSI als GSM-Modifikation standardisiert worden. Es ist jedoch möglich, daß in einigen Jahren Alternativen verfügbar sind, so daß sich die Frage konkret stellt, ob die Regulierungsbehörde (z.B. einem E2-Betreiber) den Standard vorschreiben sollte.

Bei den vorherigen Aussagen über die eingeschränkte Verfügbarkeit von Systemen ist zu bedenken, daß diese erst im Hinblick auf bereitgestellte Frequenzbereiche konzipiert werden und insofern ihrerseits von der institutionellen Vergabeform bei Frequenzen und Lizenzen abhängen. Würde die Frequenzallokation von der Standardisierung abgekoppelt, würden neue Systeme für alte Frequenzbereiche entwickelt, wenn deren wirtschaftliche Vorteile aufgrund von Produkt- oder Prozeß-Innovationen hoch genug eingeschätzt werden.

Zwei Argumente für eine staatliche Standardisierungsvorschrift bei der Lizenzvergabe hängen mit den systemspezifischen Investitionen von Lieferanten und Kunden zusammen. Netzelemente und Endgeräte werden von Herstellerfirmen entwickelt und produziert, die damit in ein bestimmtes System investieren. Wenn der spätere Betreiber in seiner Standardwahl frei ist, bestünde die Möglichkeit der Aneignung von irreversibilitätsbedingten Quasirenten der Hersteller. In Antizipation dieser Situation und der bei Systemvielfalt ohnehin vorhandenen Absatzrisiken würden die Hersteller zögern, überhaupt in eine Systementwicklung zu investieren. Ein verbindlicher Standard stabilisiert die Absatzerwartungen. Diese Argumentation hat ansatzweise Relevanz bei monopolistischen Mobilfunkmärkten und hohen internationalen Handelsbarrieren. Anderenfalls wäre dagegen eine Systementwicklung lediglich mit den gleichen Risiken behaftet wie viele andere Entwicklungsinvestitionen.

Das Argument systemspezifischer Investitionen gilt im Kern auch für die Endgeräte der Kunden. Ein vorgegebener Standard könnte hier das Vertrauen der Kunden stärken, daß der Betreiber nicht durch technische Änderungen ihre Endgeräte entwertet. Eine solche Befürchtung wäre allerdings in der Regel wirtschaftlich wenig plausibel. Falls sie dennoch relevant ist, wären entsprechende Regelungen in den Abonnementsverträgen zwischen Betreibern und Kunden das geeignetere Instrument, das zudem regulatorisch leicht kontrollierbar wäre.

Aus gegebenem Anlaß verdient die Frage eine gesonderte Erörterung, ob es ökonomisch adäquat ist, bei Installierung einer dyopolistischen

Marktstruktur beiden den gleichen Standard zu verordnen.[27] Neben dem Volumeneffekt[28] werden die Argumente der Informations- und der Switching-Kosten angeführt. Wenn beide Netze den gleichen Standard aufweisen, entlastet dies einen Kunden von entsprechenden Qualitätsinformationskosten und reduziert sein Risiko, eventuell ein System zu abonnieren, das sich als inferior erweist. Einheitliche Standards implizieren aber den Verzicht auf die Vorteile einer Produktvariation (zur Befriedigung unterschiedlicher Kundenwünsche) und eines Wettbewerbs zwischen verschiedenen Standards.

Wenn das Netz des konkurrierenden Betreibers den gleichen Standard aufweist, und damit die gleichen Endgeräte verwendbar sind, ist es für die Kunden (z.B. bei Preisdifferenzen) leichter, auf das andere Netz überzuwechseln. Dies erhöht die Wettbewerbsintensität (vgl. Kap. 3) zwischen den Betreibern. Allerdings würden sich auch im anderen Falle Second-Hand-Märkte bilden, sofern die beiden konkurrierenden Standards ansonsten verbreitet sind. Dies wird durch die Aktivitäten der Diensteanbieter noch erleichtert.

Für den Zeitpunkt der GSM-Entscheidung hatte, neben dem Mangel an Systemalternativen, das Wettbewerbsargument für gleiche Standards einige Relevanz. Dies ändert sich, wenn die Mobilfunkmärkte insgesamt kompetitiver werden. Für die Zukunft wäre es von daher nicht akzeptabel, den Betreibern eventuelle Innovationen zu verweigern, die über den GSM-Standard hinausgehen.

Fazit: Für die zukünftige Mobilfunklandschaft, die durch intermodale Konkurrenz zwischen verschiedenen Systemen und Frequenzbereichen gekennzeichnet ist, gibt es keine ökonomisch hinreichende Begründung, den Betreibern die Standards vorzuschreiben. Es entfallen insofern auch standardbedingte Argumente gegen Frequenzauktionen.

---

27 Dies war schon beim analogen TACS in Großbritannien der Fall sowie bei GSM in der Bundesrepublik und anderen Ländern.

28 Bei nationalen Standards führt dies praktisch zur Verdoppelung des Marktvolumens gegenüber zwei unterschiedlichen Systemen. Dies hat jedoch bei internationaler Verbreitung beider Standards nur eingeschränkte Relevanz.

Wenn die Mobilfunkfrequenzen durch Auktionen vergeben werden, kann man es den Frequenzerwerbern überlassen, welchen Standard sie realisieren. Betreiber mit inferioren Systemen hätten dann Probleme, in Konkurrenz zu anderen Frequenzen zu erhalten.

6.4.2. Innovation

Der Mobilfunk zeichnet sich in den 80er und 90er Jahren durch eine hohe Rate technischen Fortschritts aus. Es finden in relativ kurzen Zeiträumen signifikante Produkt- und Prozeß-Innovationen statt, d.h. Verbesserungen der qualitativen Merkmale der Produkte und der Produktionstechnologien. Beschränken wir uns hier auf Prozeßinnovationen, die zu einem neuen System führen und die Kosten deutlich senken. Dadurch geraten die bisherigen Betreiber alter Systeme unter erhöhten Wettbewerbsdruck. Die Frage ist, ob dies Konsequenzen für die Lizenzierung hat.

Betrachten wir die komparativ-statische Analyse der Abbildung 6.10. Bisher (Periode t_1) sind zwei oder mehr Betreiber am Markt, die zusammen die Kapazität Y_1 bereitstellen. Bei Vollauslastung sind die Durchschnittskosten DK_A, die generell je zur Hälfte als reversibel und irreversibel angenommen werden. Die Nachfragefunktion ist N_1, der Marktpreis ist P_1 mit Menge X_1 (Punkt F_1), der Gewinn ist $X_1 \cdot (P_1 - DK_A)$.

Zum späteren Zeitpunkt t_2 tritt ein Newcomer mit einem System in den Markt, das Vollaststückkosten DK_N aufweist. Wir unterstellen, daß das neue System dem Markt eine größere Kapazität Y_A ($Y_A = Y_2 - Y_1$ in 6.10) hinzufügt als der auf N_2 gestiegenen Nachfrage entspricht. Die neue Marktkapazität Y_2 führt dann zum Marktpreis P_2 (Punkt F_2).

Der Newcomer mit der kapazitätsauslastenden Angebotsmenge X_A ($X_A = X_2 - X_1$) macht bei diesem Marktpreis einen Gewinn $X_A \cdot (P_2 - DK_N)$. Die Etablierten machen einen Verlust, da $P_2 < DK_A$. Gleichwohl werden sie nicht aus dem Markt austreten, da $P_2 > r_A$, d.h. sie erwirtschaften noch einen Deckungsbeitrag zu den irreversiblen Kosten. Die Frage ist, ob dieser Verlust für die etablierten Betreiber dadurch vermieden werden sollte, indem von seiten der Regulierungsbehörde keine Lizenz an einen Newcomer vergeben bzw. gewartet wird, bis später eventuell die Nachfrage weiter gestiegen ist, so daß $P > DK_A$.[29]

Ziehen wir zum Vergleich einen lizenzfreien Markt mit starkem technischen Fortschritt heran. Jeder etablierte Anbieter steht in der dauernden

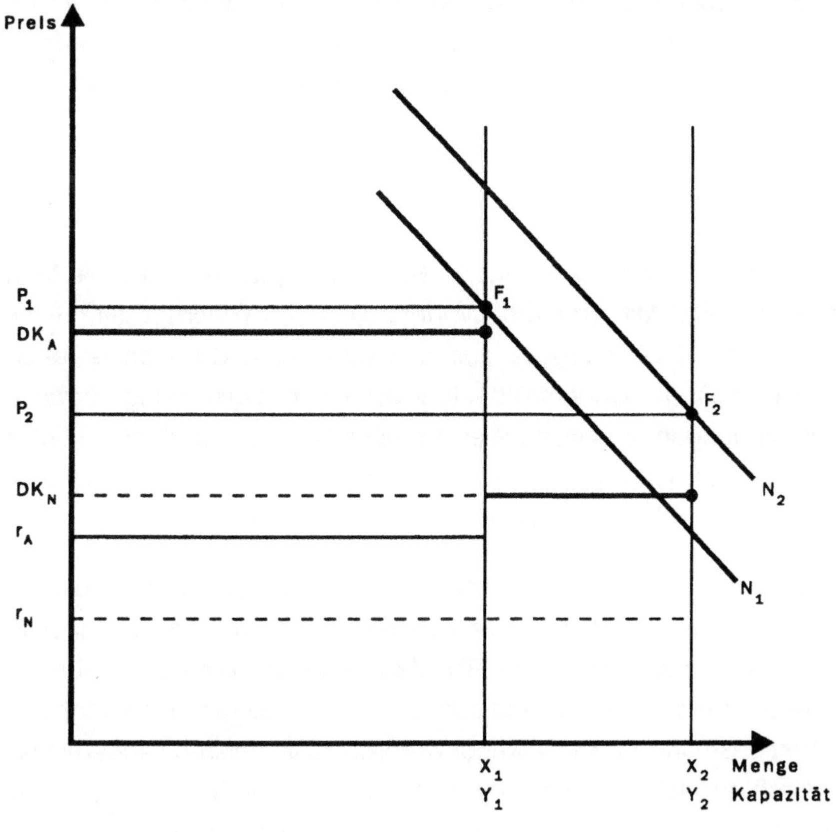

Abb 6.10 : Standards, Innovation und Lizenzierung

29 Klar ist, daß die etablierten Betreiber massive Lobbytätigkeit entfalten werden, weitere Lizenzen zu verhindern bzw. mindestens hinauszuschieben.

Gefahr, durch Innovationen unter stärkeren Wettbewerbsdruck zu geraten. D.h. die Deckungsbeiträge für die irreversiblen Investitionen müssen in den ersten Perioden erwirtschaftet werden, da dies später nicht mehr möglich ist.

Dies erhöht gleichzeitig die Marktbarriere für jede neue Technik, die damit rechnen muß, von der nächsten Generation überholt zu werden. Wenn die Amortisationsperioden kurz sind, müssen die Deckungsbeiträge pro Periode hoch sein. Insofern könnte es sein, daß der Periodengewinn des Newcomers $(P_2\text{-}DK_N) \cdot X_N$ in Abb. 6.10 gar nicht ausreicht, den Markteintritt ingesamt profitabel zu machen.

Die Tatsache, daß technologisch innovative Märkte für die Unternehmen mit einem höheren Investitionsrisiko verbunden sind, ist volkswirtschaftlich unproblematisch und liefert keinerlei Begründung für institutionelle Markteintrittsbarrieren. Mit anderen Worten: Das Verhindern oder Hinausschieben einer Lizenzvergabe aus den genannten Gründen ist ökonomisch ineffizient. Im Gegenteil besteht unter den gegenwärtig herrschenden Bedingungen administrativer Frequenzvergabe und enger Mobilfunkmärkte aus der Tatsache schneller Innovationen eher die Notwendigkeit, Frequenzen für neuentwickelte Systeme freizuhalten.

Fraglich könnte sein, ob die etablierten Betreiber Lizenzen für die neue Technik erhalten sollten.[30] Unter den Bedingungen einer pretialen Frequenzvergabe wäre dies in der Tat das wahrscheinlichste Ergebnis. Es wäre ökonomisch unproblematisch, sofern die betreffenden Mobilfunk- und Auktionsmärkte effektiv wettbewerblich funktionieren. Andernfalls ist zu befürchten, daß die etablierten Unternehmen die Lizenz für eine neue Technologie primär dazu nutzen, den Markteintritt von Newcomern auf dieser Stufe zu verhindern.

---

30 Dies wird insbesondere dann naheliegend sein, wenn aufgrund von economies of scope die neue Technik von den etablierten Betreibern mit geringeren volkswirtschaftlichen Inkrementalkosten realisiert werden kann als von Newcomern.

6.4.3 Laufzeit der Lizenz

Mobilfunklizenzen haben in der Regel eine begrenzte Laufzeit. Für die Regulierungsbehörde besteht das Problem, die Laufzeit konkret zu bestimmen. Die ökonomische Problematik kurzer Lizenzlaufzeiten resultiert aus der ökonomischen Nutzungszeit irreversibler Investitionsobjekte des Betreibers. Angenommen, die Lizenz eines Betreibers endet zum Zeitpunkt t_Z und wird nicht verlängert. Der Betreiber hat Investitionen getätigt, die weit über t_Z hinaus nutzbar wären. Soweit diese irreversibel sind, tritt eine Effizienzproblematik durch die Antizipation auf. Entweder kalkulieren die Betreiber mit kürzeren Abschreibungszeiten, was zu höheren Kosten führt, oder sie investieren in suboptimale Technik mit kürzeren Nutzungszeiten, was beides zu Ineffizienzen führt. Verminderte Anreize zur Instandhaltung, Service etc. sind die Folge.

Was wäre der Vorteil einer kürzeren Laufzeit? Das einschlägige Argument in Monopolmärkten,[31] durch häufige Ausschreibungen einen intensiven "Wettbewerbs um den Markt" zu installieren, ist hier irrelevant. Ein ökonomischer Grund entsteht bei der herrschenden Regulierungspraxis nur daraus, daß die Lizenzierung mit einer Frequenzvergabe verknüpft wird. Wenn dies der Fall ist, würden also nach Auslaufen der Lizenzzeit die betreffenden Frequenzen wieder frei werden und man könnte über sie erneut entscheiden. Insofern würde eine kürzere Befristung also das Problem reduzieren, daß Frequenzen in einem nicht mehr nachgefragten Dienst gebunden bleiben.

Derartige Probleme bestehen allerdings nicht bei einem pretialen Frequenzallokationsregime (vgl. Kap. 5). Wenn die Frequenzvergabe von der Lizenzierung getrennt und einem marktanalogen Verfahren unterworfen wird, das zu wertadäquaten Preisen führt, sind Mobilfunk-Lizenzen (sofern

---

31 In einigen Sektoren mit subadditiven Kostenstrukturen, die marktinternen Wettbewerb ausschließen, werden Effizienzwirkungen von einem Ausschreibungswettbewerb "um den Markt" erwartet. Um periodisch derartige Ausschreibungswettbewerbe durchführen zu können, müssen die Lizenzlaufzeiten begrenzt sein. Vgl. KRUSE (1985), Kap. 6. Derartige Gründe für eine Befristung der Lizenz haben beim Mobilfunk bisher keine Rolle gespielt.

sie überhaupt noch sinnvoll sind) nicht mehr knapp, d.h. es besteht keine Rivalität hinsichtlich der Lizenzen.[32] Insofern gäbe es auch keinen ökonomischen Grund mehr, die Lizenzen zu befristen.

Allerdings ist die Problematik der Lizenzbefristung in der Praxis weit weniger gravierend, als es nach dem Ausgeführten den Anschein haben mag. Die bisherigen Mobilfunklizenzen haben eine relativ lange Laufzeit im Verhältnis zur Zeitspanne zwischen systemtechnischen Innovationen. In der Regel kann man davon ausgehen, daß die Mobilfunkbetreiber bei den gegenwärtig üblichen Lizenzlaufzeiten von der Befristung nicht tangiert werden. Sie müssen eher damit rechnen, daß sie schon vorher von Nachfolgesystemen unter erhöhten Konkurrenzdruck gesetzt werden.

6.5 Lizenzrestriktionen gegenüber einzelnen Unternehmen

Bei einigen Lizenzierungsverfahren wurden bestimmte Unternehmen oder bestimmte Arten von Unternehmen von der Möglichkeit zum Mobilfunk-Lizenzerwerb ausgeschlossen oder ihnen geringere Chancen zugebilligt. Z.B. wurde die Telekom bei der Ausschreibung um die D2-Lizenz explizit ausgeschlossen. Das gleiche gilt für die E1-Ausschreibung sowohl für die Telekom als auch für Mannesmann Mobilfunk.[33] Die Bewerber konnten außerdem in beiden Verfahren davon ausgehen, daß die Beteiligung von Systemherstellern in den Konsortien bei der Entscheidung negativ zu Buche schlagen würde. Zudem wurde von der Regulierungsbehörde erklärt, daß der Betrieb des E1-Netzes mit der Eigenschaft eines Diensteanbieters für das D1-, D2- oder C-Netz nicht kompatibel ist.

---

32 Allerdings besteht weiterhin Rivalität bezüglich der Frequenzen. Ohne die entsprechenden Frequenzrechte wäre eine Lizenz wertlos.

33 Vgl. Ausschreibungsunterlagen zur Vergabe einer Lizenz für ein digitales zellulares Mobilfunknetz auf der Basis des europäischen DCS 1800-Standards in der Bundesrepublik Deutschland (E1-Netz), vom 12.6.1992, S.6

Die Gründe für derartige Restriktionen resultieren aus der Erwartung negativer Wettbewerbseffekte. Es bestand die Befürchtung, daß die Wettbewerbsintensität und die Effizienz auf den Mobilfunkmärkten und/oder auf Drittmärkten vermindert würde. Derartige Effekte können auf horizontalen oder vertikalen Relationen beruhen.

6.5.1 Horizontale Wettbewerbsprobleme

Die horizontale Problematik bezieht sich direkt auf die Konkurrenz, dem die Mobilfunkunternehmen intramodal und/oder intermodal ausgesetzt sind. Dies wird besonders deutlich an der deutschen GSM-Entscheidung: Da die Telekom bereits als D1-Betreiberin prädesigniert war, hätte es die gesamte Mobilfunk-Liberalisierung ad absurdum geführt, wenn die Telekom auch die D2-Lizenz erhalten hätte. In ähnlicher Form gilt dies auch für die E1-Lizenz. Wenn die Telekom oder Mannesmann Mobilfunk die E1-Lizenz erhalten würde, wäre die Wettbewerbsintensität erstens geringer als bei Vergabe an ein unabhängiges Unternehmen. Das E1-Netz würde dann nämlich die Zahl der unabhängigen Anbieter auf dem deutschen Funktelefon-Markt nicht erhöhen. Zweitens würde dies zu einer stärkeren Asymmetrie der Wettbewerbsbedingungen und der mit der Lizenzvergabe zugeteilten Frequenzen führen.

Das gleiche Argument, mit dem die Telekom und Mannesmann von der E1-Lizenz ausgeschlossen wurden, gilt allerdings auch für die D1-Lizenz der Telekom. Da diese auf dem gleichen Markt bereits die C-Netz-Dienste anbietet, ist mit der D1-Prädesignierung an die Telekom die Chance vergeben worden, schon vor E1 drei unabhängige, heterogene Konkurrenten zu haben. Außerdem hat es die asymmetrische Situation zum Vorteil der Telekom und zu Lasten von D2 und eventuell auch zukünftiger Wettbewerber verstärkt.

Diese Argumente gelten bei diskretionärer Lizenzvergabe auch noch für eine eventuelle E2-Lizenz. Sie gelten allerdings nicht grundsätzlich für jede weitere Mobilfunklizenz, sondern nur solange die Wettbewerbsprobleme enger Märkte bestehen. Die Relevanz schwindet mit zunehmender Zahl der Anbieter auf einem Markt. Außerdem ist es ein Unterschied, ob man die Lizenzen (bzw. die entsprechenden Frequenzen) in einem administrativen Verfahren zuteilt oder mittels einer pretialen Methode vergibt. Für ersteres sollten wesentlich strengere Restriktonen gelten als für letzteres.

Die Telekom-Problematik wird dadurch verschärft, daß sie nicht nur Betreiberin des D1- und des C-Netzes, sondern auch einer Reihe regionaler Bündelfunk-Netze, verschiedener Funkruf-Netze, von Telepoint (wenn es zur Markteinführung kommt) etc. ist. Es ist zu erwarten, daß solche Netze an den Rändern eine gewisse Substitutionsbeziehung zum Funktelefon haben. Ein solcher intermodaler Wettbewerb, der bislang überwiegend durch die Telekom repräsentiert wird, wird durch die Tatsache einer einheitlichen Konzernleitung gemindert.

Der erörterte Zusammenhang zwischen abnehmender Anbieterzahl und zunehmenden Kollusions- und Effizienz-Risiken gilt nicht nur für die gegenwärtigen Marktstrukturen und Substitutionsbeziehungen, sondern vor allem auch längerfristig für die potentielle Konkurrenz. Marktzutritte sind eher von Unternehmen zu erwarten, die schon in anderen deutschen Telekommunikations-Märkten tätig sind. Wettbewerbsbewußte Lizenzierung macht die Zahl der Telekommunikationsfirmen größer, die zukünftig als Newcomer für einschlägige Märkte in Frage kommen.

6.5.2 Systemhersteller

Betrachten wir Abb. 6.11, die schematisch von oben nach unten vier aufeinanderfolgende Ebenen eines Mobilfunksektors darstellt. Im Zentrum steht die M-Ebene der Mobilfunk-Betreiber.[34] Die Ebene I (upstream) beinhaltet die Inputfaktor-Lieferanten. Zu den wichtigen Inputfaktoren der Netzbetreiber gehören insbesondere die verschiedenen Elemente der

---

34 Hier sind zwei Unternehmen M1 und M2 eingezeichnet, um das Strukturmerkmal eines engen Marktes deutlich zu machen. Die Ausführungen sind jedoch nicht auf den Dyopolfall beschränkt.

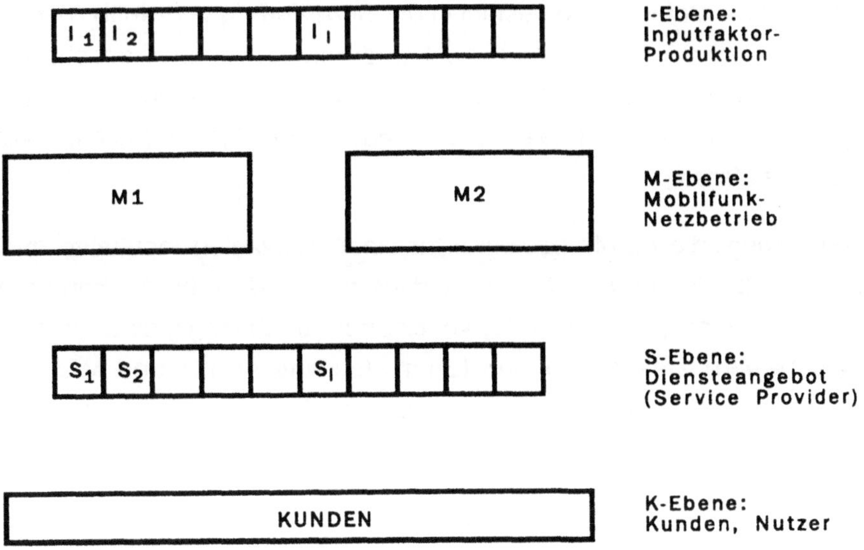

Abb. 6.11 : Vertikale Struktur des Mobilfunk-Sektors

Systemtechnik für Basisstationen, Vermittlungsstationen, Rechner etc., die Leitungswege zwischen den Netzelementen, die Frequenzen für die Funkstrecken zwischen Mobil- und Basisstationen, Grundstücke für die Infrastruktureinrichtungen, qualifiziertes Personal etc. Hier steht die mögliche Problematik der Systemtechnik im Vordergrund, so daß wir die Elemente der I-Ebene als verschiedene Lieferanten einer bestimmten Art von systemtechnischen Elementen auffassen können. Unterhalb der Netzbetreiber (downstream) befindet sich die S-Ebene der Diensteanbieter, die als einzige Zwischenstufe vor den Endkunden relevant sind (vgl. 6.5.3).

Gründe, den Herstellern von Systemtechnik oder den Konsortien, in denen solche Unternehmen vertreten sind, Lizenzen für den Mobilfunkbetrieb zu verweigern, werden in der Minderung der Wettbewerbsintensität gesehen.[35] Die Befürchtung besteht in der Reduzierung von wettbewerblichen Austauschmöglichkeiten oder der Übertragung von Marktmacht von einer Marktstufe auf die andere. Dies können wir unterscheiden in Wirkungen von der M- auf die I-Stufe und umgekehrt. Betrachten wir zunächst letzteres.

Angenommen, die I-Stufe bestünde für einen relevanten Inputfaktor nur aus zwei Anbietern und die Markteintrittsbarrieren wären hoch. Wenn alle vier Unternehmen (M1, M2, I1, I2) voneinander unabhängig sind, besteht ein Wettbewerb zwischen I1 und I2 um Verkäufe an M1 und M2, und beide Betreiber haben bezüglich Qualität und Preis grundsätzlich einen gleichen Zugang zu den Systeminputs.

Wären nun z.B. I1 und M1 konzernmäßig verflochten,[36] könnte dies anders aussehen. M1 könnte nun eventuell die Lieferungen von I1 an M2 kontrollieren. Dies schränkt die Optionen für M2 ein, wäre aber noch nicht direkt wettbewerbsbeschränkend für die M-Ebene, wenn I1 und I2 gleichwertige Lieferanten sind. Erst wenn I2 im Preis-Leistungs-Verhältnis hinter I1 deutlich zurückfällt oder wesentliche Verbundvorteile der vertikalen Integration bestehen, würde die Konstellation zu einem Wettbewerbsnachteil für M2 führen. Dieses wäre dann bestrebt, einem oder mehreren Newcomern auf der I-Stufe die Überwindung der Markteintrittsbarrieren zu erleichtern, was mittelfristig durch längerfristige Lieferverträge oder durch ein Gemeinschaftsunternehmen möglich sein dürfte. Für die kurzfristige Situation des Netzausbaus können jedoch deutliche Wettbewerbsvorsprünge für M1 resultieren.

Das Argument der Verbundvorteile wird häufig überschätzt. Es wäre nur relevant, wenn Kostenvorteile aus der Beteiligung von I1 an M1 möglich sind, die nicht auch auf vertraglichem Wege (Lieferbeziehungen, Entwicklungsaufträge, F&E-Kooperationen etc.) erzielbar sind. In der Regel

---

35 Zu den Gründen und Argumenten sowie zu Informationen, wie dies in verschiedenen Ländern gehandhabt wurde, vgl. NEUMANN (1989).

36 Dies ist identisch mit der Aussage, daß I1 oder dessen Mutter etc. eine Lizenz für die M1-Betreiberschaft erhält.

wird dies jedoch möglich sein. In zahlreichen Branchen verringern die Unternehmen ihre Fertigungstiefe, das heißt sie reduzieren den Umfang der unternehmensinternen, hierarchischen Koordination und verlassen sich auf vertragliche Beziehungen über wettbewerbliche Märkte. Für die hochstandardisierte GSM-Systemtechnik ist noch weniger als für andere Produkte ein beteiligungsbedingter Verbundvorteil zu erwarten.

Fraglich bleibt generell, ob I1 sich nach dem M1-Interesse richtet. Bei einem entsprechenden Kalkül der entscheidungsrelevanten Deckungsbeiträge auf der I- und der M-Stufe wäre dies zwar nicht zwingend, aber eventuell plausibel, wenn I1 (oder dessen Muttergesellschaft) einen dominierenden Anteil an M1 hätte. Für den hier realistischeren Fall einer Minderheitsbeteiligung an M1 ändert sich das Bild. Es wäre dann nicht mehr anzunehmen, daß I1 seine Marktinteressen der M1-Stufe opfert.

Dieses immerhin potentiell problematische Szenario ändert sich gravierend, wenn die I-Stufe nicht wie eben angenommen aus zwei, sondern aus vielen Anbietern besteht oder die Markteintrittsbarrieren niedrig sind. Dann hätte M2 keinen Nachteil von einer eventuellen I1-Strategie, die von M1-Interessen geleitet ist, da hinreichende Alternativen vorhanden wären. M1 wiederum würde befürchten, bei zu starker Festlegung von I1-Ineffizienzen negativ betroffen zu werden und seinerseits das Interesse haben, durch Bezug von verschiedenen I-Unternehmen die Effizienzwirkungen des Wettbewerbs auf der I-Stufe zu nutzen. Das heißt, auch für I1 wäre der Konkurrenzdruck nicht vermindert.

Die Systemtechnik-Märkte (für Mobilvermittlungen, Basisstationen etc.) umfassen diverse Anbieter, sind also strukturell kompetitiv. Dies folgt bei GSM aus dem großen Marktumfang, der durch die Standardisierung entstanden ist. Insofern ist aus einer Herstellerbeteiligung an einem Lizenz-Bewerberkonsortium keine Gefährdung des Wettbewerbs auf der M-Stufe abzuleiten.

Bei der GSM-Entscheidung wurde vom Lenkungsausschuß Mobilfunk angekündigt, daß die Beteiligung von Herstellerfirmen an den Konsortien auf ihre wettbewerbliche Verträglichkeit geprüft würde. Dies ist als Malus für

Hersteller verstanden worden, so daß keine derartigen Firmen in den Bewerberkonsortien beteiligt waren. Ein besonderes Problem bestand darin, daß die Telekom als D1-Betreiberin aufgrund ihres zeitlichen Vorsprungs bereits mit den beiden führenden deutschen Herstellerfirmen Vorverträge abgeschlossen hatte. Wenn diese nun gleichzeitig D2-Betreiber geworden wären, hätte dies Interessenkonflikte und wettbewerbsbeschränkende Wirkungen nach sich ziehen können, insbesondere in der zeitkritischen ersten Phase des Netzaufbaus.

Betrachten wir nun eine mögliche Wirkung von der Netz- auf die Lieferanten-Stufe (Abb. 6.11), wobei die Mobilfunkebene M aus zwei Betreibern und die Ebene I der Lieferanten aus zahlreichen Unternehmen besteht. Angenommen, die M1-Lizenz würde an I1 gehen. Dann könnte dies eine nicht leistungsgerechte Bevorzugung von I1 durch M1 nach sich ziehen und somit den Wettbewerb auf der I-Stufe verzerren. In dem Maße, wie I1 jedoch inferiore Produkte liefert, würde dies zu einem Wettbewerbsnachteil für M1 führen. Aufgrund dieses Interesses sind die möglichen Ineffizienzen begrenzt und I1 auch für seine Verkäufe an M1 dem (potentiellen) Wettbewerb ausgesetzt. Wenn die I-Stufe aus einer größeren Zahl von Anbietern besteht und dies auch nach Vergabe der M1-Lizenz an I1 gilt, besteht trotz der Asymmetrie kein Grund für einen Lizenzausschluß.

Angenommen, die I-Stufe ist ein Dyopol. Dann gibt es mit einiger Wahrscheinlichkeit eine Einschränkung der Wettbewerbsintensität auf der I-Ebene. Der negative Struktureffekt gilt nicht nur unmittelbar für den I-Markt, sondern hätte längerfristig auch negative Auswirkungen auf die M-Stufe. Die Wettbewerbskräfte würden reduziert und die Markteintrittsbarrieren für den M- und den I-Markt erhöht, weil nur noch ein gleichzeitiger Markteintritt auf beiden Stufen erfolgversprechend wäre.

Es ist außerdem diskutiert worden, ob auch die Hersteller von Endgeräten von Netzlizenzen ausgeschlossen werden sollten. Die Endgeräte-Märkte sind strukturell hochkompetitiv und marktstrukturelle Wettbewerbsprobleme sind auch zukünftig nicht zu erwarten.[37]

Angenommen, ein Endgerätehersteller ist an einem Netzbetreiber M1 maßgeblich beteiligt. Sind daraus ungerechtfertigte Wettbewerbsvorteile auf der Betreiberstufe zu erwarten? Dies ist nicht zu erkennen, da M2 seinerseits mit anderen Endgeräteherstellern kontrahieren oder in diese Stufe vertikal integrieren könnte, falls dies vorteilhaft wäre. Economies of Scope, die nur durch Unternehmens-Integration ausgeschöpft werden könnten, sind nicht ersichtlich. Deshalb wäre auch in diesem Falle nicht zu vermuten, daß M2 in einer Upstream-Integration mit einem Endgeräte-Hersteller einen Vorteil sehen würde. Somit würde also auch die Beteiligung eines Herstellers an M1 keine Wettbewerbsprobleme beinhalten, die einen Ausschluß rechtfertigen würden. Dies gilt insbesondere dann, wenn die Konsortialanteile klein sind.

Sind Vorteile auf den Endgeräte-Märkten durch die Netzbetreibereigenschaft zu erwarten? Dies ist unter den GSM-Bedingungen nicht der Fall, da die Schnittstellen eindeutig definiert sind und die Lizenz verbietet, weitergehende Spezifikationen vorzunehmen, die die Kompatibilität einschränken könnten. Wäre dies nicht der Fall, könnte ein Netzbetreiber eventuell Forderungen an Endgeräte stellen, die von der eigenen Herstellerfirma leichter erfüllbar wären und damit den Wettbewerb auf der Endgerätestufe beeinträchtigen. Längerfristig wäre eine solche Strategie jedoch problematisch, da dies die Wettbewerbsfähigkeit des betreffenden Netzbetreibers beeinträchtigen würde. Ein wichtiger Grund, Endgerätehersteller von Betreiberkonsortien auszuschließen, ist also nicht ersichtlich.

6.5.3 Diensteanbieter

Diensteanbieter (Service Provider) sind Unternehmen, die die Mobilfunkdienste der Netzbetreiber, eigene Mehrwertdienste sowie Endgeräte über

---

37 Es sind zahlreiche Anbieter vorhanden, nicht nur im europäischen Binnenmarkt, sondern auch aus Skandinavien, USA, Japan etc.

eigene Vertriebsorganisationen an die Mobilfunkkunden vermarkten.[38] Die Diensteanbieter erhalten von den Netzbetreibern Provisionen von ca. 20% des Gebührenumsatzes und spezielle Anreiz-Boni.

Die deutschen GSM-Netzbetreiber Telekom und Mannesmann haben eine Auswahl von mehr als 10 eigenständigen Diensteanbietern getroffen, von denen die meisten jeweils für beide Netze tätig sein werden. Außerdem vermarkten die Betreiber ihre Mobilfunkdienste auch direkt an die Endkunden und stehen somit in Konkurrenz mit den eigenständigen Diensteanbietern. Eine eigene Vermarktung der Betreiber dient der Erlössteigerung und der Gewinnung von Marktinformationen. Außerdem erleichtert dies die Realisierung eigener Marketingstrategien und verhindert eine Abhängigkeit von den Service Providern.

Die Märkte der Diensteanbieter werden hochkompetitiv sein. Eine Kollusion ist nicht zu erwarten. Die Diensteanbieter-Stufe steht in dieser Relation dem Betreiber-Oligopol gegenüber. Die unabhängigen Service Provider befinden sich in einer relativ schwachen Marktposition zwischen Netzbetreibern und Kunden. Sie vermarkten im wesentlichen die Produkte der Netzbetreiber, sind also insofern von diesen abhängig, was nicht auf Gegenseitigkeit beruht. Da die Betreiber über eigene Vertriebswege verfügen, können die Diensteanbieter auf eine marginale Rolle zurückfallen, wenn sie es in der Praxis nicht schaffen, eigenständige Marketingqualitäten zu demonstrieren.

Die Wirkung der Existenz der Diensteanbieter auf den Mobilfunk-Wettbewerb besteht zunächst in der Erhöhung der Markttransparenz für die Kunden. Bei Altkunden kommt hinzu, daß die Switching-Kosten durch Diensteanbieter gesenkt werden. Die einzelnen Kunden können beim gleichen Diensteanbieter bleiben und dennoch den Netzbetreiber wechseln, d.h. die Transaktionskosten für einen Wechsel des Anbieters sind gering. Dadurch wird die Wettbewerbsintensität tendenziell erhöht.

---

38 Vgl. zur Rolle der Diensteanbieter in Deutschland VOSSBERG/HANEL (1992).

Bei der GSM-Einführung ist die Frage ordnungspolitisch relevant gewesen, ob man die Diensteanbieterstufe in der Bundesrepublik regulatorisch vorschreiben sollte. In Großbritannien ist dies grundsätzlich der Fall gewesen, man hat jedoch den Betreibern die Möglichkeit gelassen, durch eigene Tochterunternehmen auf diesem Markt tätig zu sein. In der BRD wurde die Einbindung der Diensteanbieter in das Vertriebskonzept der Bewerber bei der Zuschlagsentscheidung für D2 berücksichtigt und in die Lizenz geschrieben. In der Praxis ist dies jedoch keine Einschränkung der Netzbetreiber, die auch eigene Vertriebswege unterhalten können. Der Mobilfunkerfolg in Großbritannien wurde auch der Rolle der Service Provider zugeschrieben. Insofern bedurfte es nicht unbedingt der Anreize in der D2-Lizenzausschreibung, für den deutschen Mobilfunkmarkt Diensteanbieter vorzusehen.

Aktuell bedeutsamer ist die Frage, ob eine obligatorische institutionelle Trennung zwischen Diensteanbieter- und Netzbetreiber-Stufe bestehen sollte, das heißt ein Verbot für Diensteanbieter, sich als Netzbetreiber zu betätigen. Grundsätzlich erleichtern vertikal desaggregierte Strukturen funktionierenden Wettbewerb auf den Einzelstufen. Die Integration wird allerdings nur dann potentiell zu einem Problem, wenn die Diensteanbieterstufe strukturell eng ist. Dazu genügt es nicht, daß die tatsächliche Marktstruktur aus wenigen Anbietern besteht. Es müßten außerdem die Markteintrittsbarrieren für Newcomer, z.B. für ein Tochterunternehmen eines Netzbetreibers, hoch sein.

Bei Diensteanbietern in einer Struktur wie in der Bundesrepublik sind kaum Wettbewerbsprobleme zu erwarten. Außerdem wäre in Anbetracht der eigenen Vertriebsorganisation der Netzbetreiber ein formaler Ausschluß von unabhängigen Diensteanbietern von Lizenzbewerbungen nur schwer zu rechtfertigen. Anders könnte die Beurteilung ausfallen, wenn die Diensteanbieterstufe strukturell eng ist und die Service Provider für die Netzbetreiber nicht ersetzbar sind. Es gibt keine Hinweise dafür, daß dies zu erwarten ist.

6.5.4 Das besondere Telekom-Problem

Zahlreiche Konsequenzen für den Wettbewerb ergeben sich aus der besonderen Rolle der DBP Telekom als institutionell geschütztem Festnetz-Monopolisten und somit wesentlichem Input-Lieferanten (Mietleitungen) und Netz-Gatekeeper (Interconnection) für ihre Konkurrenten sowie aus ihrer Eigenschaft als öffentlichem Unternehmen.

Eine Gruppe von Problemen hängt mit der Rolle der Telekom als staatlichem Monopolisten für das stationäre Netz zusammen. Beide D- und der E-Betreiber sind aufgrund des gesetzlichen Monopols der Telekom für Übertragungseinrichtungen gezwungen, ihre Leitungswege von der Telekom zu mieten, soweit sie keine eigenen Richtfunkstrecken errichten. Die Mietleitungspreise, die über denen in vergleichbaren Ländern liegen, machen z.B. für die GSM-Betreiber ca. 30% der Gesamtkosten aus. Die Telekom beeinflußt also einen wesentlichen Kostenanteil ihrer Konkurrenten.

Eine Befürchtung könnte darin bestehen, daß die Telekom durch unterschiedliche Preise und sonstige Konditionen der eigenen Tochter D1 Wettbewerbsvorteile verschafft. Bezüglich der Preise und Konditionen wird jedoch von der Regulierungsbehörde die Gleichbehandlung beider Betreiber kontrolliert.[39] Die Höhe der Mietleitungspreise hat erstens einen direkten Wettbewerbseffekt gegenüber dem C-Netz. Hohe Inputkosten vergrößern die Deckungsbeiträge der Telekom aus dem C-Netz. Zweitens gehen die Mietleitungspreise direkt in die Preise für die GSM-Dienste ein und beeinflussen deren Attraktivität, was speziell für die privaten Anbieter relevant ist.

Die Höhe der Mietleitungspreise ist aber nur Teil eines allgemeineren Problems. Dieses beruht darauf, daß das institutionelle Monopol für Übertragungseinrichtungen ökonomisch nicht legitimiert ist. Besser wäre es, je-

---

39 Dies ist ökonomisch nicht so unproblematisch, wie es scheint. Auch bei wirtschaftlich voneinander unabhängigen Vertragspartnern gibt es gegebenenfalls Sonderkonditionen für spezielle Situationen. Die Anforderungen von D1 und D2 werden nicht völlig identisch sein (Netz-Struktur etc.). Hier müßte bei Einzelkonditionen dann geargwöhnt werden, daß diese, auch wenn sie formal für beide gelten, als Wettbewerbsvorteil intendiert sind.

dem Unternehmen die Errichtung von Übertragungswegen zu erlauben. Insofern ist die Entscheidung der Regulierungsbehörde bedeutsam, den Betreibern die Errichtung eigener Richtfunkstrecken zu gestatten. Dies löst allerdings nicht das ökonomische Problem der Höhe der Mietleitungspreise, da nicht für alle Leitungen die Kosten der Eigenerstellung geringer wären als die Inkrementalkosten der Telekom.

Eine zweite Problemgruppe bezieht sich auf die Quersubventionierung. Die Telekom hat weiterhin eine institutionell gesicherte Monopolstellung für Übertragungswege und für den Telefondienst. Die Volumina dieser Märkte erzeugen eine Finanzkraft, die sich für eine Quersubventionierung wettbewerblicher Märkte verwenden läßt.

Eine Quersubventionierungs-Kontrolle ist für die Regulierungsbehörde schwierig, wenn für den Monopol- und den Wettbewerbsbereich gemeinsame Kosten vorhanden sind und zwischen diesen Bereichen Lieferbeziehungen bestehen. Dies gilt umso stärker, je größer der gemeinsame Kostenblock ist und je zahlreicher die Lieferbeziehungen sind.[40] Die Regulierungsprobleme werden noch dadurch verstärkt, daß ein großer Teil der Anfangsinvestitionen irreversibel ist, was die Telekom gegen eine Quersubventionierungs-Kontrolle der Regulierungsbehörde fast immun macht.[41]

Die Eigenschaft der Telekom als öffentlichem Unternehmen ist historisch begründet und - wenngleich ökonomisch heute nicht mehr gerechtfertigt - so doch von großer tatsächlicher Relevanz. Diese Eigenschaft beseitigt vor allem das Konkursrisiko, was entsprechende Vorfeldwirkungen erzeugt. Es erleichtert die Kapitalbeschaffung und bringt Steuervorteile mit

---

40 Es ist für die Regulierungsbehörde praktisch unmöglich, z.B. den tatsächlichen Personaleinsatz im einzelnen zu kontrollieren. Für die Telekom kommt hinzu, daß ihre Kostenrechnung immer noch weit weniger differenziert und transparent ist als dies bei einem normalen Unternehmen der Fall wäre.

41 Wenn die Telekom ihre Ressourcen nutzen will, um D1 für den Konkurrenzkampf zu rüsten, werden sie von Anfang an beim Aufbau des Netzes "in die Vollen gehen". Falls später der Absatz wesentlich geringer sein sollte, wäre bei starken Preissenkungen und Buchverlusten von D1 keine Quersubventionierung nachzuweisen, sofern die Preise noch die (dann niedrigen) Opportunitätskosten decken.

sich. Die Telekom unterliegt zahlreichen abweichenden institutionellen Regelungen, die für sie teils Vor- und teils Nachteile mit sich bringen. Eine Führung in privater Rechtsform würde auch für D1 eine Reihe von neuen unternehmerischen Freiräumen bringen und zum Beispiel die Rekrutierung hochqualifizierten Personals erleichtern.

Die juristischen Konstruktionen einer Regulierung sind für D1 einerseits und D2 und E1 andererseits sehr unterschiedlich und immer noch stärker von hoheitlich-monopolistischem als von unternehmerisch-wettbewerblichem Background geprägt. Damit wird es für die Regulierungsbehörde schwierig, die Mobilfunkbetreiber materiell gleich zu behandeln, ohne auf ökonomisch zweckmäßige Lösungen zu verzichten. Die begonnene Verselbständigung von D1 ist ein wichtiger Schritt in Richtung auf eine Überwindung der institutionellen Asymmetrie. Eine möglichst weitgehende unternehmerische Unabhängigkeit würde zu einer Annäherung der Bedingungen im Wettbewerb mit den privaten Konkurrenten führen und die Transparenz für die Regulierungsbehörde erhöhen.

Schluß

Der Mobilfunk ist der erste relevante Telekommunikations-Netzbereich, der in vielen Ländern aus dem staatlichen Monopol entlassen und in wettbewerbliche Strukturen mit Beteiligung privater Unternehmen überführt wird. Dies läßt erwarten, daß die starken technologischen Fortschritte der letzten Jahre auch tatsächlich wirtschaftlich ausgeschöpft werden können und der Mobilfunk sich von einem Elite- zu einem Massenprodukt entwikkelt. Wegen des im internationalen Vergleich niedrigen Verbreitungsniveau sind damit in der Bundesrepublik besonders hohe Wachstumsraten verbunden.

Der Mobilfunk ist weiterhin ein stark regulierter Sektor. Insbesondere gilt für die Betreiber in allen Ländern eine Lizenzpflicht. Deren Vergabe wird von den Regulierungsbehörden restriktiv gehandhabt, was objektiv als Markteintrittsbarriere wirkt und die wettbewerblichen Mechanismen einschränkt. Es wurde in den vorangegangenen Kapiteln erörtert, wie die Regulierungspraktiken im Mobilfunk ökonomisch zu bewerten sind und ob ordnungspolitisch überhaupt eine staatliche Lizenzierung erforderlich ist. Neben anderen handelt es sich dabei im wesentlichen um zwei zentrale Begründungen.

Das erste Argument für die Lizenzierung von Mobilfunkanbietern ist die Notwendigkeit der Frequenzvergabe. Der Staat ist in der Tat gefordert, an den Frequenzen exklusive Verfügungsrechte zu definieren und deren Nutzung verbindlich zu regeln. Der insoweit bestehende staatliche Handlungsbedarf begründet allerdings nicht die gegenwärtige Praxis der administrativen Frequenzvergabe, die diese inter- und intramodal knappe Ressource der marktlichen Allokation entzieht und strukturdirigistisch wirkt.

Die ökonomisch optimale Allokationsmethode besteht in einer pretialen Vergabe unter Wettbewerbsbedingungen, das heißt in einer Auktion. Auf diese Weise gelangen die Frequenzen in ihre gesamtwirtschaftlich effizientesten Nutzungen, der Wettbewerb auf den Mobilfunkmärkten wird stimuliert, der wirtschaftliche Wert der Frequenzen wird sichtbar, was nicht nur für intramodale Optimierungsentscheidungen (Netzstruktur), sondern auch für intermodale Zuweisungen relevant ist, und die Frequenzen werden somit für die aktuellen und potentiellen Mobilfunkanbieter zu einem normalen Inputfaktor. Eine institutionelle Zugangsbarriere zu den Mobilfunkmärkten läßt sich mit der Aufgabe der Frequenzallokation nicht begründen.

Da Frequenzauktionen einer Wettbewerbsbeschränkung durch Submissionskollusion der Betreiber unterliegen können und für letztere eventuell Risiken der Entwertung frequenzspezifischer Investitionen beinhalten, hängt viel von der adäquaten institutionellen Gestaltung der Frequenzrechte und der Auktionen ab. Es wird empfohlen, für den größeren Teil der Frequenzrechte lange Laufzeiten und freie Handelbarkeit vorzusehen. Die Vergabe sollte durch verdeckte Auktionen erfolgen, mit dem Zuschlag an die Höchstbieter zum einheitlichen Preis des nächsthöchsten Gebots, das den relevanten Opportunitätswert der Frequenzen repräsentiert. Für die konkreten Bedingungen der Bundesrepublik in den 90er Jahren wird dieser geringer sein als von manchen vermutet, da (selbst bei Zugrundelegung optimistischer Nachfrageprognosen) bei effektiver Zuteilung der geplanten 1800-MHz-Bereiche für den Mobilfunk vermutlich eine ausreichende Frequenzausstattung vorhanden sein wird.

Das zweite Hauptargument für die Mobilfunklizenzierung basiert auf der Annahme weitreichender Skaleneffekte und einer höheren Frequenzeffizienz. Wenn zahlreiche Anbieter vorhanden sind, können volkswirtschaftliche Größenvorteile (insbesondere hinsichtlich der Kosten der Infrastruktur) nicht ausgeschöpft und die Frequenzen (aus technischen Gründen) nicht optimal genutzt werden. In der Bundesrepublik und anderen Ländern sind deshalb nach Überwindung des Monopols durch die Lizenzvergabe (zunächst) dyopolistische Marktstrukturen geschaffen worden.

Die empirische Evidenz zeigt in der Tat, daß beim Mobilfunk im relevanten Bereich deutliche Skaleneffekte vorhanden sind und die Frequenzeffizienz mit höherer Betreiberzahl merklich abnimmt. Dies ist jedoch ein theoretischer Vergleich, der die Effizienzeffekte wirtschaftlichen Wettbewerbs außer Betracht läßt. Gleichwohl wären auch unter liberalisierten Bedingungen in einem bestimmten Mobilfunksystem (Standard) nur relativ wenige konkurrierende Netzbetreiber zu erwarten.

Im Zusammenhang mit der regulatorischen Schaffung dyopolistischer Märkte ist oft auf die Gefahr hingewiesen worden, die beiden Betreiber könnten untereinander den Wettbewerb durch Kollusion einschränken und somit die Liberalisierungserwartungen enttäuschen. Eine Reihe struktureller Bedingungen des Mobilfunks, unter anderem die Art und Höhe der Markteintrittsbarrieren, die Form der bisherigen Frequenzvergabe, die Kostenstruktur und die Nachfragebedingungen, sind in der Tat kollusionsfördernd.

Derartige Kollusionsvermutungen, die zum Zeitpunkt der GSM-Lizenzierung nicht unbegründet waren, sind geringer geworden, seit bekannt ist, daß ein E1-Betreiber 1994 in den deutschen Mobilfunkmarkt eintreten und aufgrund seiner Kostenstruktur und seines zeitlichen Rückstands gehalten sein wird, eine offensive Marktstrategie zu verfolgen. Hinzu kommt die Verfügbarkeit weiterer Mobilfunkfrequenzen, die der Regulierungsbehörde die Option geben, den Markteintritt offen zu halten und Auktionsverfahren anzuwenden.

Diese Perspektive reduziert auch den staatlichen Handlungsbedarf auf weiteren Feldern, die bisher mittels Lizenzierungsbedingungen reguliert wurden, z.B. bezüglich der Standardisierungsvorschriften, der regionalen Versorgungsgrade und der Restriktionen gegenüber Diensteanbietern und Systemherstellern als Netzbetreibern. Insbesondere für die regionale Flächendeckung (Infrastrukturauftrag) besteht beim Mobilfunk kein Regulierungsbedarf, da (anders als in sonstigen Versorgungssektoren) die Flächendeckung ein relevanter Wettbewerbsparameter der Netzbetreiber ist und für verbleibende Gebiete gegebenenfalls marktliche Verfahren zur

Verfügung stehen, die keine institutionellen Markteintrittsbarrieren erfordern.

Literatur

ALBENSÖDER, Albert (Hrsg.), (1990), Netze und Dienste der Deutschen Bundespost Telekom, 2. Aufl., Heidelberg (R. v. Decker's)

ARNOLD, F. (Hrsg.), (1989), Handbuch für Telekommunikation, Grundwerk, Köln (Deutscher Institutsverlag), (Loseblattsammlung)

AUSTEL (1990) (Australian Telecommunications Authority), Public Mobile Telephone Services, Melbourne

BAUMOL, William J. (1977), On the Proper Cost Tests for Natural Monopoly in a Multiproduct Industry, in: American Economic Review 67, S. 809-822

BAUMOL, William J., J.C. PANZAR und R.D. WILLIG (1982), Contestable Markets and the Theory of Industry Structure, New York

BERG, Sanford und J. TSCHIRHART (1988), Natural Monopoly Regulation - Principles and Practice, Cambridge, New York

BERGER, Heinz; C.B. BLANKART und A. PICOT (Hrsg.),(1990), Lexikon der Telekommunikationsökonomie, Heidelberg (R. v. Decker's)

BIS MACKINTOSH (1988), Public Mobile Communications, A Review and Analysis for Competitive Cellular Radio Markets, Luton (GB)

BIS MACKINTOSH (1990), Marketing Information Service, Cellular Radio Market Report, Europe, Luton (GB)

BMPT (1991a) (Bundesminister für Post und Telekommunikation) (Hrsg.), Frequenzregulierung in der Bundesrepublik Deutschland, Gutachten der "Gutacherkommission für Grundsatzfragen der Frequenzregulierung im zivilen Fernmeldewesen", im Auftrag des BMPT, Bonn

BMPT (1991b) (Bundesminister für Post und Telekommunikation), Regulierung digitaler zellularer Mobilfunk im Frequenzbereich 890 - 960 MHz, Anlage A: Lizenzvertrag zwischen dem Bundesminister für Post und Telekommunikation und Mannesmann Mobilfunk GmbH (D2-Netz), Anlage B: Verwaltungsvorschriften über Verhaltensregelungen für die Deutsche Bundespost TELEKOM, Amtsblatt des Bundesministers für Post und Telekommunikation etc., Nr. 37, v. 23.5.1991.

BMPT (1992a) (Bundesminister für Post und Telekommunikation), Ausschreibungsunterlagen zur Vergabe einer Lizenz für ein digitales zellulares Mobilfunknetz auf der Basis des europäischen DCS 1800-Standards in der Bundesrepublik Deutschland (E 1-Netz), Bonn, 12.6.1992

BMPT (1992b) (Bundesminister für Post und Telekommunikation), Lizenzierung und Regulierung im Mobil- und Satellitenfunk, Informationsserie zu Regulierungsfragen, Bonn

BÖHM, M. (1989), Mobilkommunikation über Satelliten, in: G. Bolle (Hrsg.), Mobilkommunikation - Telekommunikation, Information und Navigation für den Autofahrer, Berlin, Heidelberg (Springer), S. 148-167

BOLLE, Günter (Hrsg.), (1989), Mobilkommunikation - Telekommunikation, Information und Navigation für den Autofahrer, Berlin, Heidelberg (Springer)

BONTEMPELLI, Elis, G. FIORILLE und A. GIRETTI (1990), Economic and Financial Evaluation of Mobile Communications Services, in: 8th ITS International Conference Venice, March

BOSSERT, Martin (1991), Funkübertragung im GSM-System, in: Funkschau 22, S. 68-74 und 23, S. 77-78

BRITTEN, P.D. u.a. (1990), Satellite Communication for Mobiles, in: J. Walker (Hrsg.), Mobile Information Systems, Boston (Artech House), S. 105-138

BULOW, J. und J. ROBERTS (1989), The Simple Economics of Optimal Auctions, in: Journal of Political Economy, Vol. 97, S. 1060-90

BUREAU OF TRANSPORT AND COMMUNICATIONS ECONOMICS (1990), Management of the Radio Frequency Spectrum: An Economic Analysis, Occasional Paper 102, Australian Government Publishing Service, Canberra

BURGESS, Giles H. (1989), Industrial Organization: A Study of Market Structure and Strategy, Englewood Cliffs (Prentice Hall),

CALHOUN, George (1988), Digital Cellular Radio, Boston (Artech House)

CARSBERG, B. (1989), Quality of Service on the Cellular Networks, in: International Journal of Technology Management, Heft 6

CERWANKA, P.C. (1984), Strukturwandel im Mobilitätsbudget durch Telekommunikation, in: Zeitschrift für Verkehrswissenschaft 55, S. 240-250

CHADWICK, Edwin (1859), Results of Different Principles of Legislation and Administration in Europe; of Competion for the Field, as Compared with Competition within the Field, of Service, in: Journal of the Royal Statistical Society 22, S. 381-420

CHAMOUX, J.P.und T. FUENTES-CAMACHO (1991), Deregulating Regulators? Communications Policies for the 90's, CPR '90 (European Communications Policy Research Series), Amsterdam, Oxford, Washington

COASE, Ronald (1959), The Federal Communications Commission, in: Journal of Law and Economics, Vol. 2, S. 1-40

CSP INTERNATIONAL (1987), Deregulation of the Radio Spectrum in the UK, Studie im Auftrag des Department of Industry, London

DANG-NGUYEN, G. (1990), Analyzing the Competitive Process in a New Industry: Mobile Telephony, in: ENST/MIT-Konferenz, Januar 1990

DAVID, Paul A. und S. GREENSTEIN (1990), The Economics of Compatibility Standards: An Introduction to Recent Research, in: Economics if Innovation and New Technology, Vol. 1, No.1, S. 3-41

DEPARTMENT OF TRADE AND INDUSTRY (DTI) (1989), Phones on the Move - Personal Communications in the 1990s - A Discussion Document, London

DE VANY, Arthur, R.D. ECKERT, C.J. MEYERS, D.J. O'HARA und R.C. SCOTT (1969), A Property System for Market Allocation of the Electromagnetic Spectrum: A Legal-Economic-Engineering Study, in: Stanford Law Review, Vol. 21, S. 1499-1561

DORDICK, Herbert S. (1986), Understanding Modern Telecommunications,

DUELLI, Harald (1991), Alles über Mobilfunk: Dienste - Anwendungen - Kosten - Nutzen, München (Franzis)

EILFELD, Stephan (1992), Die Entwicklung des zellularen Mobilfunks in den USA, in: J. Kruse (Hrsg.), Zellularer Mobilfunk, Heidelberg (R.v.Decker's), S. 201-223.

ELY, S.R. und D.J. JEFFERY (1990), Traffic Information Broadcasting and RDS, in: J. Walker (Hrsg.), Mobile Information Systems, Boston (Artech House), S. 150ff

ENGLEBRECHT-WIGGANS, R.; M. SHUBIK und R.M. STARK (Hrsg.), (1983), Auctions, Bidding and Contracting; Uses and Theory, New York (University Press)

ETCO (1988), European Telecommunications Consultancy Organisation, Market Requirements for Radio Spectrum, Final Report, Volume 2, Main Report, Brüssel (Kommission der Europäischen Gemeinschaften, DG XIII)

FCC (1981) (Federal Communications Commission), In the Matter of an Inquiry into the Use of the Bands 825-854 MHz for Cellular Communications Systems and Amendment of Parts 2 and 22 of the Commissions Rules Relative to Cellular Communications Systems, Report and Order, FCC May 1981, und Report and Order 1981, Appendix A, Summary of Comments

FEUERBACH, K. (1989), Öffentliche Personenrufsysteme - Markt und Prognosen, in: FIBA (Hrsg.), Europäischer Mobilfunk - Bestandsaufnahme einer europäischen Initiative, FIBA Kongresse und Publikation, München, S. 271-293

FIBA (Hrsg.), (1991), PCN: Alternative zum D-Netz?, Europäischer Mobilfunk, München

FINTECH (1990),(1991) und (1992), Mobile Communications, Financial Times Newsletters, London, laufende Ausgaben

FORSCHUNGSGRUPPE TELEKOMMUNIKATION (Hrsg.), (1989), Telefon und Gesellschaft. Beiträge zu einer Soziologie der Telekommunikation, Berlin (Spiess)

FOUHY, Mike (1990), Selling the Spectrum - the Introduction of UHF Televisions in New Zealand, in: Asia-Pacific Broadcast Union, 27th General Assembly 1990, New Dehli India

FRANK, Björn (1992a), Internationale Entwicklungsmuster zellularen Mobilfunks, in: J. Kruse (Hrsg.), Zellularer Mobilfunk, Heidelberg (R.v.Decker's), S. 271-281

FRANK, Björn (1992b), Internationale Entwicklungsmuster zellularen Mobilfunks, Wissenschaftliches Institut für Kommunikationsdienste, Diskussionsbeitrag Nr. 83, Bad Honnef

FRENCH, K. R. und R. E. MC DORMICK (1984), Sealed Bids, Sunk Costs and the Process of Competition, in: Journal of Business, Vol. 57, S. 417-41.

FRIEDMAN, James W. (1989), Game Theory with Applications to Economics, 2nd. ed., New York (Oxford University Press)

FUNKSCHAU-SPEZIAL (1992), Markteinführung D-Netze, in: Funkschau, Heft 6, v. 6. März 1992

GABEL, H. Landis (Hrsg.), (1987), Product Standardization and Competitive Strategy, Amsterdam

GERKE, Peter R. (1991), Digitale Kommunikationsnetze: Prinzipien, Einrichtungen, Systeme, Berlin, Heidelberg (Springer)

GEROSKI, Paul, D. THOMPSON und S. TOKER (1989), Vertical Separation and Price Discrimination: Cellular Phones in the UK, in: Fiscal Studies, Vol. 10, S. 83-103

GÖTZKE, Gudrun (1992), Mobilfunk-Entwicklung in Europa, in: J. Kruse (Hrsg.), Zellularer Mobilfunk, Heidelberg (R.v.Decker's), S. 245-270

GRINDLEY, Peter und S. TOKER (1991), Regulators, Markets and Standards Coordination: Policy Lessons from Telepoint, Working Paper Series Number 112, Centre for Business Strategy, London Business School

GÜTH, Werner (1992), Spieltheorie und ökonomische (Bei-)Spiele, Berlin, Heidelberg (Springer)

GUSBETH, Hans (1990), Mobilfunk-Lexikon, München (Franzis)

HARSTAD, R. M. (1990), Alternative Common-Values Auction Procedures: Revenue Comparisons with Free Entry, in: Journal of Political Economy, Vol. 98, S. 421-29.

HART, R. F. G. (1991), Orbit Spectrum Policy: Evaluating Proposals and Regimes for Outer Space, in: Telecommunications Policy, Vol. 15, No. 1, S. 63ff

HAZLETT, Thomas W. (1990), The Rationality of U.S. Regulation of the Broadcast Spectrum, in: Journal of Law and Economics, Vol. 33, S. 133-75

HENCKEL, D. (Hrsg.),(1990), Telematik und Umwelt, Deutsches Institut für Urbanistik, Berlin

HERTER, Eberhard und W. LÖSCHER (1987), Nachrichtentechnik, 4. Aufl., München, Wien (Hanser)

HILLEBRAND, Friedhelm (1989), Mobil-Telekommunikationsnetz D, in: G. Bolle (Hrsg.), Mobilkommunikation, Telekommunikation, Information und Navigation für den Autofahrer, Berlin, Heidelberg (Springer), S. 113-140

HILLEBRAND, Friedhelm (1990), GSM: Global System for Mobile Communication, GSM Seminar Budapest

HOLLER, Manfred J. und G. ILLING (1991), Einführung in die Spieltheorie, Berlin, Heidelberg (Springer)

HOLT, C. A. Jr. (1980), Competitive Bidding for Contracts under Alternative Auction Procedure, in: Journal of Political Economy, Nr. 3, S. 433-445.

HUWS, U., W.B. KORTE und S. ROBINSON (1990), Telework. Towards the Elusive Office, New York (Wiley)

INFRATEST (1991), PCN-Marktpotential, München

IRELAND, Norman (1992), The Design of Auctions and Tenders with Quality Tresholds: the Symmetric Case, Diskussionspapier, Earie-Tagung, Stuttgart-Hohenheim

JACKSON, Charles (1976), Technology for Spectrum Markets, Massachusetts Institute of Technology

JACKSON, Charles (1978), The Orbit Spectrum Ressource: Market Allocation of International Property, in: Telecommunications Policy, S. 179-190

JACKSON, Charles und R. FOSTER (1989), The New Zealand Spectrum Project: Description and Observations, Paper prepared for Seventeenth Annuial Telecommunications Policy Research Conference, Airlie House, Airlie, Virginia, October 1-3, 1989

JARRAT J. und J.F. COATES (1990), Future Use of Cellular Technology, Some Social Implications, in: Telecommunications Policy, S. 78-84

JASPER, L. (1989), Funktelefon-Netz C, in: G. Bolle (Hrsg.), Mobilkommunikation, Telekommunikation, Information und Navigation für den Autofahrer, Berlin, Heidelberg (Springer), S. 105-112

JONSCHER, Charles (1990), New Dimensions of Telekommunications Competition, in: F. Meyer-Krahmer, J. Müller und B. Preissl, Information Technology: Impacts, Policies and Future Perspectives, Berlin, S. 52ff

JOSKOW, Paul und N. ROSE (1989), The Effects of Economic Regulation, in: R. Schmalensee und R.D. Willig (Hrsg.), Handbook of Industrial Organization, Vol. II, Amsterdam (North Holland), S. 1449-1506

KANTZENBACH, Erhard und J. KRUSE (1989), Kollektive Marktbeherrschung, Göttingen

KEDAJ, J. (1989), Möglichkeiten und Grenzen der Mobilkommunikation, in: G. Bolle (Hrsg.), Mobilkommunikation, Telekommunikation, Information und Navigation für den Autofahrer, Berlin, Heidelberg (Springer), S. 53-70

KEDAJ, J.und G. HENTSCHEL (1991), Mobilfunk, Handbuch der mobilen Sprach-, Text- und Datenkommunikation, Neue Medienverlagsgesellschaft, Ulm (Loseblattsammlung)

KERCHER, Klaus (1992), Endgeräte im zellularen Mobilfunk, in: J. Kruse (Hrsg.), Zellularer Mobilfunk, Heidelberg (R.v.Decker's), S. 125-161

KESSLER, T. (1992), Funkrufdienste im praktischen Einsatz, München (Franzis)

KNORR, Henning (1992), Ökonomische Probleme von Kompatibilitätsstandards. Eine Effizienzanalyse unter besonderer Berücksichtigung des Telekommunikationsbereichs, Diss., Hamburg

KOLBE, Clemens (1992), Eintrittsbarrieren und die Eintrittsfähigkeit potentieller Konkurrenten, Göttingen (Vandenhoeck & Ruprecht)

KRUSE, Jörn (1985), Ökonomie der Monopolregulierung, Göttingen (Vandenhoeck & Ruprecht)

KRUSE, Jörn (1988), Irreversibilitäten und natürliche Markteintrittsbarrieren, in: Jahrbuch für Nationalökonomie und Statistik 204, S. 508-517

KRUSE, Jörn (1990a), Ordnungspolitische Probleme der Mobilfunk-Liberalisierung, in: Hamburger Jahrbuch für Wirtschafts- und Gesellschaftspolitik, 36. Jg., S. 87-108

KRUSE, Jörn (1990b), Perspektiven für den Mobilfunk, in: Wirtschaftsdienst 70, S. 194-199

KRUSE, Jörn (Hrsg.), (1992a), Zellularer Mobilfunk, Neue Märkte mit neuen Netzen für das Funktelefon, Heidelberg (R.v.Decker's)

KRUSE, Jörn (1992b), Ökonomische Strukturen im Mobilfunk, in: J. Kruse (Hrsg.), Zellularer Mobilfunk, Heidelberg (R.v.Decker's), S. 1-16

KRUSE, Jörn (1992c), Ordnungspolitische Alternativen beim Mobilfunk, in: J. Kruse (Hrsg.), Zellularer Mobilfunk, Heidelberg (R.v.Decker's), S. 162-183

KRUSE, Jörn (1992d), Mobilfunk in Deutschland: Ordnungspolitik und Marktstrukturen, Wissenschaftliches Institut für Kommunikationsdienste, Diskussionsbeitrag Nr. 94, Bad Honnef

KWEREL, Evan und A.D. FELKER (1985), Using Auctions to Select FCC Licensees, OPP Working Paper Series 16, Federal Communications Commission, Washington

LANGE, Klaus (1990), Chancen und Risiken der Mobilfunktechnologien, Wissenschaftliches Institut für Kommunikationsdienste, Diskussionsbeitrag Nr. 60, Bad Honnef

LANGE, Klaus (1992), Zur Akzeptanz des Mobilfunks, in: J. Kruse (Hrsg.), Zellularer Mobilfunk, Heidelberg (R.v.Decker's), S. 64-81

LEVIN, Harvey J. (1968), The Radio Spectrum Ressource, in: Journal of Law and Economics, S. 433-501

LEVIN, Harvey J. (1981), Orbit and Spectrum Ressource Strategies - Third World Demands, in: Telecommunications Policy, S. 102-110

LEVIN, Harvey J. (1985), Latecomer Cost Handicap in Satellite Communications, in: Telecommunications Policy, S. 121-135

LEVIN, Harvey J. (1991), Trading Orbit Spectrum Assignments in the Space Satellite Industry, in: American Economic Review, Vol. 81, No. 2, S. 42ff

LEVIS, C. A., C.-W. WANG und Y. YAMAMURA (1988), The Role of Service Areas in the Optimization of FSS Orbital and Frequency Assignment, in: IEEE Transactions on Electromagnetic Compatibility, Vol. 30, No. 3, S. 371ff

LONGMAN, W. (1988), Flexible Allocation of the Radio Spectrum, in: Telecommunications Journal, Vol. 55, S. 692-695

MARTIN, Stephen (1988), Industrial Economics: Economic Analysis and Public Policy, New York (Macmillan)

MARTIN, W. (1990), Mobile Datenkommunikation mit Satelliten, in: Telematika, S. 79-84

MASKIN, E. und J. G. RILEY (1983), The Gains to Making Losers Pay in Highbid Auctions, in: R. Englebrecht-Wiggans, M. Shubik und R.M. Stark (Hrsg.), Auctions, Bidding and Contracting; Uses and Theory, New York (University Press), S. 205-234

McAFEE, R. Preston und J. McMILLAN (1987), Auctions and Bidding, in: Journal of Economic Literature, Vol. 25, S. 699-738.

McLAUCHLAN, W.und R. M. WESTERBERG (1982), Allocating Broadcast Spectrum: Models and Proposals, in: Telecommunications Policy, S. 111ff

MELODY, William H. (1980), Radio Spectrum Allocation: Role of the Market, in: American Economic Review, P. & P., S. 393-397

MILGROM, P. R. (1987), Auction Theory, in: T. Bewley (Hrsg.), Advances in Economic Theory, Cambridge (University Press)

MILGROM, P. R. und R. J. WEBER (1982), A Theory of Auctions and Competitive Bidding, in: Econometrica 50, S. 1089-1122.

MILL, John S. (1848), Principles of Political Economy, Neuausgabe, New York, 1965

MINASIAN, Jora (1975), Property Rights in Radiation: An Alternative Approach to Radio Frequency Allocation, in: Journal of Law and Economics, S. 221-272

MOBILCOM (1992), Informationsdienst für mobile Kommunikation der Funkschau, laufende Ausgaben, München (Franzis)

MUELLER, M. (1982), Property Rights in Radio Communication: The Key to the Reform for Telecommunications Regulation, CATO Institute, Policy Analysis

MUELLER, M. (1988), Technical Standards: The Market and Radio Frequency Allocation, in: Telecommunications Policy, Vol.12, No. 1, S. 42ff

MUELLER, M. (1991), Reform of Spectrum Management: Lessons from New Zealand, Internatational Center for Telecommunications Management, Nebraska/Omaha

NERA (1988) (National Economic Research Associates), Management of the Radio Frequency Spectrum in New Zealand, London

NEUGEBAUER; Ursula (1992), PCN-Markt und Nachfrage, in: H. Suckfüll (Hrsg.), PCN: Märkte und Systeme für Personal Communication Networks, Heidelberg (R.v.Decker's), S. 5-16

NEUMANN, Karl-Heinz (1989), Zur Frage der Herstellerbeteiligung am Betrieb von zellularen Mobilfunknetzen, WIK, unveröffentlichtes Manuskript

NEUMANN, Karl-Heinz (1991), Domestic Issues in Frequency Regulations in Europe, Wissenschaftliches Institut für Kommunikationsdienste, Diskussionsbeitrag Nr. 76, Bad Honnef

NEUMANN, Karl-Heinz (1992), PCN - Die neueste Entwicklung im digitalen zellularen Mobilfunk, in: J. Kruse (Hrsg.), Zellularer Mobilfunk, Heidelberg (R.v.Decker's), S. 184-200

NOLL, A. Michael (1991), Introduction to Telephones and Telephone Systems, 2nd ed., Boston (Artech House)

NOLL, Roger (1989), Economic Perspectives on the Politics of Regulation, in: R. Schmalensee und R.D. Willig (Hrsg.), Handbook of Industrial Organization, Vol. II, Amsterdam (North Holland), S. 1254-1287

P.A. CONSULTING GROUP (1988), The Pan European Cellular Communications Market up to the Year 2000, London

PARLOW, Richard D. (1985), Management of the Radio Spectrum to Achieve More Efficient Utilization, Access, and Network Growth, in: Telematics and Informatics, Vol. 2, No. 1, S. 47-54

PERNSTEINER, P. (1992), Bündelfunk in Deutschland, 2. Aufl., München (Franzis)

PFEIFFER, Günter (1989), Kompatibilität und Markt: Ansätze zu einer ökonomischen Theorie der Standardisierung, Baden-Baden

PFEIFFER, Günter und Bernhard WIELAND (1991), Telecommunications in Germany, An Economic Perspective, Berlin, Heidelberg (Springer)

PINDYCK, Robert S. (1991), Irreversibility, Uncertainty, and Investment, in: Journal of Economic Literature, Vol. 29, S. 1110-1148

PLOTT, Charles (1982), Industrial Organization Theory and Experimental Economics, in: Journal of Economic Literature, Vol. 20, S. 1485-1527

POSKETT, P. I.und D. WRIGHT (1991), WARC-92 and Mobile Satellites: Finding New Spectrum, in: Telecommunication Journal, Vol. 58, S. 603ff

RASMUSEN, Eric (1989), Games and Information: An Introduction to Game Theory, Oxford (Blackwell)

RILEY, J. G. (1989), Expected Revenue from Open and Sealed Bid Auctions, in: Journal of Economic Perspective, Vol. 3, S. 41-50.

RILEY, J. G. und W. SAMUELSON (1981), Optimal Auctions, in: The American Economic Review, Vol. 71, No. 3, S. 381ff

SAMUELSON, W. (1985), Competitive Bidding with Entry Costs, in: Economic Letters, Vol. 17, S. 53-57

SCHEELE, Peter (1991), Mobilfunk in Europa, Heidelberg (R.v.Decker's)

SCHERER, Frederic M. und D. ROSS (1990), Industrial Market Structure and Economic Performance, 3rd ed., Boston

SCHMALENSEE, Richard und R. WILLIG (Hrsg.), (1989), Handbook of Industrial Organization, Vol. I und II, Amsterdam (North Holland)

SCHMALENSEE, Richard (1989), Inter-Industry Studies of Structure and Performance, in: R. Schmalensee und R. Willig (Hrsg.), Handbook of Industrial Organization, Vol. II, Amsterdam (North Holland), S. 952-1009

SCHWANDT, Friedrich und S. TOKER (1992), Mobilfunk in Großbritannien, in: J. Kruse (Hrsg.), Zellularer Mobilfunk, Heidelberg (R.v.Decker's), S. 224-244

SHARKEY, William W. (1982), The Theory of Natural Monopoly, Cambridge

SHEPHERD, William G. (1985), The Economics of Industrial Organization, 3. Aufl., Englewood Cliffs, New Jersey (Prentice Hall)

SILBERHORN, A. (1989), Mobilfunkdienste, in: F. Arnold (Hrsg.), Handbuch der Telekommunikation, Grundwerk, Köln (Deutscher Institutsverlag), Teil 5120, S. 1-86

SINGLETON, L.A. (1989), Global Impact - The New Telekommunication Technologies, New York (Harper & Row)

SMITH, M. L. (1990), International Regulation of Satellite Communication, Dortrecht, Boston, London

SMITH, Vernon (1987), Auctions, in: J. Eatwell, M. Milgate und P. Newman (Hrsg.), The New Palgrave: A Dictionary of Economics, Basingstoke (Macmillan), S. 138-144

SMITH, V., W. ARLINGTON, K. BRATTON und M. VANNONI (1982), Competitive Market Institutions: Double Auctions vs. Sealed Bid-Offer Auctions, in: American Economic Review, Vol. 72, S. 58-77

SOLTWEDEL, Rüdiger et. al. (1986), Deregulierungspotentiale in der Bundesrepublik, Tübingen (Mohr)

STEINHART, R. (1989), Funkrufdienste, in: G. Bolle (Hrsg.), Mobilkommunikation - Telekommunikation, Information und Navigation für den Autofahrer, Berlin, Heidelberg (Springer), S.168-180

STOLCKE, Ariane (1991), Bedarfsanalyse für Mobilkommunikation. Entwicklungstendenzen im Bereich mobiler Telefone, Cityruf und Euromessage, München (Kyrill & Method)

SUCKFÜLL, Hubert (Hrsg.), (1992), PCN: Märkte und Systeme für Personal Communication Networks, Heidelberg (R. v. Decker's)

SUTTON, John (1991), Sunk Costs and Market Structure: Price Competition, Advertising, and the Evolution of Concentration, London (MIT Press)

TIROLE, Jean (1990), The Theory of Industrial Organization, Cambridge (MIT Press),

TOKER, Saadet (1988), A Survey of the Cellular Phones Market, London

TOKER, Saadet (1992), Mobile Communications in the 1990s: Opportunities and Pitfalls, Centre for Business Strategy, Report Series, London Business School (Quentin Press Limited)

TRIDGELL, R.H. (1990), Radiopaging and Messaging, in: J. Walker (Hrsg.), Mobile Information Systems, Boston und London (Artech House), S. 15-57

UNGERER, Herbert u.a. (1989), Telekommunikation in Europa, Luxemburg

VICKREY, W. (1961), Counterspeculation, Auctions and Competitve Sealed Tenders, in: Journal of Finance, Vol. 16, S. 8-37

VON UNGERN-STERNBERG, T. (1991), Swiss Auctions, in: Economica 58, S. 341-357

VON WEIZSÄCKER, C.Christian (1980), Barriers to Entry, Berlin

VOSSBERG, Bettina und M. HANEL (1992), Diensteanbieter im deutschen Mobilfunk, in: J. Kruse (Hrsg.), Zellularer Mobilfunk, Heidelberg (R.v.Decker's), S.112-134

WALKE, Bernhard (1992), Technik des Mobilfunks (Dienste und Protokolle digitaler Mobilfunknetze), in: J. Kruse (Hrsg.), Zellularer Mobilfunk, Heidelberg (R. v. Decker's), S. 17-63

WALKER, J. (Hrsg.), (1990), Mobile Information Systems, Boston (Artech House)

WALKER, J.und B.R. GARDNER (1990), Cellular Radio, in: J. Walker (Hrsg.), Mobile Information Systems, Boston (Artech House), S. 59-138

WEISS, Leonard (1990), Structure, Conduct and Performance, New York (Harvester Wheatsheaf)

WIEDMANN, H. (1990), Mobil-Endgeräte, Trends und Funktionen, in: Telematika, S. 60-64

WIESE, Harald (1990), Netzeffekte und Kompatibilität: Ein theoretischer und simulationsgeleiteter Beitrag zur Absatzpolitik für Netzeffekt-Güter, Diss., Stuttgart

WITT, Detlev (1988), Die Auswirkungen des Internationalen Frequenzmanagements auf die nationalen Rundfunkordnungen, in: E.-J. Mestmäcker (Hrsg.), Offene Rundfunkordnung, Gütersloh, S. 411-442

WITTE, Eberhard (Hrsg.), (1990), Chancen nach der Postreform. Neue Märkte, neue Leistungen, Heidelberg (R.v.Decker's)

WITTE, Eberhard (Hrsg.), (1990), Telekommunikation in der DDR und der Bundesrepublik Deutschland, Heidelberg (R. v. Decker's)

GPSR Compliance

The European Union's (EU) General Product Safety Regulation (GPSR) is a set of rules that requires consumer products to be safe and our obligations to ensure this.

If you have any concerns about our products, you can contact us on ProductSafety@springernature.com

In case Publisher is established outside the EU, the EU authorized representative is:

Springer Nature Customer Service Center GmbH
Europaplatz 3
69115 Heidelberg, Germany

Batch number: 10844669

Printed by Printforce, the Netherlands